鄱阳湖与长江水交换过程研究

Study on the Process of Water Exchange between Poyang Lake and Yangtze River

赵军凯 著

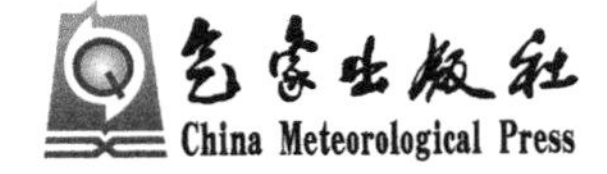

内容简介

本书对近年来长江流域气候变化和人类活动双重驱动下鄱阳湖和长江干流水量交换过程及其对三峡工程建设运行的响应进行分析。主要内容为：回顾河湖关系内涵发展并阐述新时代河湖连通关系内涵及特点；在分析近60年来长江中下游径流特征的基础上，对鄱阳湖水位、入出湖径流特点、与长江水量交换过程、强度及其影响因素进行分析，并着重对三峡工程建设运行前后、特殊水文年份江湖水交换特点对比分析。

本书是全面系统介绍鄱阳湖与长江干流水量交换关系及其影响因素的著作。可供水文、水资源、生态环境、地理科学、水利工程、社会经济等领域的科研工作者、相关政府部门工作人员和相关大专院校师生参考。

图书在版编目(CIP)数据

鄱阳湖与长江水交换过程研究/赵军凯著. —北京：气象出版社，2019.11

ISBN 978-7-5029-7109-0

Ⅰ.①鄱… Ⅱ.①赵… Ⅲ.①鄱阳湖—水交换—长江—研究 Ⅳ.①P343.3

中国版本图书馆CIP数据核字(2019)第272066号

POYANGHU YU CHANGJIANG SHUIJIAOHUAN GUOCHENG YANJIU

鄱阳湖与长江水交换过程研究

赵军凯 **著**

出版发行：气象出版社

地 址：北京市海淀区中关村南大街46号　　邮政编码：100081

电 话：010-68407112(总编室) 010-68408042(发行部)

网 址：http://www.qxcbs.com　　E-mail：qxcbs@cma.gov.cn

责任编辑：蔺学东 栗文瀚　　终 审：吴晓鹏

责任校对：王丽梅　　责任技编：赵相宁

封面设计：楠竹文化

印 刷：北京中石油彩色印刷有限责任公司

开 本：787 mm×1092 mm 1/16　　印 张：9.75

字 数：251千字　　彩 插：1

版 次：2019年11月第1版　　印 次：2019年11月第1次印刷

定 价：60.00元

前言

河湖关系的研究是当今社会和科学界普遍关注与研究的热点问题之一。科学地认识、正确地处理河湖关系，是维护健康河流、构建和谐人水关系以及人地关系的重点和关键。河湖水沙交换问题是河湖关系的核心问题，是河湖关系演变的纽带。河湖水沙变化和交换是河湖关系演变的驱动力之一。河湖水交换是河湖之间物质（水、沙、污染物等）、能量、信息交换的核心和载体，也是河湖间存在价值流动物质基础。河湖水交换问题的研究是河湖关系演变的前提和基础。

长江是世界级大河，中游江湖关系复杂。长江中下游的洞庭湖和鄱阳湖与长江关系演变问题成为当前正确处理长江中下游人水关系乃至人地关系的焦点问题。2005年4月首届长江论坛在武汉通过了《保护与发展——长江宣言》，得到社会各界的热烈响应，“维护健康长江、促进人水和谐”的新时期治江思路正在积极实践。

随着三峡水库及多个干支流控制性水库投入运行，蓄水拦沙和“清水”下泄使得中游干流和两湖（洞庭湖和鄱阳湖）的水文情势发生了变化（卢金友 等，2018；Li，et al，2018），江湖关系已经随之发生变化（Li，et al，2019；胡振鹏 等，2018），对中下游防洪、水资源利用和生态环境等将产生重大影响（Tian，et al，2019；谢平，2017）。毫无疑问，三峡工程在防洪、削峰、错峰等方面成效显著，尤其是2010年汛期三峡工程成功经历了接近1998年洪峰流量的考验，能有效控制长江上游的洪水，大量减少荆江、洞庭湖的洪水威胁。2014年9月，国务院印发《关于依托黄金水道推动长江经济带发展的指导意见》（国发〔2014〕39号），强调治理好长江中下游江湖关系（仲志余 等，2015）。2018年4月国家主席习近平考察长江时强调，人类与自然需要和谐共处，长江经济带发展要“共抓大保护，不搞大开发”，守护好一江碧水（霍小光，2018）。当前，需要改变治水理念，探索湖区人水和谐相处的可能途径，处理好长江中下游江湖关系，使长江中下游江湖水系“肌体”的调蓄功能得以充分发挥，维护河湖健康生命。

鄱阳湖位于长江中下游交界处南岸，是长江流域最大的单口通江湖泊，也是我国第一大淡水湖。鄱阳湖是一个过水性吞吐型湖泊，它承纳赣江、抚河、信江、饶河、修河五大河（以下简称五河），经调蓄后由湖口注入长江，形成完整的水系和相对完整的湖泊湿地植被景观单元。鄱阳湖位于江西省北部，湖体范围全部在江西省境内，地处115°49′～116°46′E，28°11′～29°51′N，南北长173.0 km，东西宽16.9 km，最宽处74.0 km，最窄处2.8 km，湖面南宽北窄，呈葫芦形。湖口水位 22.50 m（冻结吴淞基面）时，面积 3706 km^2（谭国良 等，2013）。湖面以松门山为界，分南北两部分，南部宽广，为主湖区，北部狭长，为入江水道区。

鄱阳湖流域是指湖口以上五河流域和区间流域的总称。流域周围环山，中间为丘陵，南高北低，四周向湖倾斜，水系完整。鄱阳湖面积流域面积 16.22×10^4 km^2，占长江流域面积的 9%。除五河水系上游有 5139 km^2 属邻省外，江西省境内约为 15.71×10^4 km^2，占江西全省面积的 94%。五河中赣江最大，占鄱阳湖流域面积的 49.9%，次之为抚河（占 9.7%）、信江（占 9.6%）、修河（占 8.1%）、饶河（占 7.0%）。湖口至五河控制站的区间面积为 2.46×10^4 km^2，占流域面积的 15.7%。1950—2015 年鄱阳湖多年平均入江径流量 1507×10^8 m^3，约占大通站长江多年平均径流量（8931×10^8 m^3）的 16.9%（水利部长江水利委员会，2015），超过黄、淮、海三河入海水量的总和。鄱阳湖蓄水量 295×10^8 m^3，是洞庭湖的 1.5 倍、太湖的 5.9 倍、洪泽湖的 10.6 倍、巢湖的 14.4 倍，对长江中下游起着蓄洪、排洪和调洪的作用（朱海虹 等，1997）。

鄱阳湖平原是我国重要粮食生产基地。鄱阳湖区传统意义上包括南昌市、九江市、南昌县、新建县、进贤县、永修县、德安县、星子县、都昌县、湖口县、余干县、鄱阳县共 12 县（市）。若去掉南昌市（在实际应用中为突出与鄱阳湖的关系），即为 11 县（市），总面积约 1.9606×10^4 km^2，占江西省总面积（16.69×10^4 km^2）的 11.75 %；总人口 738.3 万人，占全省总人口（4400.1 万人）的 16.78 %（周文斌 等，2011）。

鄱阳湖区属于亚热带湿润季风区，气候温和，降雨充沛，日照充足。年平均气温 16～18 ℃，稳定通过 10 ℃的平均积温为 5515 ℃·d，太阳辐射总量 4680×10^6 J/(m^2·a)，日照1894～2085 h。无霜期 255～282 d。年降水量 1340～1780 mm，多年平均为 1482 mm，其中 4—6 月占全年的 46%，降雨年际变化大。蒸发量 800～1200 mm，一半集中在 7—9 月。因此，本区有夏季洪涝、秋季干旱的特点（朱海虹 等，1997）。

本书运用普通水文学、工程水文学、随机水文学和水资源科学等的基本理论，采用多种时间序列统计分析方法、Mann-Kendall 趋势和突变检验法、小波分析（wavelet analysis）法等定性与定量分析相结合，借助计算机技术、统计分析软件 SPSS、科学计算软件 Matlab 等，利用 ArcGIS、MapInfo 和 CorelDRAW 等地理信息系统软件和图形处理软件，在对长江中下游特征分析的基础上，对鄱阳湖与干流水交换过程及其影响因素进行了系统的分析，推导出普适性的河湖水交换强度的量化公式，并以此进行了鄱阳湖与长江干流相互作用进行定量研究。作者对比分析了三峡水库运行前后和特殊水文年份鄱阳湖与长江干流的水交换特点，并计算不同径流频率条件下江湖水交换量值，为合理开发和利用水资源、维护长江中下游健康的江湖关系提供科学参考与建议。

本书内容大体分为 6 章：第 1 章简要介绍国内外河湖关系及三峡工程对长江中下游影响研究现状；第 2 章简要回顾河湖关系内涵发展变化并阐述新时代河湖关系内涵及特

点；第3章主要分析长江中下游径流特征及其变化，对比三峡工程运行前后宜昌径流量变化特点及原因分析；第4章主要分析鄱阳湖与长江干流水交换过程、变化特点及其影响因素，以及对三峡工程运行的响应；第5章主要对比分析特殊水文年份江湖水交换特征及其原因；第6章对比分析洞庭湖和鄱阳湖与长江干流水交换规律的异同，以突出鄱阳湖对长江分洪、调蓄和水量补充作用的独特地位。

本书研究工作得到华东师范大学李九发教授指导、鼓励和支持，在此特表示感谢！另外，本书得到国家自然科学基金项目“鄱阳湖与长江干流水沙交换过程及其对闸坝调控的响应”(41361003)、国家自然科学基金重点项目“流域来水来沙变异对长江河口泥沙与湿地演变的影响及其对策研究”(50939003)、华东师范大学河口海岸学国家重点实验室开放基金项目“长江三峡工程对鄱阳湖与干流水沙交换及其入海水沙影响”(SKLEC201205)、江西省教育厅科技项目“闸坝调控下鄱阳湖区水沙变异特征及滩地冲淤过程研究”(GJJ14733)、江西省教育厅科技项目“气候变化和人类活动共同驱动下潦河径流分析与模拟”(GJJ180903)、江西省教育厅科技项目“水位波动变化对鄱阳湖湿地植物用水策略影响研究”(GJJ170973)、江西省自然科学基金项目“中新生代鄱阳湖断陷湖盆层序地层与油气资源预测模式研究”(20122BAB203023)的资助，特向支持和关心作者研究的单位和个人表示衷心的感谢。书中部分内容参考有关单位和个人的研究成果，已在参考文献中列出，在此一并致谢。

由于鄱阳湖与长江干流水沙交换问题涉及气候学、水文学、地理学等多个学科，研究难度较大，再加上作者水平及资料所限，书中不足之处在所难免，恳请读者提出宝贵的意见和建议。

作者

2019年10月

目　录

第1章　绪　论

1.1　河湖关系的研究意义

在全球气候变化的背景下，水资源短缺、洪涝灾害频发、水环境恶化等现状已成为世界经济发展和城市化进程所面临的严重问题（Ludwig，et al，2014；Shamir，et al，2015）。我国水资源总量丰富（28124×10^8 m^3），时空分布极不均匀，人均水资源量仅为世界平均水平的1/4，是一个典型贫水的发展中大国。中国政府高度重视水资源紧缺的问题，“水资源开发利用控制、用水效率控制、水功能区限制纳污”成为我国“三条水资源管理红线”（陈雷，2014）。为了从根本上提高水资源统筹配置能力、改善河湖健康状况和增强抵御水旱灾害的能力，水利部在2010年和2014年两次强调把河湖水系连通作为当前提高水资源配置能力的重要途径（左其亭 等，2014；陈雷，2010，2014）。河湖水系连通和最严格水资源管理作为我国新时期保障水安全的两大治水思想被提升为国家战略。

河湖水系是陆地水循环系统的重要组成部分，是水资源形成与演化的主要载体，也是生态与自然环境重要的构成要素。河湖系统内的通江湖泊与河流存在着复杂的水力联系，是天然水库。通江湖泊发挥着“连接器”“转换器”和“蓄水器”的作用（王中根 等，2011）。河湖水系网络中的湖泊与河流的关系非常密切，它们之间关系的演变和调整是维持健康河流、健康河湖关系的重要因素。2019年2月鄂竟平指出“以河长制、湖长制为抓手，维护河湖健康生命”（李亚飞，2019）。

全球变化和人类活动双重驱动下湖泊水沙平衡、冲淤变化及洪水调蓄等问题是江湖关系研究的重要方面（Du，et al，2001；Nakayama，et al，2008；Bonnet et al，2008；Reza，et al，2006；Smith，et al，2008；Wang，et al，2008）。长江三峡大坝是人类活动对自然环境有效改造的体现（Sun，et al，2006；Fourniadis，et al，2007），它建造以后调节了长江上游来水的时空变化，必然对长江中下游江湖水交换过程产生重要影响（Xu，et al，2009；姜加虎 等，1997b；曹勇 等，2006；Fang，et al，2002）。洞庭湖和鄱阳湖容积和水沙将会怎样变化（黄群 等，2005；马元旭 等，2005；姜加虎 等，2004；郭鹏 等，2006；Wang，et al，2005；Hu，et al，2007；罗小平 等；2008）、建库以后江湖相互作用、荆江三口分流分沙比的变化（许全喜 等，2009）及其预测（李义天 等，2008，2009）等，都是重要的研究课题。长江中下游湖泊是干流水量的重要来源之一。然而，建坝以后，长江中下游江湖之间的水量交换过程将会发生怎样的变化，对中下游地区尤其是洞庭湖、鄱阳湖等湖泊水系以及河口三角洲的生态环境、水资源利用和社会经济带来怎样的影响等，都是亟待研究的课题。

基于此，本书对长江中下游干流与鄱阳湖水交换的规律进行探讨，并分析三峡水库运行前后长江中下游江湖水交换情况的变化。本研究将在回顾河湖关系研究的基础上，进一步认识河湖关系的内涵，推动江湖相互作用驱动机制的探讨，为江湖水交换的量化研究提供新思路，为长江中下游江湖治理提供较坚实的理论依据，并可为长江中下游地区水资源合理开发利用及分配提供参考价值。

1.2 河湖关系研究进展

1.2.1 河湖水沙特性及交换研究

1.2.1.1 湖泊调蓄作用

湖泊作为天然水库，除了能拦蓄支流上游来水，减轻下游洪水的压力外，还可分蓄干流洪水，削减干流下游河段的洪峰流量，滞缓和错开洪峰发生的时间，发挥调蓄作用。湖泊对河流的调蓄作用历来为人们所重视，受到众多学者的关注(许继军 等，2009；韩其为，1999a；闵骞等，2006；徐德龙 等，2001)。冯明义在分析江汉湖群调蓄能力及其效益、影响湖泊调蓄的主要因素基础上，提出江汉湖群调蓄功能的优化途径(冯明义，1995)。陈进等(2005)从云梦泽、洞庭湖与长江之间的演变过程，论述历史上江湖关系受自然与人类活动的影响，分析江湖互通对于稳定河势和防洪的作用，然后讨论鄱阳湖和洞庭湖的防洪调蓄功能，指出其对于防洪，天然湖泊与人工防洪工程相比，具有不可替代的优势。

河流注入湖泊的洪水，一部分会滞留在湖泊内，湖泊起到对洪水的调蓄作用。我国长江流域的洞庭湖和鄱阳湖都是吞吐长江的通江湖泊，对长江干流有着非常重要的调蓄作用。洞庭湖接纳湘江、资江、沅江和澧水，合称为四水，吞吐长江部分洪水，是长江至关重要的水位调节器，被称为“天下之胃”。这一天然大水库，汛期每年承纳长江 40%的洪水(王孝忠，1999)，蓄洪防灾，显著地减轻了洪水对长江中下游的威胁，进入枯季，洞庭湖又像海绵一样，把吸入的长江水慢慢地还给长江(周宏春 等，2002；湖南省国土委员会办公室，1986)。据洞庭湖区 1951—2005 年主要水文站实测泥沙资料统计，荆江三口及湖南四水多年平均入湖总沙量为 1.56×10^8 t，其中三(四)口入湖沙量为 1.27×10^8 t，湖区多年平均淤积量为 1.14×10^8 t(李景保 等，2008)。同时，因荆江三口分流分沙持续减少，四水入湖的水沙量所占比例明显增加，其中径流量由 1951—1958 年的 52.7%增至 2003—2007 年的 75.8%，输沙量由 1951—1958 年的 16.6%增至 2003—2007 年的 41.0%(杨桂山 等，2009)。由此可以看出，洞庭湖区的水沙组成发生了显著变化，这必将对洞庭湖区的防洪、湖区演变及综合治理产生影响。

鄱阳湖地处长江中下游交界处，是调节中游洪水的最后一个“水袋”。鄱阳湖承纳流域五河来水来沙，调蓄后由湖口注入长江。朱宏富(1982)在分析鄱阳湖调蓄功能时指出，在江湖洪峰相遇时，鄱阳湖的调蓄作用非常明显，资料显示，1954、1955、1962、1965、1970、1973 年六个较大洪水年，鄱阳湖削减长江下游洪峰流量各年均在 10000 m^3/s 以上。鄱阳湖湖口的水位平时高于长江，江水不倒灌入湖，当长江上、中游来水增加，九江水位高于星子水位0.6 m，且湖口水位高于星子水位 0.1 m 时，则江水倒灌入湖或阻碍湖水出湖，调蓄长江洪水(孙晓山，2009)。长江水倒灌入湖的情况，多发生在 7—9 月长江中上游主汛期。据统计，1951—2007 年中有 46 年发生倒灌，倒灌 120 次共 735 d，平均每年倒灌水量约 25×10^8 m^3，最大倒灌流量为 1.37×10^4 m^3/s(1991 年 7 月 12 日)，最大年倒灌水量为 113.8×10^8 m^3(1991 年)(孙晓山，2009)。长江泥沙随水流倒灌入湖，据 1950—1998 年的 49 年实测资料统计，共有 40 年江水倒灌入湖，多年平均倒灌泥沙量 103×10^4 t。1980 年长江中下游防洪座谈会确定的鄱阳湖分洪量为 25×10^8 m^3（按 1954 年洪水规模计算）（朱宏富 等，2002）。可见，江湖水沙交换是实现湖泊对河流调蓄作用的重要途径。

1.2.1.2 河湖洪旱灾害

河湖系统的洪涝灾害自古以来就威胁着湖区人们的生命财产安全，关系着区域经济的兴衰和社会的安定（Smith，et al，2008）。Jordan 等研究了威斯康星湖（Lake Wisconsin）泄流特点和威斯康星河（ River Wisconsin）流域洪水的特征，试图揭示冰川湖与河流组成的河湖系统的洪水特征（Clayton，et al，2008）。我国长江流域的洪水灾害，历来受到世人关注（Yin，et al，2001；Yu，et al，2009；Dai，et al，2010）。1949 年以前，中国的洪水灾害平均每 2 年发生一次，每次都造成严重灾害损失，特别是 1998 年，全国洪涝灾害直接经济损失达 2550 多亿元（李坤刚，2003）。鄱阳湖区是长江中下游洪涝灾害最严重的地区之一（徐国弟，1999），湖区水灾年出现的频率为 34%，平均约三年一遇，湖区水旱灾害的频数到 19 世纪以后，基本上形成了五年三灾的规律（毛端谦，1992）。洞庭湖也是吞吐型湖泊，对长江水量的丰枯起着很重要的调节作用，承受长江约 40%的洪水。荆江与洞庭湖关系的演变过程伴随着人们治理洪水的过程。据资料记载，山洪灾害频次，从 12—20 世纪为每百年 63 次，其中 16—20 世纪为每百年 92 次（王孝忠，1999），多年平均入湖泥沙量 1.45×10^8 m^3 中有 85%来自长江，入湖泥沙的 75%沉积在湖底，使湖泊的蓄洪和泄洪能力降低，湖区的洪涝灾害日趋严重（毛端谦，1992）。苏连璧（1981）对长江洪水的时间分布及其出现情况进行了分析。闵骞（1998）简要论述了 1996 年江西省内发生的 4 次严重的洪涝灾害，总结防汛减灾中的成功经验；针对洪涝灾害抗灾救灾中存在的几个主要问题，探讨今后防汛减灾对策。段德寅等（1999）探讨了厄尔尼诺和大气环流异常与 1998 年洞庭湖区洪涝的关系；同年余曼平（1999）分析了黑潮暖流与洞庭湖区汛期降水和洪涝的关系。谈广鸣等（1999）分析了 1998 年长江干流洪水位一直居高不下的原因，从四个不同角度探讨 1998 年武汉关水位未超过 1954 年，而其上下游最高洪水位却比 1954 年高得多的原因。还有一些学者从不同的角度对 1998 年长江流域特大洪涝灾害的特点、原因及其治理措施进行了讨论（Zong，et al，2000；杨义文 等，1999；闵骞，2001，2002）。1998 年长江等江河发生大洪水以后，水利部提出了“由工程水利向资源水利，由传统水利向现代水利、可持续发展水利转变，以水资源的可持续利用支撑经济社会的可持续发展”的治水新思路（李坤刚，2003）。吴宜进等（1999）对长江中游洪涝灾害的发展趋势与跨流域治理的必要性进行了论述。李景保等（2001）对 1991—2000 年大洪涝灾害特点与成因进行了分析，指出洞庭湖区是我国洪涝灾害发生频率高且灾情惨重的地区。云惟群等（2003）在对多年水文数据进行分析的基础上，利用 Kohonen 自组织映射对鄱阳湖地区降水时序变化、长江来水和湖水水位变化进行模式识别，并将所得的模式作为解释变量，用 CART 方法对样本年进行分类，建立了鄱阳湖区灾害模式判别树，借此揭示鄱阳湖地区降水和长江来水对鄱阳湖洪涝灾害的影响。晏洪（2006）总结概括了鄱阳湖四个蓄滞洪区的防洪工程现状和安全建设现状，发现蓄滞洪区在防洪安全方面存在的一些问题，同时提出解决这些问题的主要措施和办法。胡大超等（2010）分析了鄱阳湖区洪水灾害与孕灾环境变化的关系，针对全球环境的变化以及人类活动导致的植被破坏、大规模围湖造田和三峡水库的运行等与洪水灾害的关系分别进行了阐述，并提出了洪水灾害的减灾对策。另外还有一些对长江中下游河湖洪灾进行了研究，这里不再一一赘述（王凤 等，2008；闵骞，1992a，1994）。

长江中下游自古以来就是中国重要的粮棉产区，有“两湖熟，天下足”和“鱼米之乡”之美誉。但是，干旱灾害也时常困扰着人们的生产和生活，因此，对干旱的研究也显得非常重要。由于历史上河湖流域系统的洪涝灾害频次高、损失重，相比之下，人们容易忽视干旱灾害所带来的灾难，研究成果也相对较少。近 50 多年来，中国年平均受旱农田 2100 多万 hm^2，因旱年平均损失粮食 1400 多万 t（李坤刚，2003）。毛端谦（1992）根据鄱阳湖区的历史水旱灾害灾情等资料，分析了湖区水旱灾害灾情的时空变化特征及其湖区降水量、江湖洪水的相互作用和人为原因三大因素的影响，指出三峡工程建设将会减轻本区水灾的危险。王艳君等（2006）对长江流域 20 cm 蒸发皿蒸发量的时空变化进行了研究，发现 20 世纪 90 年代长江流域蒸发皿蒸发量显著下降的地区主要分布在长江中下游地区，尤其是鄱阳湖流域。2006 年长江流域发生了全流域性枯水，引起众多学者关注（Dai，et al，2008；刘红 等，2008；戴志军 等，2010），对 2006 年长江中下游径流特征进行了分析，得出“洪季不洪，枯季不枯”的径流特征（Dai，et al，2008），进而又分析了 2006 年江湖库径流调节过程，指出在枯水年通江湖泊（洞庭湖和鄱阳湖）对长江干流水量补充的关键作用（戴志军 等，2010）。鄱阳湖流域是中国粮棉生产基地，干旱发生的次数相对较多、灾情严重，学者们分析了湖区干旱的特征、发生季节，并对干旱等级划分进行了研究（李世勤 等，2008；闵骞，2007，2010），尤其是彭锐等（2009）指出湖区在降水偏少时可能造成的旱灾年份有约 30 年的周期。

1.2.1.3　河湖水沙交换效应

（1）河道演变

河道演变，即“河床演变”。河床受自然因素或人工建筑物的影响而发生变化，河床演变是水流与河床相互作用的结果。水流作用于河床使河床发生变化；变化了的河床又反过来作用于水流，影响水流的结构，这种相互作用表现为泥沙的冲刷、搬移和堆积，从而导致河床形态的不断变化。在自然条件下，河床总是处在不停的变化之中，当在河床上修筑水工建筑物以后，河床的变化也受到一定程度的改变或制约。由于上游来水量及其过程、来沙量及其组成、河床泥沙组成的不同，河床的纵向变形常表现为强烈的冲刷和淤积，横向变形常表现为大幅度的平面摆动（李志红，2006）。长江中下游河道具有较强的河流自动调整能力。河流自动调整中，水流挟沙力是调整的核心；河床泥沙的冲淤是调整的纽带；水力及泥沙因子和河床组成的变化是调整的手段和现象；河床过水面积的调整是河流自动调整作用中比较活跃和占有重要位置的因素（石国钰 等，2002）。

流域内有湖、库的河道演变更为复杂，会对江湖关系演变产生影响。荆江与洞庭湖关系演变就是一个典型的例子。潘庆燊（1997a）在概述长江中下游河道演变的基本特点和各类河型的形成条件后，预测 21 世纪长江中下游各河段的河型和河势不会出现重大调整，河道演变主要表现为河床冲深，河势的局部调整，以及分汊河段支汊的萎缩。三峡工程建成后，该河段总体河势仍将保持稳定，局部河段的河势可能发生不同程度的调整，应加强河道演变观测，采取护岸工程措施，控制有利的河势（潘庆燊 等，1997b）。潘庆燊（2001）对近 50 年来长江中下游河道演变分析表明，长江中下游河道总体河势基本稳定，局部河势变化较大；河道总体冲淤相对平衡，部分河段冲淤幅度较大；荆江和洞庭湖关系的调整幅度加大；人为因素未改变河道演变基本规律；坐崩是长江中下游岸线崩退和护岸工程崩毁的主要形式；人为因素对长江口河道演变的影响增加。余明辉等（2005）依据大量的实测资料，详细分析了长江中下游近 50 年来的洪水位变化与河床冲淤及其分布关系，发现部分水文断面洪水位抬升明显、有高洪水位持续时间加长现象，与河段河床演变、河道形态变化以及沿江湖泊的淤积密切相关。

荆江、荆江三口口门及河道、城陵矶河段和城（城陵矶）螺（螺山）河段河道的演变与洞庭湖的关系备受学者们关注（韩其为，1999a；段文忠，1993；李学山 等，1997），较有代表性的研究成果有韩其为等（1999b）认为荆江三口分流河道演变异常复杂，演变规律主要有5条：河道伸长、发展与衰退相对较快、淤积与水位抬高严重、支汊众多、摆动趋势明显。这与其三个特性有关，即具有三角洲上河道的特性、干流支汊的特性以及上下端水位变幅大的特性对荆江裁弯（分别于1967年和1969年对下荆江中洲子、上车湾河湾实施裁弯工程，1972年沙滩子河湾发生自然裁弯）后荆江河道和江湖关系的演变、工程效益和对江湖防洪的影响分析表明，裁弯后荆江分流入洞庭湖的水量、沙量锐减，加速了江湖关系演变（许全喜 等，2009；唐日长，1999；韩其为等，1997；卢金友，1996）；20世纪80年代后，荆江河床已处于冲淤平衡状态（韩其为 等，1999b）。许炯心（2005）运用泥沙收支平衡（Sediment budget）的概念确定长江中游宜昌—武汉河段的泥沙冲淤量，并运用数理统计方法，研究了泥沙冲淤过程对水沙变化的响应。其结论是1980—1997年宜昌站的来水量和来沙量以及三口分流比和分沙比、宜昌站洪峰流量的变化对宜昌—汉口河段年冲淤量的贡献率分别为6.23%、31.5%、25.77%、32.71%和3.73%。许全喜（2009）对近50年来荆江三口分流分沙变化进行了研究，发现荆江三口分流分沙已不断减少，而三口洪道分流量的减小，又促使了三口洪道的继续淤积；荆江河床冲刷、干流流量增大、三口分流分沙的减小等三者之间关系密切且相互影响。其他相关研究成果不再一一叙述（马逸麟 等，2008；陈建国 等，2008；李茂田 等，2004）。

（2）湖盆演化

湖泊的形成和演化主要是由构造因素、地质地貌条件以及气候条件决定的，但水沙条件和冲淤变化对湖泊后期的演化起了重要的作用（林承坤，1987；黄旭初 等，1983；Wang，et al，2001）。尤其是流域的人类活动如水利工程建设、荒山垦殖、植被破坏、水土流失等都不同程度地改变了入湖泥沙的特性，引起水沙结构变化（李景保 等，2005；彭登楼，1996）；湖区围湖造田、挖砂采砂活动以及江湖关系的变化等都在改变着湖区冲淤性质，影响着湖泊的演变过程和速率，而湖泊的演变反过来又对江湖关系产生影响（黄群 等，2005；徐龙，2009）。由于人工围垦、洲滩种植和泥沙淤积，洞庭湖湖泊面积和容积逐渐缩减，1949—1998年，湖泊面积缩小1725 km^2，容积缩小约126×10^8 m^3。若泥沙密度按1.3 t/m^{3}计算，则这一时期洞庭湖泥沙淤积约45×10^8 m^3，占湖泊容积缩小值的35.7%，说明人工围垦种植对湖泊缩小起主要作用（罗敏逊 等，1998）。我们认为，鄱阳湖的形成、演变成为今天的水域，主要是由于构造因素并配合全新世以来的海侵所致，但人类活动同样极大地影响着鄱阳湖的演化过程。例如，鄱阳湖21 m水位高程（吴淞标高，下同）时，1954年水域面积为5053 km^2，1976年为3913 km^2，22年内缩小1140 km^2。必须指出，鄱阳湖纳五河来沙，不可忽视。湖盆悬沙年淤总量每年平均近1000×10^4 t，折合646.5×10^4 m^3，使平均湖底每年淤高2 mm以上（按16 m高程湖面计算）。目前鄱阳湖这种淤积速度大于湖盆下沉速度的结果，是目前鄱阳湖面缩小、北撤的原因（张本，1988；黄旭初 等，1983）。

（3）湖泊冲淤变化

江河与湖泊水沙交换的结果使湖泊发生冲淤变化（林承坤 等，1994，2000）。由于三口和四水径流携带大量的泥沙进入洞庭湖，使洞庭湖淤积萎缩（林承坤，1987；施修端 等，1999）。据洞庭湖区1951—2005年主要水文站实测泥沙资料统计，荆江三（四）口及湖南四水多年平均

入湖总沙量为 15615×10^4 t,其中三(四)口占入湖总泥沙量的 81.2%,四水仅占 19.8%(李景保 等,2008)。高俊峰等(2001)对洞庭湖的冲淤变化和空间分布进行了研究,表明 1974—1998 年洞庭湖近 24 年来总的趋势是淤积的,局部有冲刷,但总体上淤积量大于冲刷量,湖盆平均淤高 0.43 m。马元旭等(2005)在前人研究成果的基础上指出,自 20 世纪 50 年代以来,洞庭湖的泥沙淤积减缓,湖盆内的淤积部位主要是受湖盆形状和水流来向的影响。李景保等(2008)对洞庭湖区的泥沙淤积效应研究表明:由于洞庭湖区 1951—2005 年始终处于淤积状态,加之人类活动影响,导致了泥沙淤积循环演进的格局。许全喜等(2009)研究发现分流分沙比的减少与三口洪道淤积互为因果,彼此促进。总之,洞庭湖区泥沙主要是由荆江三(四)口径流带来,湖区多年来处于淤积状态;但是由于 20 世纪 50 年代以后荆江三(四)口分沙量和分沙比减少,湖区淤积速率减慢;对整个湖区来说有局部冲淤变化,湖区的西北部淤积量较大。

鄱阳湖的淤积相对较少。鄱阳湖物质来源是以五河带来的泥沙为主(程时长 等,2002)。闵骞(1988)对鄱阳湖近期沉积趋势进行了研究,认为主湖区泥沙沉积速率较小,沉积最严重的仍在湖西南、南、东南各河入湖扩散三角洲地带和自然湖堤,其湖床将明显增高,三角洲明显向湖心推进。据长江泥沙公报,鄱阳湖总的趋势是淤积的,但淤积量在减少(长江水文局,2006)。

1.2.1.4　河湖水沙交换作用

江湖水沙交换作用是指由于自然或人为原因引起的以江湖水沙关系为纽带,由水沙变化而引起的河湖系统诸因素之间的相互影响、互为因果的作用。它包括江湖水沙变化,由水沙变化引起的湖盆冲淤演变、河道冲淤演变、江湖洪枯水的调蓄作用、河湖微型地貌的变化,以及由河湖地形地貌条件变化反过来又引起新的江湖水沙变化等,是一个复杂的、诸因素相互作用的过程。

(1)河湖水沙交换作用研究

Kebede 等(2006)对青尼罗河(Blue Nile)流域的塔纳湖(Lake Tana)与流域降水的敏感性进行了研究,发现塔纳湖不像埃塞俄比亚裂谷里或者热带非洲其他湖泊那样对降水敏感,而湖水位起伏变化对流域降水关系不大。此外还有我国洞庭湖和荆江三口分流分沙关系的探讨(许全喜 等,2009;韩其为,1999 a;段文忠,1993,2001;李学山 等,1997;卢金友,1996),长江干流汉口、螺山与城陵矶水位关系探讨(段文忠,1993;安申义,2001),城陵矶和干流站点水位流量关系探讨(施修端,1993;卢金友 等,1997),以及前文所述河湖冲淤演变、河床演变等。鄱阳湖的湖内水位变化与长江干流水位变化极为密切,湖口水文站水位的高低直接影响着湖内水位的变化,以及湖泊容积和水域面积的大小变化(张本,1988;周霞 等,2009)。而且长江干流水倒灌入湖对江湖水沙交换起着重要的作用(朱宏富 等,2002;胡春华,1999)等。Hu 等(2007)采用数学公式对鄱阳湖流域来水和长江干流在湖口水文过程的相互作用进行了详细分析,研究结果为湖水位及流域洪水预报提供了参考价值。Wang 等(2008)根据长江干流寸滩、宜昌、大通三个水文站年内流量,用 1/f 功率谱的分析方法试图揭示湖泊(包括三峡水库)和长江干流相互作用关系。2006 年长江流域发生全流域性枯水,干流水位低,造成鄱阳湖湖口出湖流量增大,以至于该年湖口径流量比平水年还大,也显示了鄱阳湖和长江之间相互作用的关系(Zhao,et al,2010),等等。可见前人在江湖水沙交换作用方面进行了大量的研究。

(2)水沙交换是实现河湖相互作用的途径

江湖关系的调整和演变过程是河湖水沙变化及交换作用的结果,即水沙变化是影响江湖关系演变的主要动力因素之一。卢金友等(1999)指出,荆江三口(调弦口已建闸控制)是连接长江与洞庭湖的纽带。当三口分流分沙发生变化时，洞庭湖区、城陵矶河道、荆江河道将发生相应的调整变化，而荆江和洞庭湖的演变又反过来对三口分流分沙产生影响。因此江湖水沙关系的变化集中反映了江湖关系的调整变化。李义天等(2006)在长江中游泥沙输移规律及对防洪影响研究中指出，长江中游防洪的核心是如何处理宜昌每年多来的 1.80×10^8 t泥沙的淤积问题。

径流携带泥沙注入湖泊，经湖泊调蓄后含沙量低的水流流出，河湖发生水沙交换，具有能量的水流对所经之地进行了或冲或淤的作用，湖盆发生冲淤变化，河道也发生冲淤变化，实现河湖的物质交换，即实现了江湖的相互作用。换句话说，江湖的水沙交换是江湖物质流(水、泥沙、其他物质)、能量流(水位、流量、流速)的流动过程；只要江湖水沙交换的物质流、能量流存在，就会实现江湖的相互作用。

根据新中国成立后实测资料(1950—1982年)，长江水倒灌使大量泥沙入鄱阳湖，如1963年达 372×10^4 t，为该年五河入湖泥沙的83.8%。倒灌的泥沙多淤积于湖口至星子之间的水道上(朱宏富，1982)。1992年闵骞等利用实测水位资料，分析近40年鄱阳湖水位的变化趋势，结果表明，鄱阳湖年最高水位以0.22 m/10a的倾向率上升，其出现时间以3.2 d/10a的倾向率推迟，大洪水年以0.06 a/10a的倾向率增多，洪水位升高与大洪水增多使得洪涝灾害加剧(闵骞 等，1992b)。据研究，2000年以前，鄱阳湖出湖口站年均径流量呈增加趋势，输沙量呈现明显的减少趋势，相应出湖含沙量亦减少。2001—2007年鄱阳湖入江年径流量较前一时段明显减小，为上一时段的0.78倍，年均值与20世纪60年代相当；但年均输沙量与含沙量增加明显，分别为上一时段的2.25倍、2.89倍，这一结果表明，近年来鄱阳湖输入长江的沙量在增加(出现这种情况可能是出湖入江河道的大量人工采砂活动造成的)，长江与鄱阳湖的水沙交换将达到新的平衡(杨桂山 等，2009)。我国三峡工程的蓄水运行，改变了长江中下游的来水来沙条件，江湖关系必然要发生调整。由于三峡工程拦蓄大量的泥沙，中下游近坝段长江干流在径流量变化不大的情况下，水流含沙量急剧减少，河道冲刷，泄流能力增加，同流量水位下降。荆江三(四)口分流分沙将减少，进入洞庭湖的泥沙减少，洞庭湖的淤积得以减缓。对于下荆江河段，将严重冲刷，进而江湖关系也进一步调整。可以看出，荆江与洞庭湖关系的纽带是水沙交换关系，水沙条件发生改变，体现在江湖相互作用的过程中，最终江湖关系得以重新调整。综上所述，河湖水沙交换是河湖物质和能量交换的纽带，是实现河湖相互作用的途径；只有河湖之间发生了水沙交换，即物质和能量的交换，才能实现河道演变、湖泊冲淤变化，以至于江湖关系发生调整，实现河湖相互作用。

(3)河湖水沙变化及交换是江湖相互作用的直接动力

河湖水沙交换实质上是河湖之间的物质流和能量流的流动过程。地表径流注入湖泊后水面展宽，比降减少，流速减慢，水流挟沙能力降低，部分泥沙开始淤积。由于湖盆地形起伏变化，洪枯季水量、水位变化，水沙条件发生变化，不同水域或同一水域不同季节水动力条件不一样，水流流速也不一样，所以整个湖区是有冲有淤，但总体上来说过流性湖泊演变趋势是淤积的。因此，河湖水沙变化及交换是过流性湖泊冲淤变化的直接动力和原因。

长江中下游的洞庭湖和鄱阳湖都是过流性通江湖泊。支流和长江干流与两个湖泊永无休止的水沙交换，水沙的季节变化和年际变化以及河湖交换显然是湖泊冲淤变化的原因和直接动力。施修端等(1999)研究表明，在1956—1995年洞庭湖天然湖泊年均淤积量、淤积厚度分别为 0.8×10^8 t、0.018 m。李义天等(2000)据1956—1995年的实测资料统计研究表明，平均每年在洞庭湖区沉积的泥沙为 1.23×10^8 t。高俊峰等(2001)分析了 1974—1998 年洞庭湖的冲淤规律，认为洞庭湖总体上是淤积量大于冲刷量，湖盆年均淤积厚度为 0.017 m，与前者分析结果基本一致。姜加虎等(2004)认为，1974—1998 年的 25 年间，前 15 年洞庭湖淤积主要集中在中高滩，南、东洞庭湖在中低位滩地还存在冲刷；后 10 年洞庭湖泥沙淤积呈现全湖性特征，而且有向中低位滩地转化的特征，东洞庭湖一直处于快速淤积的状态。李景保等(2008)研究认为，1951—2005 年洞庭湖区多年平均淤积量为 1.14×10^8 t。尽管他们的研究结果不尽相同，但对整个洞庭湖区来说，近几十年来始终处于淤积状态的结论是一致的。鄱阳湖水系五河属于长江流域少沙支流。据研究，1952—1984 年，鄱阳湖的泥沙淤积并不是均匀发展的，它与入湖河流的输沙量以及湖区各地段的微地貌特征等因素密切相关。湖体水域因泥沙相对减小，故淤积速度减缓，年平均淤深约 1.7 mm；鄱阳湖水下河道一般表现为冲刷，少数主航道不冲不淤(程时长 等，2002)。朱宏富等(2002)的研究结果为平均每年在五河尾闾和鄱阳湖落淤的悬沙约为 900×10^4 t。由此可见，鄱阳湖的年泥沙淤积厚度比洞庭湖小，年淤积量也比洞庭湖小得多。还应该看到，不论洞庭湖还是鄱阳湖水沙变化的总趋势是都在淤积，但淤积量都在减少(韩其为，1999a)。

1.2.1.5　河湖水沙变化特点

通江湖泊与河流的物质和能量交换通量巨大，深入研究这些物质和能量通量的变化规律，不仅对研究河道及湖泊演变有重要意义，且有助于对河湖系统相互作用、能量流动、物质循环与物质迁移转化的了解(沈焕庭 等，2000)。Rwetabula 等运用分布式水文模型(WetSpa)，对坦桑尼亚维多利亚(Victoria)湖的支流锡米尤(Simiyu)河的径流量(河湖交换量)进行了估算(Rwetabula，et al，2007)。Yi 等利用同位素示踪法对加拿大和平(Peace)河和阿萨巴斯卡(Athabasca)河流域三角洲上的河流注入湖泊的径流特征(季节变化、补给源等)进行了分析，并对不同年份进行了比较研究(Yi，et al，2008)。Bonnet 等对巴西亚马孙河下游冲积平原上河湖系统中库鲁艾湖(Lake Lago Grande de Curuaı′)的河湖年交换水量在 42×10^8～73×10^8 m^3间波动，约是每年入湖水量的 3/4(Bonnet，et al，2008)。

Chen 等根据宜昌、汉口、大通水文站长序列(1950—1980 年)资料对长江径流量和输沙量进行分析，认为径流量变化不大，中上游输沙量减少，但大通以下干流输沙量稳定(Chen，et al，2001)。但是，据分析近 50 多年来我国多数入海河流输沙量呈减少趋势(刘成 等，2007)，2003 年府仁寿等根据长江 50 年的水沙资料，宏观分析长江干支流各主要水文站水沙发展趋势，发现干流宜昌站、汉口站、大通站平均年输沙量都有明显减小趋势；各主要支流水文站减沙趋势明显；长江向洞庭湖分洪分沙量减少(府仁寿 等，2003)。荆江三口是联系长江干流与洞庭湖的水沙连接通道，是江湖关系调整变化的纽带。近 50 多年来荆江三口平均年径流量和输沙量逐渐减少，分流比(分流量占枝城径流量的百分数)由下荆江裁弯前 1955—1966 年的 29.79% 降至裁弯后 1973—1980 年的 18.79% 和葛洲坝水利枢纽运用后 1981—1995 年的 15.70%，分沙比则由 35.24% 分别降至 21.6% 和 19.0%(卢金友 等，1999)。三峡水库蓄水运用后(2003—2008 年)，荆江三口分流分沙比与 1981—2002 年相比，尚未发生明显变化(许全喜 等，2009；李义天 等，2009)。三口中分流分沙量减少最多的是藕池口，下荆江裁弯后松滋口取代藕池口成为分流分沙量最多的口门，藕池口退居第 2 位(韩其为 等，1999b；卢金友，1996，1999)。三口分流减少，导致荆江径流量增加，特别是下荆江因流量加大抬高的水位大于冲刷(包括裁弯冲刷)降低的水位，从而使洪水位抬高 1～2 m(20 世纪 90 年代)(韩其为，1999a)。

全球气候变暖驱动洞庭湖流域水循环速度加快，20世纪90年代洞庭湖流域洪水频发也影响江湖水沙交换速率和程度（王国杰 等，2006）。江湖流量的分配在水沙变化中起着重要作用，而三口洪道泥沙淤积、三口口门河势变化、荆江河床冲刷、洞庭湖淤积萎缩等都影响荆江三口分流分沙变化（许全喜 等，2009；李学山 等，1997），还应该看到人类活动对水沙变化的影响也扮演着重要的角色（董力三，2002）。

鄱阳湖的水沙变化是流域多种自然因素和人为因素综合作用的结果。郭鹏等（2006）对鄱阳湖湖口、外洲、梅港三站（1995—2001年）水沙变化及趋势进行了分析，表明湖口径流量增大而输沙量减小的趋势明显；外洲站径流量变化趋势不明显，但输沙量减少趋势较为明显；梅港站径流量增加趋势明显而输沙量变化趋势不明显。郭华等（2006）指出：20世纪90年代和20世纪60年代中后期，鄱阳湖流域气候发生了转折性变化。郭华（2008）认为鄱阳湖流域洪峰流量变化的区域差异较大，整个鄱阳湖流域枯水流量呈现显著上升趋势。在鄱阳湖流域，人类活动引起水土流失最严重的时期是20世纪70年代中期到80年代末，流域内大量的水利工程（大型水库有24座），水库都会影响流域的水沙状况，尤其对径流输沙量的影响较大，使入湖泥沙减少（左长清，1999）。罗小平等（2008）提出鄱阳湖20世纪90年代入江水通量具有明显的递增趋势，21世纪初则呈递减趋势；而沙通量在20世纪50年代到90年代间有明显的递减趋势，2000年以来呈明显的递增趋势。2010年孙鹏等对鄱阳湖流域水沙时空演变特征及其机理进行分析，指出径流变化基本相似，然而五大支流的输沙量变化比较复杂，外洲站、李家渡、梅港站和虎山站的输沙量在1985年以后减少的趋势显著，而万家埠站的输沙量直到1999年才开始减少；同时指出水利设施（尤其是水库）对五大支流的水沙变化影响很大，尤其对输沙量的影响最为明显，这也是鄱阳湖流域大部分水文观测站输沙量减少的主要原因。

1.2.1.6　河湖水沙变化驱动力研究

（1）自然因素

气候变化是河湖水沙变化的主要原因之一。河流是气候的镜子。若气候条件发生变化，则河湖的来水来沙必定随之而变。气温、降水、蒸发等气象因子均会引起径流量的变化，河川径流量的多寡与气候因素密切相关（姜彤 等，2005；李林 等，2004；夏军 等，2008）。气候因素影响着湖泊水位的季节变化和长期趋势（Quinn，et al，1997，2002；Lenters，2001；Lofgren，et al，2002）。河流的输沙量与径流量紧密相关（许炯心，2005；Quinn，et al，2002；张强 等，2008；童辉 等，2008），尤其是暴雨洪水对输沙量和河湖冲淤变化影响很大（Xu，et al，2005）。施雅风等（2004）对1840年以来长江大洪水与气候变化关系进行了研究，并对21世纪初期长江流域气候变化做了预测。姜彤等（2003）指出，全球大幅度气候变暖将会引起水循环加快，长江流域降水量、径流量的增加趋势是明显的。其他学者的研究尽管着眼点和研究方法不同，但结果大致相同。他们认为，近半个世纪以来长江流域降水量、径流量是增加的（张增信 等，2008；刘健等，2009），并且径流增加主要受控于气候变化（戴仕宝 等，2006a），未来几十年内降水量、径流量也将增加，甚至大暴雨洪水发生频率也可能增加（郭家力 等，2010；郭华 等，2006a）。

其他自然因素如地质地貌、泥沙淤积、水动力条件、水沙组成、水土流失条件等，它们的变化都会造成河湖关系演变。水沙变化是河湖系统演变的直接动力，反过来，河湖系统的演变也促使河湖水沙条件发生变化。江湖关系的调整可能改变河槽的走向，使河底和湖底的高程发生变化，使水流在湖泊里流动的深槽摆动等，最终改变原来水流的流速、流向、水流结构等，从而影响江湖水沙交换过程。Mihaila 等（1995）对贝洛斯拉夫（Beloslav）湖和德夫南斯卡

(Devnenska)河流组成的河湖系统水沙变化影响因素进行了探讨。洞庭湖与荆江关系演变中,也可以看出这些自然因素的驱动作用。1644—1825 年三(四)口分流河道由单一河道向网状河道的演化,自 1826 年分流河道形成网状之后,初期泥沙淤积问题不明显,但是到了 20 世纪 30 年代到 50 年代,淤积的作用显著增加,特别是 20 世纪 50 年代以后河道发生严重的淤积,使三(四)口分流分沙比例显著减少(马元旭 等,2005)。

(2)人类活动

破坏植被、围湖造田、水土保持工程、退田还湖、河道和湖泊里的人工挖沙活动、人类对河道裁弯取直、水库和大坝的建设等水利工程,这些人类活动在某种程度上影响着河湖的水沙变化和交换,改变着天然径流的含沙量。人类活动的影响是脱离不开自然条件的,它必是在一定的自然环境前提下起作用,对自然力量起到加速或延缓的作用。从长期来看,人类活动对径流量和输沙量的影响不及自然因素的影响大(夏军 等,2008)。但从短时间来看,人类活动速率高、节奏快、影响大、效果明显,经常是江湖关系调整的重要影响因素(Xu,et al,2009;Kaiser,et al,2007;邹振华 等,2007;Knox,2006)。

长江是我国第一大河流,其丰富的水量为长江流域的社会经济发展提供了必要的水资源和水能资源。洞庭湖、鄱阳湖和太湖流域自古以来就是我国的鱼米之乡,开发荒山、围湖造田、兴修水利、种植农作物等活动曾经为社会经济的发展做出过巨大的贡献,这些人类活动被视为农业文明的成果(张本,1988;王苏民 等,1998)。

新中国成立后,直到 20 世纪 70 年代人们还在"毁林垦荒,围湖造田"(卞鸿翔 等,1985;朱宏富,1982),使鄱阳湖湖底平均每年淤高 0.002 m 以上(按 16 m 高程湖面计算)(黄旭初 等,1983);虽然在 20 世纪 80 年代人工造林面积有所增加,但由于人口的增加和木材及林产品的需求量上升使得森林资源质量继续下降,在这一时期水土流失加剧,河流含沙量明显升高;从 20 世纪 90 年代开始,流域生态环境受到较为广泛的重视,开展了全流域的消灭荒山,造林绿化,森林面积逐年增加,生态环境得到一定程度的改善,这时期的输沙量也大幅度减小(郭鹏 等,2006)。围湖垦殖这种开发利用方式不仅使湖泊水域范围缩小,减少了河道与湖盆的过水断面,与此同时还使原有的水系紊乱,促使湖泊泥沙淤积,加速了天然湖泊的萎缩,削弱了湖泊调节洪水的能力,汛期洪水位抬升,导致水情恶化,造成湖泊生态环境与生物资源破坏,使江湖关系恶化(李新国 等,2006)。洞庭湖淤积、围垦均可造成江湖洪水位(最大值)显著抬升,除西洞庭湖外,湖泊围垦对江湖洪水位抬升的影响远大于淤积的影响,围垦是淤积影响值的 2~10 倍(姜加虎 等,2006)。兴修水利工程虽然对社会经济、防洪减灾等有利,但工程使原有湖泊水面被堤坝隔绝,造成江、湖隔离,使湖泊减弱了自然吞吐江河的功能,加速了泥沙在湖床的淤积,形成湖滩地,亦使湖泊可交换水体减少(刘新 等,2008)。到 20 世纪 70 年代末至 80 年代初,人们已经认识到继续围垦是不正确的,认为"江西鄱阳湖……应该退田还湖(见 1979 年 11 月 6 日《人民日报》)"的呼吁是正确的(朱宏富,1982)。然而,由于围垦,江汉平原由新中国成立初期的 1066 个湖泊,到 20 世纪末期仅剩下 181 个,湿地面积消失了 75%,蓄洪能力降低了 80%。尤其是 1998 年长江流域发生的特大洪灾,仅湖北、湖南和江西三省直接经济损失达 1089.81 亿元。这些教训使人们不得不清醒,于是国务院提出了"封山育林、退耕还林、退田还湖、平垸行洪、以工代赈、移民建镇、加固干堤、疏浚河道"等根治水患和灾后恢复的"32 字"方针(周宏春 等,2002)。闵骞等(2006)在 2006 年《退田还湖对鄱阳湖洪水调控能力的影响》一文中,估算了退田还湖对鄱阳湖蓄洪能力的影响,结果表明,50 年一遇和 100 年一遇的鄱阳湖洪水位分别可降低0.63 m和0.68 m。笔者也希望在“32字”方针指导下，把长江流域的江河湖泊治理好，让江湖关系向着江湖两利的方向发展，恢复长江的生命活力，使长江成为一条健康的河流。

荆江与洞庭湖的关系变化上体现出人类活动这个驱动力作用。2000年以前以自然演变为主，之后，人类活动逐渐成为江湖关系变化的主要影响因素（仲志余 等，2008）。19世纪60—70年代藕池口、松滋口溃口冲成藕池河、松滋河，奠定了四口分荆江洪水的基本格局。之后，下荆江近100年来，曾发生过十余起自然裁弯，最近一次为1972年发生的石首县沙滩子自然裁弯。江湖关系处在不断的变化之中。而20世纪60年代末期，人们对荆江进行了两次人工裁弯，缩短了下荆江河道61.6 km（李景保 等，2005），使得下荆江坡降加大，也加剧了荆江冲刷，冲刷使同流量水位降低。到20世纪70—80年代长江干流的葛洲坝工程建设，20世纪末期到21世纪初期又建造了举世瞩目的三峡大坝，荆江与洞庭湖的关系再次调整。从20世纪60年代至今，短短半个世纪里，长江干流经历了4次大型工程，荆江与洞庭湖的关系在人为干预下进行了大调整。可见，人类活动的速度之快、效率之高。

1.2.1.7　河湖关系演变机理

通河湖泊自然演变遵循一定的规律，这是一个自然规律，这个规律不以人的意志为转移，人类活动只能加速或者延缓其演变的速率，或者改变其演化的方向。湖泊的演化决定着湖泊功能的变化，也影响着河湖关系的演变。从目前长江流域的两个大型通河湖泊来看，鄱阳湖和洞庭湖的泥沙淤积都大于冲刷（姜加虎 等，2004；李景保 等，2008；朱宏富 等，2002；高俊峰 等，2001；程时长 等，2002；李义天 等，2000），这也符合湖泊向沼泽化方向演化的生命周期规律（黄旭初 等，1983），这样一来，河湖系统中湖泊的调蓄功能就会减弱，滞洪、分洪、削峰的能力都会减弱，以至于河湖系统的水沙平衡都会随之改变，而后重新建立。

荆江和洞庭湖关系的发展是一个典型的河湖关系演变的案例。前人在江湖关系研究的过程中，也试图揭示河湖关系演变的机理。

韩其为（1999）指出分流河道的三个特性并阐述了其演变规律。他认为三口分流河道目前（1999年）处于衰退阶段，并且离洞庭湖愈近，河长愈短，淤积对口门影响愈快，天然状态下的衰退也愈快；裁弯的位置愈靠近哪个口门的下游，则裁弯后荆江水位降低对它的径流量减少的作用就愈大。

卢金友（1996）对荆江三口分流分沙变化规律进行了研究，认为江湖关系的调整是三口分流分沙变化和分流河道淤积的重要原因。荆江三口是江湖关系调整的纽带，也是洞庭湖泥沙的主要来源，三口入湖沙量占洞庭湖总来沙量的87%（裁弯前）和79%（裁弯后至1996年）。其结论是江、湖相互影响对三口分流的影响是比较大的。卢金友等（1999）又在《长江与洞庭湖关系变化初步分析》一文中阐述到：长江与洞庭湖以荆江三口分流和江湖汇流为纽带形成了一个庞大而复杂的系统，系统中任何一个要素发生变化，其他要素都将做出相应的调整。

李学山等（1997）根据河道演变的基本原理——“自动调整作用”（当河床淤积使过水面积减小时，水流与河床相互作用与适应的结果，必然是通过沿程淤积的不均匀性来增加河床与水面的比降，加大流速，以求达到河道与来水间新的适应与平衡）认为，江湖关系的演变受荆江裁弯影响极大，但从近期三口水沙的变化趋势和三口分水分沙比的变化趋势看，1986—1997年三口的衰减已进入相对稳定时期。

李义天等（2008，2009）经过研究认为：影响三口分流比最直接的因素是荆江水位的变化以及三口分流洪道的冲淤变化，而造成这些因素变化最主要是长江干流水沙的变化。

许全喜等(2009)研究结果表明，洞庭湖湖盆淤积造成四水尾闾高洪水位抬高，一方面，三角洲上的河道具有淤积向下游推进、竖向抬升和向上溯源延伸的变化，淤积向这三个方向的发展速度，决定于淤积向前推进的速度。另一方面，洞庭湖淤积，造成三口洪道出口水位抬升，减小了出口段河道比降和水流流速，也同时加剧了三口洪道尾闾的淤积。

从前人对江湖关系演变机理的探讨可以看出，他们分析的角度不尽相同，但多数人对演变机理还是有共同观点的。总结如下：

① 荆江水位是影响江湖关系的一个主要因素；

② 荆江三口分流分沙比减少是江湖关系调整的一个重要原因；

③ 河道自动调整的基本演变原理是江湖关系演变遵守的自然规律；

④ 洞庭湖淤积对三口河道演变及分流分沙比变化也有影响；

⑤ 荆江三口分流分沙减少与三口河道演变是一个循环演进的过程。

作者在吸收前人观点的基础上，根据自己的认识，认为荆江与洞庭湖关系演变的机理是：长江和洞庭湖组成一个复杂的河湖系统，系统中各要素是相互联系、相互影响、相互作用的，系统中任何要素的变化都会引起其他各要素的连锁反应；同时各要素又有其本身固有的演变规律；系统的演化可以是一个突变，也可以是一个渐变的过程；江湖关系的演变，是以江湖水沙交换为纽带，遵循自然演变规律，人类活动只是起到加速或者延缓，或者改变其演化方向的作用，三口分流分沙比、荆江和三口河道冲淤、洞庭湖的冲淤变化和城汉(城陵矶—汉口)河段冲淤等几个方面相互影响、循环演进，但系统的演化是向着水沙平衡、江湖关系趋于动态平衡、相对稳定的方向发展。

1.2.1.8 生态环境影响

《特别是作为水禽栖息地的国际重要湿地公约(Convention on Wetlands of International Importance Especially as Waterfowl Habitat)》(简称《湿地公约》)规定，湿地是指不论其为天然或人工、长久或暂时的沼泽地、泥炭地或水域地带，带有静止或流动的淡水、半咸水或咸水水体，包括低潮时水深不超过 6 m 的水域(刘中信 等，2007)。河湖水沙交换、河湖相互作用、湖泊演变、河床演变等现象，对河、湖湿地的生态环境、生态系统有着非常重要的影响(Annette, et al，2005；Hu，et al，2008；Huang，et al，2009)，甚至对湿地生态系统产生不可挽回的后果，因此，江湖关系的研究就涉及湿地生态环境、生态系统等方面的研究。Bartell 等利用综合水生生物系统模型(CASM)对加拿大魁北克省的河流、湖泊和水库化学毒物引起的生态危机进行了评估(Bartell，et al，1999)。朱明勇等详细阐述了江湖关系演变给洪湖湿地带来的不利生态影响，主要表现在：加剧围垦、改变江湖水系格局、加重自然灾害以及土壤潜育化、沼泽化，破坏了江湖复合生态系统平衡(朱明勇 等，2007)。《北美五大湖保护管理对鄱阳湖发展之启示》一文中指出拥有全球 20%地表淡水资源的北美五大湖和中国鄱阳湖，近年来面临相似挑战：生态环境脆弱，经济发展滞后，管理政策脱节(贺晓英 等，2008)。2008 年李景保等人从泥沙淤积特性与资源环境之间的关系上，探讨了洞庭湖区的泥沙淤积效应(李景保 等，2008)。李晓东等(2009)对洞庭湖的健康进行有效评价，认为洞庭湖的总体健康状况较差。湖泊生态环境和河湖生态系统越来越受到人们的重视(倪才英 等，2009；胡茂林 等，2010；夏少霞 等，2010；龙振华 等，2009)，长江干流大型水利工程对长江流域鱼类的生产有着深远的影响，最主要是阻隔了 30 多种经济鱼类的洄游路线，切断了江湖洄游鱼类生活史中育肥场和繁殖场之间的联系，导致或加速它们在湖泊中绝迹（局部灭绝）（龙振华 等，2009；吴龙华，2007；Wang，et al，2005b），学者们还从湿地生态系统功能及服务价值方面讨论对湿地生态补偿的思路和机制等（倪才英 等，2010；李芬 等，2010；刘青 等，2010）。

1.2.2 三峡工程对长江中下游影响研究

三峡枢纽工程具有防洪、发电、航运等经济和社会效益，其中防洪效益占首位。三峡工程建成后会对长江中下游及河口区产生多方面影响，尤其是对长江中下游河湖系统水沙交换过程的影响，是值得研究的课题。

1.2.2.1 对中下游防洪态势影响

三峡工程是长江综合防洪体系的骨干工程，防洪是三峡水库的主要作用之一。防洪目标之一就是保证荆江大堤的安全，减轻长江中下游区域的洪涝灾害程度，同时也可以改善江湖关系（刘晓群 等，2010）。建坝初期，人们对三峡工程的防洪效益进行了讨论，大批学者对其做了预测性研究，在三峡水库运行前提下，分析、模拟遇到1954年和1998年大洪水时荆江、洞庭湖、鄱阳湖等区域的洪水情景（刘晓东 等，1999；李荣昉 等，2000；傅春 等，2007；仲志余 等，2010）。其中，谭培伦等（1998）进行三峡工程对1998年洪水防洪作用的模拟分析结果：通过三峡工程的调度，将使湖口站在1998型洪水条件下的洪水位从实测的22.58 m下降到22.34 m，下降了0.24 m，可以减轻长江中下游的洪水灾害。廖志丹等（2000）分析得出，随着三峡工程投入运行，水库下泄水流的含沙量锐减，引起坝下游河段沿程冲刷，江湖关系变化，河流有可能进行系统调整，河势发生变化，可能出现主流的顶冲点上提下错，将会带来淘滩刷堤，形成新的险工险段，危及长江特别是荆江部分河段堤防的安全。周建军（2010）依据三峡梯级和长江上游水库群数学模型、长江中游河网水动力学模型仿真，模拟了当前条件下的1998年、1954年全流域洪水。三峡大坝建造之前，荆江河段依靠河道可防御枝城洪峰流量6×10^4～$6.8\times10^4\ m^3/s$，工程建成后由三峡工程对长江洪水调控，将使荆江地区防洪标准提高到100年一遇，可防御枝城流量$8\times10^4\ m^3/s$（杨桂山 等，2007）。2010年汛期，长江流域干流和多数支流发生较大洪水情况下（廖鸿志 等，2010；蔡其华，2010），通过科学调度三峡水库，及时拦洪，适时泄洪，有效削峰错峰，避免了上游洪峰与中下游洪水叠加给沿岸人民安全造成的威胁，三峡工程的防洪效益得到了充分发挥，表明三峡水库能够实现设计拟定的防洪目标。

1.2.2.2 对中下游水沙变化及河床冲淤演变影响

三峡水库拦截了入库悬沙中的大部分床沙和几乎全部推移质，只有极细颗粒的泥沙随下泄水流被排往水库大坝下游，水库的运行对径流起到调节作用，使长江中下游水沙时空分布发生变化。

长江干流节点水文站宜昌、汉口和大通1950—2005年实测数据分析表明，长江干流多年平均径流量并无明显变化（杨桂山 等，2007），三峡水库蓄水后长江中下游年来水量变化不大（Zhang，et al，2006），但年内分配有所改变，中枯水期延长，最小流量增加（胡向阳 等，2010）。长江干流输沙量1990年后减小趋势明显，2000年后呈加速减小趋势（董耀华 等，2008），尤其是三峡工程运行以后沙量大减（戴仕宝 等，2007；Chen，et al，2008；张珍 等，2010）。经研究，长江干流来沙量的减少也与上游入库（三峡水库）泥沙量的减少有关（Xiong，et al，2009；Hu，et al，2011）。杨世伦等（2007）研究表明，2003年三峡水库的运行使大坝拦截了其下游长江干流河道和通江湖泊泥沙来源的88%，长江中游特别是荆江河段的水流挟沙处于次饱和状态(蔡其华，2007)，水沙组成发生变化(Wang，et al，2009；陈显维 等，2008)，坝下河道沿程冲刷(黄颖等，2009；熊明 等，2009)。洞庭湖起到调节长江水沙平衡的作用(戴仕宝 等，2006b)，荆江三口分流分沙比发生变化(唐金武 等，2010)，造成江湖水沙交换发生变化。据研究，2003 年三峡水库蓄水拦泥沙作用使洞庭湖泥沙淤积量减少到 25%，占多年平均(1956—2003 年)的 18%，同时期洞庭湖的泥沙淤积量仅为大通泥沙通量的 10%(Dai，et al，2005)。江湖关系将重新调整，并会造成长江流域泥沙资源的供需矛盾(姚仕明 等，2010)。而且经研究发现，长江河口的入海泥沙量及水下三角洲的冲淤也受到影响(杨世伦 等，2003)，三峡水库蓄水导致长江入海泥沙减少 1×10^{8} t/a 量级，并且随着流域人类活动影响的增强，长江入海泥沙量将进一步减少(李鹏 等，2006)。

韩其为等(1997，2000)研究表明，三峡工程建成后，长江中下游将发生长期冲刷，对河床、河性将有深远影响，下荆江冲刷时间大约在 50a 左右，以后开始回淤，冲深为 4.4～5.4 m。三峡水库蓄水运行以来，上游建库和水土保持工程的逐步实施，三峡水库入库泥沙量和出库泥沙量均出现大幅减少，坝下游河道将在较长时期内产生较大幅度的沿程冲刷，荆江河段首当其冲(熊超 等，2010)；部分地段近岸河床的水下岸坡冲刷变陡，局部河段河岸甚至发生了崩岸险情(姚仕明 等，2009；廖小永 等，2007)。Chen 等(2007)利用多普勒声学测流仪从重庆到河口沿长江进行了实地水流流速测量，分析长江干流流速变化特征，并分析可能原因，为三峡大坝建成后继续分析积累了数据。周银军等(2010)采用分形理论对三峡工程蓄水后下游河道河床表面形态(BSD)的变化进行了分维研究。假冬冬等(2010)采用模型模拟的方法对荆江河段冲淤进行了研究，结果和实测的基本吻合。长江中下游干流的其他河段也有崩岸发生，严重影响了防洪工程安全、航道稳定、岸线开发利用及社会经济发展等(刘东风，2010)。

1.2.2.3　对中下游江湖水沙交换及冲淤变化影响

姜加虎等(1996)在 1996—1997 年通过建立描述长江水情的数值模式，在不考虑河道冲淤情况下进行了三峡工程对洞庭湖水位影响的研究；王崇浩等(1997)为采用平衡坡降法，概算了三峡建库后的 82 a 内荆江三口分洪道和洞庭湖的冲淤变化(王崇浩 等，1997)；方春明等(2001)分析了洞庭湖容积变化对洞庭湖和长江洪水位的影响等，这些研究成果都从某一方面预测了三峡水库运行会对江湖关系产生影响。

由于三峡工程的运行方式是“蓄清排浑”，拦截了上游来的部分泥沙，使大坝下游下泄水流的含沙量降低，研究证明三口分沙量减少，进入洞庭湖的泥沙减少，洞庭湖的淤积量大减(宫平等，2009；李景保 等，2009；郭小虎 等，2008；戴仕宝 等，2005；江凌 等，2010；秦文凯 等，1998)。方春明等(2007)利用可视化一维河网水流泥沙数学模型，对荆江三口河道冲淤变化进行了模拟，结果表明：三峡水库蓄水运用后前 6 a 为滞洪运用期，三口河道冲刷最快；至三峡水库蓄水运用后 60 a，淞滋河中淞滋东支和淞虎洪道冲刷最大，虎渡河可能淤积；三峡水库蓄水运用后三口河道的分水分沙量减小，会减轻洞庭湖的淤积。李义天等(2009)预测了蓄水 20a 后荆江河段的水位变化，认为荆江河段中、高水位下降幅度有限，三口分流比将不会减少。张细兵等(2010)采用长河段一维水沙数学模型进行了三峡工程运行后洞庭湖水沙与冲淤变化的预测，认为三峡工程正常运行后荆江三口分流分沙还将继续减少，工程运行 30 a 后，三口分流比将减少为 8%左右；洞庭湖出口水位以下降为主。从上面的研究成果可以看出：三峡水库运行以后，荆江冲刷，洞庭湖淤积量减少，三口分流分沙减少，三口分洪道发生冲淤变化，再加上城汉

（城陵矶—汉口）河段的冲淤变化，荆江和洞庭湖关系必将调整以维持新的水沙平衡。

姜加虎等（1997）黄群通过数值求解 Saint-Venant 方程组，预测三峡工程减泄流量在 1000～6000 m^3/s 时，湖口的水位将减少 0.10～0.91 m；通过洪水演进模型，计算得出三峡水库增泄流量 1000～6000 m^3/s 时，鄱阳湖水位将升高 0.06～0.82 m，流量将增加 928～3315 m^3/s；姜加虎等（2006）结合湖区地形，讨论了三峡工程对蚌湖水情的影响，并分析蚌湖与鄱阳湖的水量交换关系。朱信华等（2009）分析了在三峡工程初期运行的 2004—2007 年对鄱阳湖影响；孙晓山（2009）对 2004 年资料分析表明，10 月份三峡水库蓄水期间，拉动鄱阳湖湖水出湖，退水加快，造成鄱阳湖水位降低较快。可见，三峡工程运行之后，改变了大坝以下的径流时程节律，也改变鄱阳湖区域的江湖关系。

1.2.2.4　对中下游生态环境影响

三峡水利枢纽是开发治理长江的骨干工程，是一项生态环境工程，防洪是三峡工程最大的生态环境效益。然而，三峡大坝建成后，其下游的水域水质、水环境、水生态等都将面临新的挑战（万咸涛 等，2003）。长江中下游河流洪水节律的保持、上下游输沙平衡的维持、库区水量交换、如何实现防洪补偿调节以及中下游河道采砂量与沙源的供需问题等都会受到影响（黄悦等，2008；程根伟 等，2007）；对湖区的水沙平衡、湿地资源、水环境质量、生物资源（鱼类、候鸟等）保护、水资源利用、土壤发育过程及土地资源利用、生态与环境等都将产生不同程度的影响（刘影 等，1994；吴龙华，2007；Jim，et al，2006；Yi，et al，2010；郭文献 等，2009；蔡述 等，1996；刘影 等，1996；岳红艳 等，2010；郑林 等，1998）。沈国舫院士（2010）研究认为，三峡工程的实施的确对长江流域生态环境产生了一定程度的影响，但基本上没有超出原预测的范围，工程各项指标均达到或超过了设计标准，是一个成功的工程，是一个中国特色社会主义大工程时代的工程代表作，“利大于弊，以利为主”。

1.3　问题与展望

河湖关系的研究是一个大课题，涉及面广，可研究内容多。我国关于河湖关系的研究成果硕果累累，为今后河湖关系研究积累了大量的基础资料、成果、技术和经验方法等。目前河湖关系及河流健康问题的研究方兴未艾，所涉及的河湖关系演变、河流生态系统安全、水安全等问题正是科学界密切关注和大力支持的研究领域，具有远大的前景。

当前河湖关系研究还需进一步明确和研究的问题，作者提出以下几点看法。

第一，江湖关系内涵的再认识。历史上，人类在江湖洪旱灾害治理过程中逐步认识和理解了江与湖之间复杂的关系。在我国，荆江与洞庭湖关系的复杂性引起了人们的重视，研究成果也较多。因此，传统上，人们所说的江湖关系是荆江与洞庭湖的关系。作者认为，关于江湖关系的内涵需要进一步再认识，应该把河湖作为一个系统来研究，其内涵不但包含传统的江湖关系所探讨的内容，还应包括河湖系统中的资源、生态和环境的开发、利用和保护，维持一个健康的河湖系统。

第二，河湖关系演变机理的研究应加强。河湖相互作用的机理是客观存在的。目前，对江湖关系演变机理探讨的文献集中在对洞庭湖和荆江关系演变机理的讨论，其能否解释洞庭湖与荆江的关系演变，还需要进一步研究。探讨河湖演变机理对一般河湖相互作用的普适性，这就要求对其他河湖关系进行研究。另外，需要把河湖作为一个系统来分析、认识，发现它们之间的相互联系、相互作用规律，从而揭示河湖相互作用的基本原理。

第三，我国江湖水沙交换规律性的认识和研究。目前，我国江湖水沙交换的研究大多是针对长江流域的河湖系统展开的，其中，研究最多的是荆江与洞庭湖水沙交换。需要进一步加强对荆江与洞庭湖、长江与鄱阳湖等水沙交换规律的认识和研究。

第四，三峡工程运行对长江中下游江湖关系的影响。三峡工程运行将会对坝下游水沙的时空分布规律产生怎样的影响；近坝河段冲刷、荆江冲刷、三口分流分沙比今后将怎样变化；三口河道如何演变；荆江与洞庭湖关系怎样调整；洞庭湖淤积速率将会减慢还是加快；河湖交换强度受到什么样的影响；洞庭湖调蓄洪水能力将怎么变化；对洞庭湖生态环境将带来怎样的影响；长江河道冲淤变化对鄱阳湖水沙交换的影响如何；鄱阳湖水生生态系统会受到怎样的影响；鄱阳湖与长江汇流区冲淤将发生怎样的变化；人类活动(水利工程)和自然系统双重驱动下鄱阳湖水生态安全受到怎样的影响等，这些都是需要进一步研究的科学问题。

1.4　研究区域概况及范围

长江(the Changjiang River，the Yangtze River)是中国第一长河，发源于青藏高原唐古拉山脉主峰各拉丹东雪峰西南侧，全长6300余千米，仅次于尼罗河、亚马孙河，是世界第三长河。流域介于24°30′～35°45′N，90°33′～112°25′E，全流域集雨面积180万km^2，占我国国土面积的18.8%。其主要支流有汉江(又称汉水，长江最长的支流)、雅砻江、岷江、嘉陵江、乌江、湘江、沅江、赣江等。

长江流域大部分位于东亚季风区，具有显著的季风气候。由于地域辽阔、地貌复杂多样，区域气候特征多变。季风的进退及其快慢、雨带停留时间的长短以及冬、夏季风的交替及其迟早，对长江流域的气候有着十分重要的意义。正常年份，随着夏季风的来临长江流域各地先后进入雨季，江南和江北、下游和上游，雨季有所错开。当夏季风来临的时间、强度发生异常时，暴雨洪水可能发生遭遇，就会出现较大的洪涝灾害。

长江流域的经济在全国具有举足轻重的地位。改革开放以来，尤其是20世纪90年代以来，流域经济呈现快速增长趋势。1995—2005年，流域GDP年增长率12.6%，高出同期全国平均增长率1%，流域经济在全国的比重逐年上升，到2005年达到40.3%，重工业所占比重提高到63%；同期，对外贸易总额增长了7.3倍，2005年占全国对外贸易总额的比重达41%，经济国际化程度明显提高；1995—2005年城乡居民收入增加，10年间城市居民收入提高了1.7～2.2倍，农村居民收入提高了1.5～1.8倍，城乡居民生活水平大幅度提高(杨桂山 等，2007)。

长江干流自江源至宜昌划属上游，宜昌至湖口划属中游，湖口以下为下游(图1-1)。洞庭湖和鄱阳湖是中游两个大型通江湖泊。三峡大坝建在上游距宜昌43 km处，为世界最大的混凝土重力大坝。葛洲坝水利枢纽工程是我国万里长江上建设的第一个大坝，是长江三峡水利枢纽的重要组成部分。葛洲坝水利枢纽工程位于湖北省宜昌市三峡出口南津关下游约3 km处。本书研究区域为包括三峡水利枢纽在内的长江中下游地区(图1-1)。

从长江出三峡宜昌以下，进入我国地势第三级阶梯的长江中下游平原，江面展宽，水流缓慢，河道弯曲。长江中游河长927 km，流域面积67.9×10^4 km^2，占全流域面积的37.6%。其中，从湖北的枝城到湖南城陵矶一段，长约420 km的河段为荆江。荆江又分长为上荆江(枝城至藕池口)和下荆江(藕池口至城陵矶)两段。下荆江河弯发育，素有“九曲回肠”之称。中游

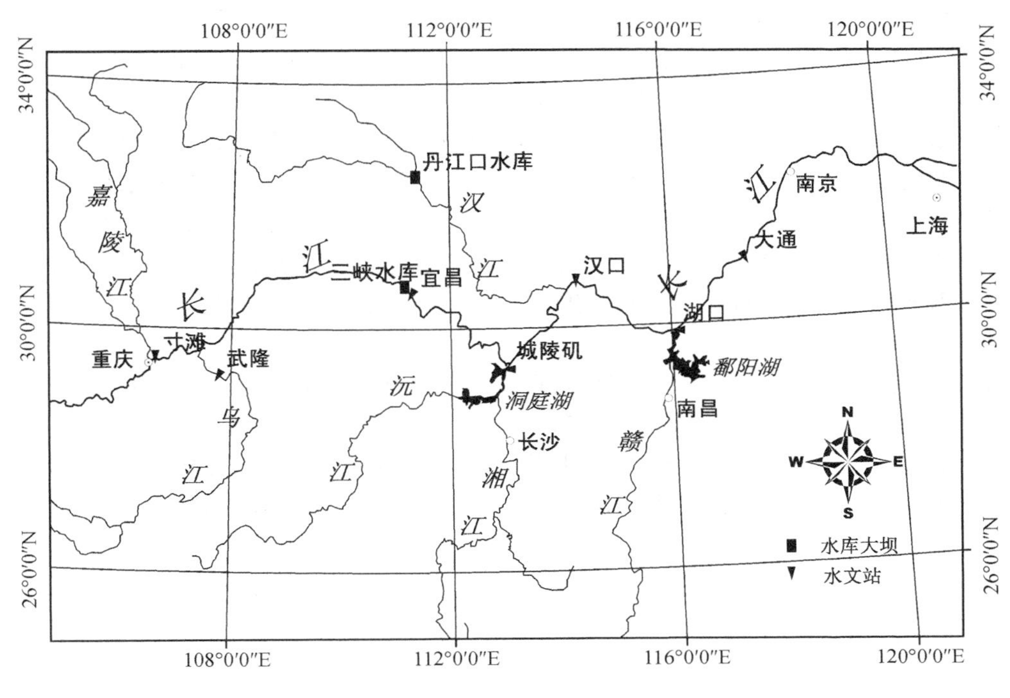

图 1-1 研究区域示意图

两岸湖泊众多，江湖相通，构成庞大的洞庭湖和鄱阳湖两大流域水系。江西湖口以下为下游段。下游水深江宽，从湖口到入海口，长 844 km，流域面积 12.3×10^4 km^2，占全流域面积的 6.8%。江苏省扬州、镇江一带的长江干流又称扬子江。在大通以下直到河口的河段受潮汐影响，河道具有陆海共同作用的特征，径流有周期性的潮汐特征。

宜昌、汉口、大通、寸滩、螺山、沙市和九江是长江干流上水文站。城陵矶和湖口水文站分别是测量洞庭湖和鄱阳湖的出湖控制水文站(图 1-1)。

1.5 本书主要内容

本书主要是研究长江中下游的鄱阳湖和长江之间江湖水交换过程及其规律，分析三峡水库对江湖水交换的影响，尤其是三峡水库运行前后江湖水交换特征的变化。鄱阳湖和洞庭湖的面积和湖容较大，是长江中下游的天然通江湖泊，同时也是长江的调蓄湖泊，对长江水量补充起到了非常重要的作用，与长江关系密切。三峡水库则是长江上游特大型人工湖泊，水库运行对坝下游的径流调节起了非常重要的作用。本书主要目标之一是分析三峡水库运行对江湖水交换的影响，尤其对特殊水文年的影响。另外，江湖水交换包括地表水和地下水交换两部分，本书所述内容均指江湖地表径流的交换，不涉及地下水交换的分析。具体研究内容如下。

第 1 章，绪论，综述了江湖水沙交换研究的国内外研究进展和目前研究中存在的问题。另外，对本书研究区域概况和范围进行了简单介绍和界定。

第 2 章，在厘清河湖连通关系内涵相关认识的基础上，讨论了河湖连通关系的不同类型、“量质交换”、诸动态“流”、演变规律和生态功能。

第3章，统计和整理了1950—2010年长江中下游干流宜昌、汉口和大通水文站的水文资料，通过多种统计分析方法，得到长江中下游干流径流年际变化和年内变化特征，以及三峡水库运行前后径流变化特征，并对此进行了综合对比分析。

第4章，利用20世纪50年代到2010年水文资料，分析了鄱阳湖水位的变化特征、影响鄱阳湖水位变化的主要因素及其相互关系、入江水道与主湖区水位关系、湖口站水位变化的规律及其影响因素、湖口径流变化的规律、长江水倒灌鄱阳湖的规律。同时，还利用水量平衡原理计算了长江干流与鄱阳湖水交换量，并推导出长江干流与鄱阳湖水交换强度的量化公式，以此方法对鄱阳湖与长江干流相互作用进行定量研究，最后对比分析了三峡水库运行前后鄱阳湖与长江干流水交换特点及其变化规律。

第5章，对比分析了20世纪50年代以来长江干流典型枯水年与丰水年鄱阳湖与长江干流水交换特点，对比说明鄱阳湖在枯水年和丰水年对长江水量的调蓄作用。

第6章，在对比分析洞庭湖与鄱阳湖水系组成特点、与长江干流水交换机制以及对干流主补水期等分析基础上，突出说明鄱阳湖对与长江干流分洪、调蓄和水量补充等独特地位和作用。

第 2 章　河湖关系内涵发展与再认识

河湖水系是陆地水循环系统的重要组成部分，是水资源形成与演化的主要载体，也是生态与自然环境重要的构成要素。河湖系统内的通江湖泊与河流存在着复杂的水力联系，是天然水库。通江湖泊发挥着“连接器”“转换器”和“蓄水器”的作用(王中根 等,2011)。正确理解河湖连通关系的内涵，了解其分类体系，研究其演化发展的机理等，具有重要的理论意义。众多学者对河湖水系连通内涵的研究，对于我们更好地发挥以自然连通为基础的水系连通性能，使之向着更有利于人类社会经济发展和生态环境安全的方向演进，具有很重要的实践意义。

2.1　河湖关系内涵发展

湖泊对河流的调蓄作用历来为人们所重视(王中根 等,2011;胡春宏 等,2014;许继军 等,2009;Zhao,et al,2010)。在国外，河湖关系的研究多数是在河流系统(River System)研究中涉及(Zhao,et al,2011;Levine,et al,2014;Wang,et al,2013;Troin,et al,2012)。在我国，长江中下游的河湖关系历来是人们关注的焦点(万荣荣 等,2014;张清慧 等,2013;李宗礼 等,2011c;陈成忠 等,2010)。

2.1.1　荆江与洞庭湖的连通关系及人们对其认识过程

在我国，江湖关系内涵的发展与洞庭湖和荆江关系的演变密切相关。

由于长江泥沙沉积，分为南北两部分，长江以北为江汉湖群，长江以南即为洞庭湖。距今4000 多年前洞庭湖水面扩大，江湖关系的演化顺应自然。战国时，楚国在江北筑堤围垦，自此江湖关系的演变就一直伴随着人类的影响。郦道元《水经注》记载洞庭湖“湖水广圆五百余里*”，这一记载可代表魏晋南北朝时的湖泊概貌。明朝时，荆江大堤连成整体，此后大堤进入江湖关系并在相当程度上控制其发展。之后，江汉湖群中的大多数湖泊萎缩，甚至消失。公元 16 世纪北岸穴口淤塞，荆江大堤连成一线，荆江南岸只有太平、调弦两口与洞庭湖相沟通。1860 年和 1870 年长江的两次特大洪水，藕池、淞滋先后决口，形成荆江河段有四口分流入湖的局面(调弦口于 1959 年堵口)。1966 年以来，下荆江人工与自然裁弯 3 次，葛洲坝和三峡大坝等大规模水利工程建设等，奠定了目前荆江的基本格局。江湖关系不断调整，目前还处在三峡建库之后的重新调整中。

欧阳履泰(1983)将长江与洞庭湖的关系(图 2-1)描述为：江湖关系是由“四口”水系构成的江湖相通、休戚相关的内在联系，它使江湖流域因素的来水来沙过程，通过“四口”分流分沙作用不断发生变化，对江湖的水沙条件及其演变直接和间接地施加重要影响。他讨论的荆江与洞庭湖的关系，局限于河湖水沙交换、变化以及河湖连接通道的演变过程。随着研究的深入，学

* 北魏时 1 里约为今 460 m。

者们注意到洞庭湖泥沙淤积和城汉（城陵矶—汉口）河道的冲淤变化，构成了一个江湖分合相互影响、相互制衡的复杂关系（施勇 等，2010）。江湖关系实质上是在自然与人类的各种关系背景下复合形成的江、湖、地、人之间的关系（仲志余 等，2008）。韩其为院士（2010）指出：通常人们所说的“江湖关系”，指的是长江与洞庭湖的关系，主要包括江湖流量分配的变化、分流河道的冲淤、荆江的冲淤、洞庭湖淤积变化以及莲花塘至武汉河段的冲淤变化，这五个方面相互影响、相互作用，影响到长江流域的防洪、生态和水资源。他明确论述了荆江与洞庭湖的关系包含了人、自然环境、生态与水资源的内容。至此，人们已经对河湖关系有了较为深入的认识：它是包含人类活动影响在内的人与自然环境之间的人水、人地相互影响的关系。可见，人们对江湖关系内涵的认识是由简单到复杂，从简单的人水矛盾、水与环境关系，再到人与自然环境关系的转变过程中逐渐形成的。所涉及的问题由防洪抗旱，到河湖关系演变过程及机理、资源和生态环境等方面。

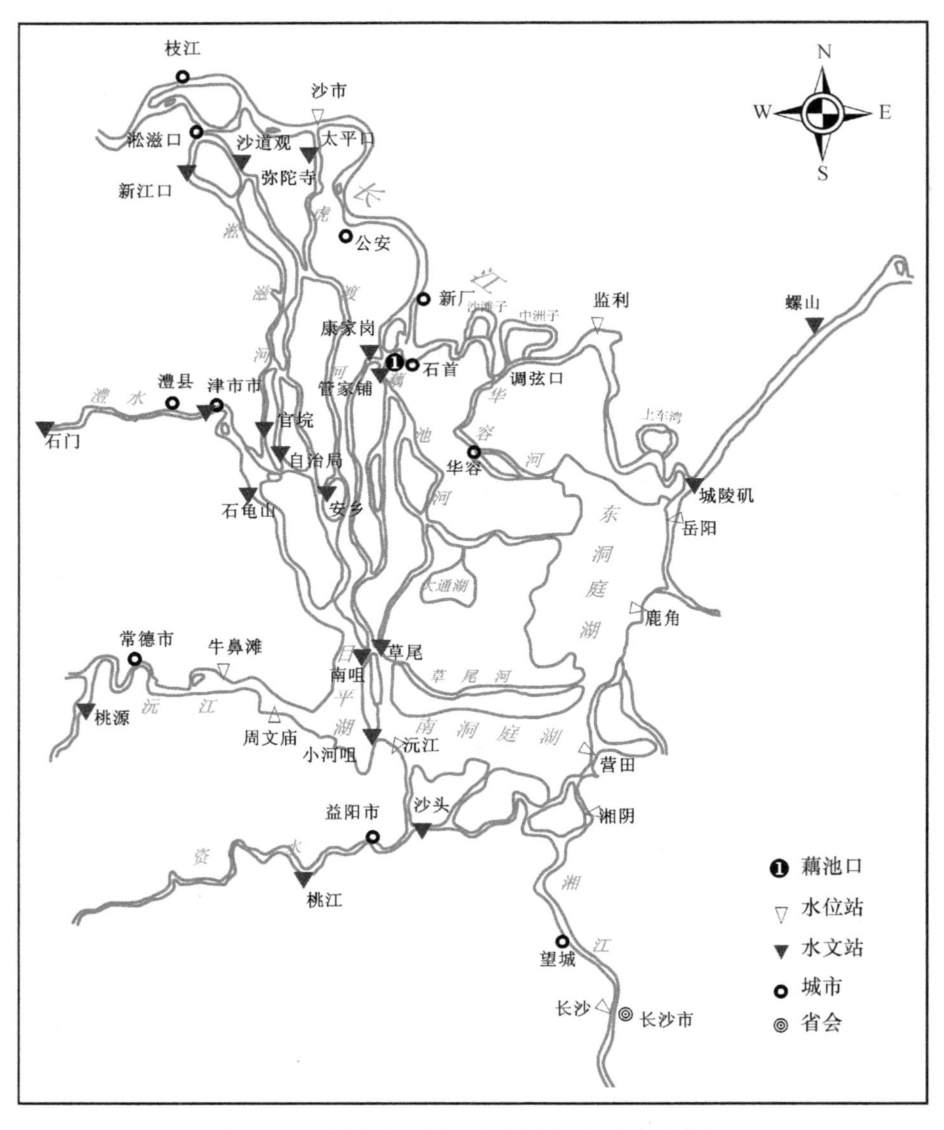

图 2-1　现代长江（荆江）与洞庭湖连通关系示意

2.1.2　河湖连通关系

人们在自然界看到不同水域之间通过明渠、暗流、涵洞以及各种孔隙通道等相连并具有水力联系的水体，这些水体统称为水域连通。如海洋与海洋（白令海峡、马六甲海峡、直布罗陀海峡、苏伊士运河、巴拿马运河、基尔运河等）、河流与湖泊、河流与河流、河流与海洋、湖泊与湖泊等的连通都属于水域连通。河流与湖泊连通是一种复合的水域连通类型，如本书所讨论的河湖水系连通就包括河流与湖泊、河流与河流、湖泊与湖泊等连通关系。

世界上已建成的水系连通工程很多。如2000多年前我国的都江堰、郑国渠、灵渠等，特别是我国的京杭大运河，是世界上里程最长、工程最大、开凿最早（公元前486年就开始兴建邗沟工程）的运河；又如1935年美国在加利福尼亚州开工建设的北水南调工程；再如1949年澳大利亚兴建的雪山调水工程（徐宗学 等，2011）；还如20世纪50年代欧洲多国把南北方向的莱茵河、易北河、马斯河通过横向运河连通，联合搞三角洲治水的工程（李宗礼 等，2011b）；还有我国现代的南水北调工程；等等。可见，河湖水系连通工程早已有之，但是人们对河湖水系连通内涵和整体理论建构的探讨相对较晚。

张欧阳等（2010）引用了文献（长江水利委员会，2005）中对水系连通的含义：河道干支流、湖泊及其他湿地等水系的连通情况，反映水流的连续性和水系的连通状况，进而论述了河湖水系连通的重要内涵："水系连通性有两个基本要素：①要有能满足一定需求的保持流动的水流，②要有水流的连接通道；判断连通性的好坏也取决于两个条件：①水流在满足一定需求的情况下的连续性，②连接通道是否保持畅通"（施勇 等，2010）。

李原园（2011）等认为河湖水系是一种泛地域尺度概念，不同的空间尺度表现出显著的差异性，并指出提高水资源配置能力、改善河湖生态环境和增强抵御水旱灾害能力是河湖水系连通的三大功能。后来，崔国韬等（2012）将河湖水系连通的三大功能细化到二级功能，进一步提出了河湖水系连通功能体系名称。王中根等（2011）尝试从河、湖与水系等水循环的基本概念入手，探讨水系的结构、特征和连通性，揭示水系连通的水循环物理机制，讨论了水量平衡、能量平衡、水资源可再生性、水循环尺度等几个水系连通网络中的关键水循环问题，为河湖水系连通内涵和整体理论构建奠定基础。

李宗礼等（2011）提出了"以实现水资源可持续利用、人水和谐为目标，以提高水资源统筹调配能力、改善河湖生态环境、增强抵御水旱灾害能力为重点任务，通过水库、闸坝、泵站、渠道等必要的水利工程，建立河流、湖泊、湿地等水体之间的水力联系，优化调整河湖水系格局，形成引排顺畅、蓄泄得当、丰枯调剂、多源互补、可调可控的江河湖库水网体系"的河湖水系连通理念。在此基础上，李宗礼等（2011）又提出了河湖水系连通的五项分类原则，分别是科学性、系统性、主导性、区域性和可操作性，并从连通性质、连通功能、连通区域、连通尺度、连通对象、连通时效、空间格局和连通方向等方面进行分类，初步构建了河湖水系连通分类体系。

窦明等（2011）提出："河湖水系连通是在自然水系基础上通过自然和人为驱动作用，维持、重塑或构建满足一定功能目标的水流连接通道，以维系不同水体之间的水力联系和物质循环。它是以实现水资源可持续利用、人水和谐为目标，以改善水生态环境状况、提高水资源统筹调配能力和抗御自然灾害能力为重点，借助各种人工措施和自然水循环更新能力等手段，构建蓄泄兼筹、丰枯调剂、引排自如、多源互补、生态健康的水系连通网络体系"。

夏军等（2012）进一步将水系连通提炼为："在自然和人工形成的江河湖库水系基础上，维系、重塑或新建满足一定功能目标的水流连接通道，以维持相对稳定的流动水体及其联系的物质循环状况”。

可见，河湖水系连通内涵和理论涉及面广、影响范围大、不确定因素多。一般的河湖连通关系既包括外流区的河湖水系连通关系，又包括内流区河湖水系连通关系；不但包括江河与自然湖泊的关系，还包括江河与人工湖泊——水库的关系，乃至人工运河与湖泊的关系；既包括流域内河湖连通关系，又应包括跨流域河湖连通关系。例如长江和洞庭湖，长江与鄱阳湖，黄河与鄂陵湖、扎陵湖，赞比西河与马拉维湖，科罗拉多河与米德湖，马更些河与阿萨巴斯卡湖及大熊湖等，它们都属于外流区河湖关系。尼罗河和纳赛尔湖(阿斯旺大坝)、密苏里河与加里森水库、田纳西河与肯塔基水库、长江和三峡水库、黄河与小浪底水库等，它们都属于河流与人工湖泊(水库)的关系。我国的京杭运河与南四湖，南水北调工程与长江、淮河、黄河及海河，德国的莱茵河—多瑙河运河与莱茵河、多瑙河等，它们既属于人工运河与湖泊、河流水系的关系，又属于跨流域的河湖连通关系。

因此，一般河湖连通关系的内涵理解为：江河与通江湖泊或者水库组成的河湖(库)系统，包括河、湖(库)、地和人等要素，各要素之间相互联系、相互作用、彼此影响；河湖关系在系统中各要素的相互作用下不断演化，系统演化遵循一定的自然规律，同时又受到人类活动的强烈干扰，演化有两种方式：突变和渐变；河湖之间的物质流(水、泥沙、生物源、其他物质)、能量流(水位、流量、流速等)、信息流(随水流和人类活动而产生的信息流动、生物信息等)和价值流(航运、发电、饮用和灌溉等)，各种流以河湖水系连通为纽带，以水沙等物质交换为载体，来实现河湖系统演化；系统演化最终趋于稳定状态，这种稳定状态是相对的，是一种动态平衡状态；系统各要素之间的相互作用涉及流域防洪、生态、资源利用和环境保护等(赵军凯 等，2015)。

2.1.3　河湖之间的“量质交换”

河湖连通关系指河湖之间有水系连通和水力联系，存在着水、溶解物质、悬浮物、污染物等物质交换，我们在这里称为河湖之间的“量质交换”。所谓的“质”是指河湖之间所有随水流而发生交换的物质、能量、信息和价值；所谓的“量”是指河湖之间交换的物质、能量、信息和价值的量。当河湖之间连通关系发生改变，河湖之间“质”的交换通量就会发生变化。反之，一旦江河与湖泊之间“量质交换”发生了变化，河湖之间的连通关系必将受到影响。河湖之间只要存在水流，就会有最基本的“量质交换”，也就会有相应的“物质流”“能量流”“信息流”和“价值流”的存在，河湖系统才能发挥其正常的生态功能，维持一定的生态平衡。可见，“量质交换”是河湖之间最基本的物质交换关系(赵军凯 等，2016)。

2.1.3.1　河湖之间的“物质流”

在河湖系统中，水流携带溶解物质、泥沙、微生物和污染物等多种物质在河流与湖泊之间不停地流动(李爽 等，2013)；鱼类等水生动物则可以自由地游动在河湖之间等，从而实现了河湖之间的物质交换。这种物质交换称为河湖之间的“物质流”。正是这种“物质流”，对流域的水文、地貌、生态系统等自然地理环境的形成和演变起着巨大的作用(李景保 等，2013)；对人类的生产和生活方式也有着很大的影响(张欧阳 等，2010a，b)。在传统的农业社会，人类有逐水草而居的生活习惯，因为离水源比较近的地方便于人类生产生活。同样的原因，现代大都市多分布在河流中下游和湖泊的沿岸，如巴黎、伦敦、纽约、上海、武汉、南京、长沙等。河湖之间的“物质流”，除了对流域生态环境的形成和演化起着十分重要的作用外，还对人类文明的发展具有重要的意义。一方面，人类从河流、湖泊中汲取生活的必需品，如水、溶解物质、砂石等物质，还有鱼类、水草等水生生物。另一方面，河流定期的洪水泛滥往往使中下游形成肥沃的冲积平原，为人类农业生产提供了有利条件。

2.1.3.2　河湖之间的“能量流”与“价值流”

由于水位差的存在，上游高处的水蕴含一定的内能，水流向低处的同时，相应部分的势能转化为动能。在河湖系统中，水流从水位较高处流向较低处，伴随着机械能的转化，部分势能转化为动能，水流流速增大，动能增加。在整个过程中，水流遵循着能量守恒和物质守恒定律。因此，河湖之间的水流不仅是“物质流”，也是“能量流”。“能量流”可以用水位差、流量、流速等常见的水文要素来反映(仲志余 等，2008)。一般地，水位差越大，势能转化为动能就越多，能量流就越大；流量越大，流速越大，相应的能量流也越大。充满智慧的人类很早就发现并让这种“能量流”创造价值，造福社会。这种“能量流”因而成为“价值流”。如我国东汉时期发明的“水排”，就是一种在炼铁时利用水能的价值来鼓风的装置；又如船舶在河道里航行就是利用了水流的航运价值，顺水时还利用了河流中水的动能价值，从而节省了大量人力和物力；再如现代的水电站就是把水流的动能价值转化成人类需要的电能等。可见，河湖之间存在“能量流”和“价值流”。

2.1.3.3　河湖之间的“信息流”

河湖系统中还有人类活动和生物信息的交换。青蛙、鱼类及一些水生生物是依托水流携带生命信息，在水中完成个体的繁殖和成长发育过程。长江中下游鄱阳湖中一些鱼类的洄游特性就是河湖系统存在“信息流”的典型例证。这些鱼类中，青、草、鲢、鳙、鳡和鲻等是河湖洄游性鱼类；鲥、刀鲚、鳗鲡、中华鲟等是河海洄游性鱼类，它们在江湖中繁殖、海洋中生长发育，或海洋中繁殖、江湖中生长发育(赵高峰 等，2011)，穿流于河湖之间完成洄游和生命的繁衍。另外，人类活动也在河湖之间传递了大量信息，信息的流通过程也更为复杂。如船只在河湖中航行，就成为渔业捕捞、货物运送、旅游见闻、走亲访友、科学考察等各种活动信息传递的载体。所以说，河湖系统中存在着“信息流”。

由此可见，上述诸“流”昼夜不停地进行着，充分体现了河湖水系连通的基本特征。诸“流”的流动遵从自然界的质量守恒和能量守恒定律，同时也遵从着水文循环规律，使得河湖系统对区域自然地理环境和人类社会经济发展有着巨大的贡献。因此，河湖之间“量质交换”实质就是河湖之间物质、能量和信息交换的过程，同时也是价值的产生和流动的过程。

2.1.4　河湖关系演变的途径和动力

2.1.4.1　“量质交换”是自然河湖连通关系演变的基本途径

径流携带溶解物质、泥沙和污染物等注入湖泊，经湖泊调蓄后变成含沙量低的水流流出，这些具有能量的水流对所经之地产生或冲或淤作用，河道就产生了冲淤变化，使河湖连通关系缓慢演变，同时也实现了河湖之间相互作用。利用二维水动力模型(MIKE21)研究发现：澳大利亚北部的弗林德斯(Flinders)和吉尔伯特(Gilbert)两个集水区域，在洪水季节河湖连通性能提高7%，旱季河湖连通性能降低18%(Karim，et al，2015)。我国荆江“三口”是连接长江与洞庭湖的纽带，河湖关系典型且复杂(图2-2)。长江上游三峡大坝拦蓄大量泥沙，下游近坝段水流含沙量急剧减少，挟沙能力不饱和，沿程河道冲刷，使泄流能力增加，同流量的水位下降。结果，荆江“三口”分流分沙比减少，长江进入洞庭湖的泥沙随之减少，使洞庭湖的淤积得以减缓，河湖关系随之调整(胡春宏 等，2014)。另外，实测资料表明：长江水倒灌使大量泥沙进入鄱阳湖，多数淤积于湖口至星子之间水道，从而影响了长江和鄱阳湖量质交换过程(图 2-2，见文后采插)(朱宏富，1982)。再如丹麦的斯凯恩河(Skjern River)流域，由于人类活动影响，河湖之间水沙交换受到干扰，20 世纪 60 年代以后湿地萎缩，生态系统调节功能下降。这就说明，河湖水沙等"量质交换"是河湖之间物质、能量、信息和价值交换的载体，是河湖连通关系演变的基本途径。其中，人类活动往往是这种演变发生的十分重要的干预力量。可是，目前研究发现很难让湿地恢复自然状态下的水沙交换和冲淤平衡关系(Kristensen，et al，2014)。

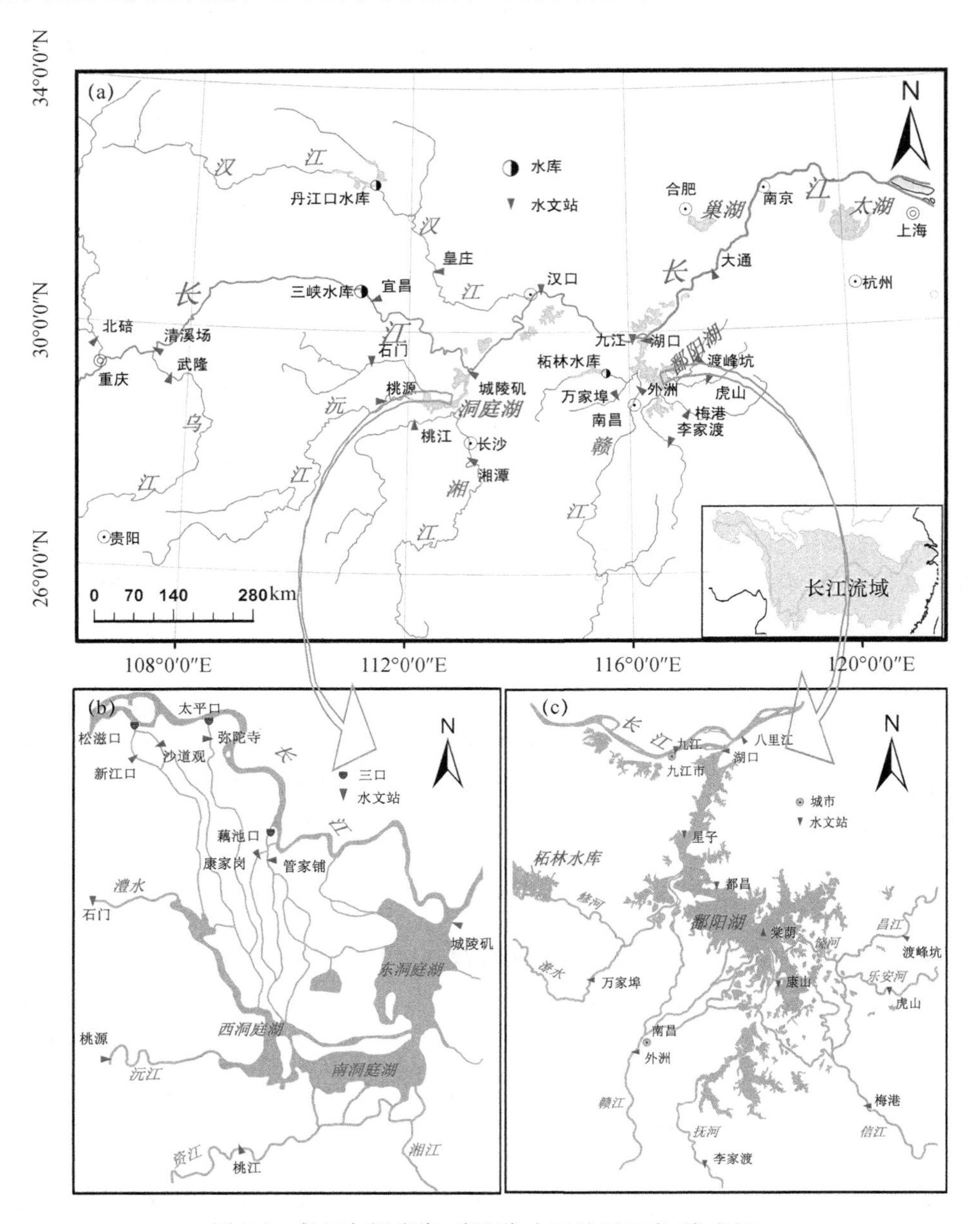

图 2-2　长江与洞庭湖、鄱阳湖水系连通示意(附彩插)

(a)长江中下游河湖水系连通关系；(b)长江与洞庭湖水系连通关系；(c)长江与鄱阳湖水系连通关系

2.1.4.2 “量质交换”是自然河湖连通关系演变的直接动力

入湖径流的水沙条件长期趋势性变化将会影响过流性湖泊冲淤演变趋势。例如，在美国西部奥德尔河（Odell River）流域，奥德尔河、红岩湖（Red Rock Lake）和比弗（Beaver）大坝组成了非常复杂的河湖系统。因比弗坝上游水位抬高，水流速度减慢，大量泥沙沉积，水、沙以及溶质交换发生了很大变化，与没有大坝的河段形成鲜明对比（Levine，et al，2014）。又如由于洪枯季水位、流量等来水来沙条件不同，水流的动力条件就不同，水流挟沙能力也就不一样，以致使洞庭湖不同湖区的冲淤变化差异明显。据1951—2005年实测资料，荆江“三（四）口”及湖南“四水”多年平均入湖总沙量为1.56×10^8 t，其中“三（四）口”占入湖泥沙总量的81.2%，“四水”仅占19.8%，湖区多年平均淤积量为1.14×10^8 t（李景保 等，2008）。其结果是，近60多年来洞庭湖与长江干流的水量交换状态从“湖分洪”到“稳定”，再向“湖补河”状态演进（赵军凯 等，2013）。1974—1998年，前15年洞庭湖淤积主要集中在中高滩；后10年洞庭湖泥沙淤积呈现全湖性特征，而且有向中低位滩地转化的特征，东洞庭湖一直处于快速淤积状态（姜加虎 等，2004）。另外，研究发现，鄱阳湖沉积趋势表现为主湖区泥沙沉积速率较小，沉积最严重的在湖西南、南、东南各支流入湖扩散的三角洲地带，这里的湖床明显增高，三角洲明显向湖心推进（闵骞 等，2012）。这说明，由于我国长江中下游的洞庭湖和鄱阳湖都是过流性通江湖泊，对干流有着不可低估的水量补充作用（戴志军 等，2010），干流径流量的大小是河湖水沙等“量质交换”过程的主控因素（赵军凯 等，2013）。由此可见，水沙等“量质交换”是河湖关系演变的直接动力。

2.1.5 河湖连通关系（河湖水系连通）即是河湖关系

2.1.5.1 河湖连通关系本身属于河湖关系的范畴

通过对河湖关系内涵的讨论可知，河湖连通关系（河湖水系连通）就是河湖关系。河湖关系强调的是河流与湖泊处在河湖系统之中，研究的内容涉及河湖系统的特征、系统中各要素的关系、系统如何演进、系统变化所遵循的自然规律、系统形成与演化的过程及其机理、河湖系统与人类的关系、在人类的干预下系统将会怎样、系统如何维持平衡，怎样的人类干预才能使系统向着人与自然环境和谐、有利于社会经济发展的方向演化。河湖水系连通本质上是河湖水系，在工程实践上强调水系如何连通才能达到既定的目标，更注重于人类如何利用河湖关系的原理来做水系连通工程造福于人类。

2.1.5.2 正确认识河湖关系是设计河湖水系连通工程的前提和基础

搞清楚区域河网水系结构、地形地势条件，干支流径流组成和比例关系，了解河湖连接通道性能，流域洪枯水规律，河流泥沙来源、输沙能力、含沙量、河相关系等是设计河湖水系连通工程的前提和基础。我国都江堰水利工程充分利用当地地形地势条件，因势利导，筑堰引水，自流灌溉，使堤防、分水、泄洪、排沙、控流相互依存，共为体系，保证了防洪、灌溉、水运等综合效益的充分发挥。都江堰建成后，成都平原沃野千里，水旱从人。该工程伟大之处是建堰2000多年来经久不衰，是人类历史上河湖水系连通工程的典范之作。相反，印度最大的水电项目，恒河上的特赫里（Tehri）大坝，由于建坝前对该地区河网水系的径流运行规律的调查研究不够充分，结果建坝三年后给印度带来了水危机，水库供应给首都的水有一半都在库底渗漏浪费了。由此可见，正确认识河网水系的地形条件及洪、枯水特点，掌握河网水系的水沙规律等，是设计、建造河湖水系连通工程的前提和基础。

2.1.5.3　河湖关系演变理论是建造河湖水系连通工程的理论依据

自然健康的河湖关系，在河网水系水分循环、水量平衡、能量平衡、生物环境净化、生态系统稳定等功能中起到非常重要的作用，在河湖水系连通的条件下进行着水沙交换，维持着河湖水系网络中物质、能量和信息的流通。河湖水系网络中的水沙等物质交换直接影响着河湖水系连接通道的演变和生物信息流通，进而影响着河湖关系的演变。而河湖水系连通工程的目的是为人类社会经济发展服务，并力图维持或恢复河湖关系的自然状况，保证河湖水沙等物质交换畅通。河湖水系连通工程功能是自然河湖水系连通的延续，良好的河湖水系连通工程本身是维护健康河流的具体措施，是人们追求和谐人水关系的现实体现，是河湖关系演变理论的具体应用。

2.2　河湖连通关系的分类

(1)按河湖连通水系情况分类

从河湖连通的水系看，可以分为流域内的河湖连通关系和跨流域的河湖连通关系，如莱茵河—多瑙河运河与莱茵河、多瑙河及沿线湖泊的关系，我国的南水北调工程、引滦入津工程和甘肃省的引大(大通河)入秦(秦王川盆地)工程等沿线河湖关系，都属于跨流域的河湖连通关系。

(2)按水文循环的路径分类

从不同的水文循环的路径看，可以分为外流区河湖连通关系和内流区河湖连通关系。外流区河湖连通关系是指外流河与沿线湖泊的连通关系，如洞庭湖与长江的关系、鄱阳湖与长江的关系。内流区河湖连通关系是指内流河与沿线湖泊的连通关系，如塔里木河与台特玛湖的关系、布哈河与青海湖的关系。

(3)按河湖连通的方式分类

从河湖连通的方式看，可以分为自然连通和人工干预连通。前者，如江河与天然湖泊的连通关系；后者，如江河与人工湖泊(水库)的关系，人工运河与湖泊的关系(如我国京杭运河与南四湖的关系)。

(4)其他分类

按不同的尺度，河湖连通可以分为流域尺度、跨流域尺度和国际河流(表 2-1)。国际河流(跨国界河流)与其他尺度的水系连通视研究目的和对象会有交叉，相应地其研究理论也会相似或相同，例如多瑙河是欧洲第二大河，流经德国、奥地利、斯洛伐克、匈牙利、克罗地亚和南斯拉夫等国，最后在罗马尼亚东部注入黑海，全长 2 850 km，水力资源丰富。在此河上兴建水利工程，会涉及国际河流全流域水资源可持续开发利用和流域协调发展的理论，就需要流域多国进行协商共同开发(1949 年 8 月 18 日，保、匈、罗、捷、苏、乌及南斯拉夫等国为了改善多瑙河通航条件，在贝尔格莱德签订了关于多瑙河自由通航的国际协议，开始了全流域规划，计划修建 45 级通航与发电水利枢纽，总计利用水头为 401 m，总装机容量为 786 kW，年发电量为 438×10^{8} kW · h)(耿雷华 等，2005)。

表 2-1　水系连通尺度分类及其理论基础

尺度类型	含义	举例说明	水系连通工程举例	主要理论基础
国际河流	跨国界河流流域（国际河流水系）	尼罗河、莱茵河、多瑙河、恒河、澜沧江、伏尔加河等	阿斯旺(Aswan)大坝、恒河的特赫里(Tehri)大坝、沟通莱茵河与多瑙河的运河等	大陆和流域尺度水循环、水量平衡和能量平衡理论，国际河流流域共同水资源开发利用、协调发展、河流健康、河湖关系演变和可持续发展理论等
跨流域尺度	跨流域水系连通	沟通不同水系的运河或调水工程等	我国的南水北调工程、古代的京杭运河、引栾济青工程等	区域和流域尺度水循环、水量平衡和能量平衡理论，流域水资源可持续利用、流域协调发展、河流健康、河湖关系演变和区域可持续发展理论等
流域尺度	流域内水系连通	支流汇入干流、洞庭湖和鄱阳湖与长江、小浪底水库与黄河等	三峡大坝、小浪底水库、都江堰等	流域和局部尺度水循环、水量平衡和能量平衡理论，流域水资源可持续利用、河流健康、河湖关系演变和区域可持续发展理论等

2.3　河湖连通关系演变的关键因素

河湖连通关系按其形成原因可分为自然连通和人工连通两类。依据这两类河湖连通关系探讨其演变的规律(图 2-3)。

2.3.1　地质地貌条件

地质地貌是基础条件，它决定着河湖水系连通的基本格局，它的变化直接影响着河湖水系连通演变的方向。一定的河湖水系连通总是与当地地质地貌条件相适应，例如黄河中下游历史上曾经河网稠密，湖泊众多，河湖水系四通八达。《尚书·禹贡》中所记载的黄河河道在孟津以下，汇合洛水等支流，改向东北流，经今河南省北部，再向北流入河北省，又汇合漳水，向北流入今邢台、巨鹿以北的古大陆泽中，然后分为几支，顺地势高下向东北方向流入大海(岑仲勉，1957)。可是由于黄河水流夹带大量泥沙，中下游河道淤积，水系连通受阻，以至于黄河下游出现过几次重大的改道，黄河故道废弃，使河湖关系恶化。再如鄱阳湖区地势低平，四周山丘环绕，在九江、湖口间向北开敞，由于地质作用形成湖盆南高北低的地势，洼地泄洪受到长江水流顶托而水位抬高，积水成湖，形成了能吞吐长江的复杂的河湖关系。可见地质地貌条件是形成河湖水系连通的基础条件，决定着河湖连通关系的本情况，地质地貌条件一旦变化，水系连通状况必然随之改变，河湖关系也发生相应的调整。

2.3.2　气候条件

气候条件直接决定着河流径流量的多寡和季节分配，对河网水系的发育有着重要的影响。气候变化又有不同尺度之分，气候变迁(冰期和间冰期旋回)影响河流水系发育。据 A·彭克

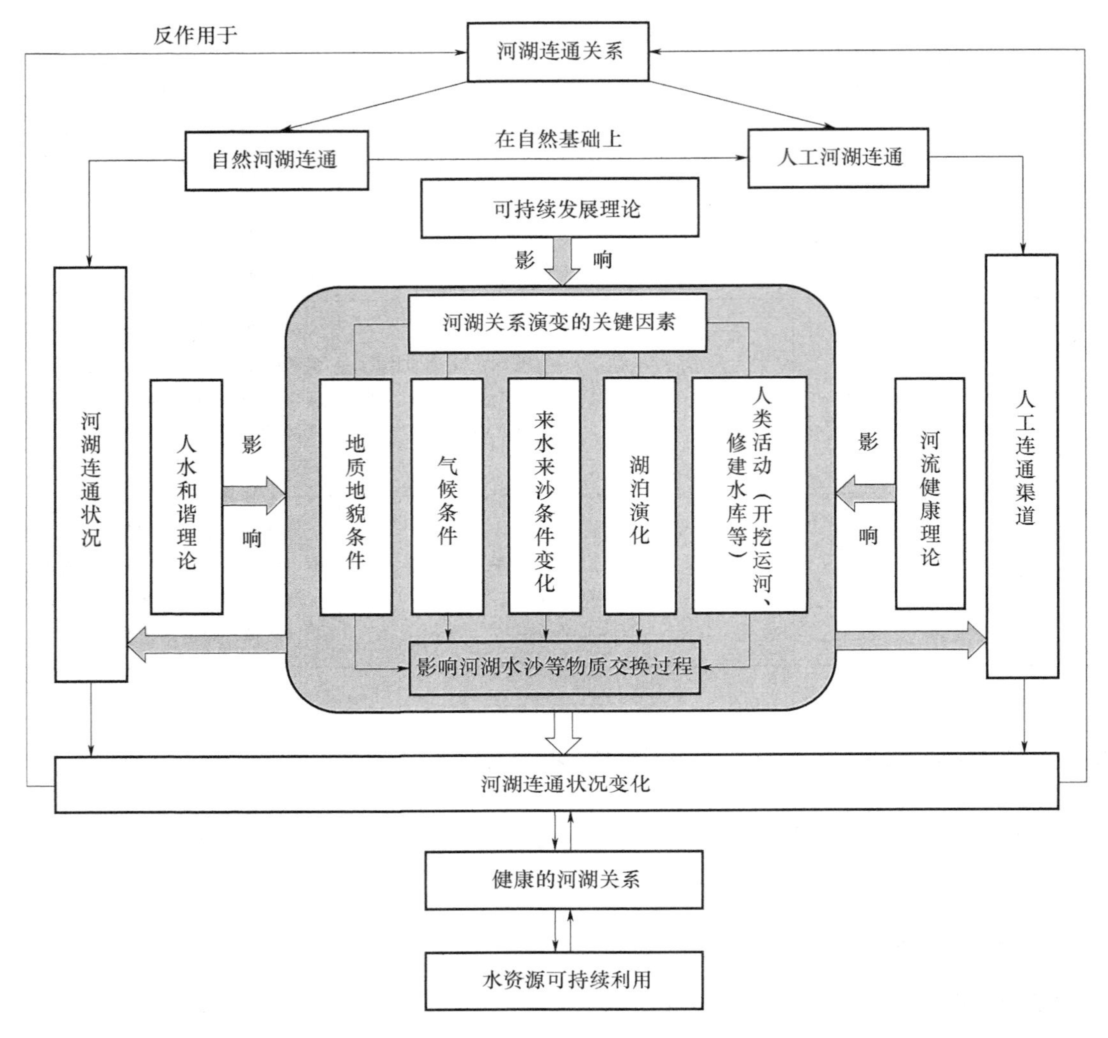

图 2-3　河湖连通关系演变机理

和 E · 布吕克纳的《冰川时期的阿尔卑斯山》(3 卷)介绍，阿尔卑斯山区有 4 次冰期和 3 次间冰期，造成山北麓多瑙河上游几级沙砾阶地发育。另外，人类活动也驱使气候发生变化。现代科学所讨论的全球气候变化主要指几十年到上百年时间尺度的气候变化，表现为气温、降水、蒸发等主要气象要素的变化(Canter，et al，2014)。研究表明 1400 年前水系明显萎缩，干涸过程中出现了 6 个期次的湖相沉积环境变迁，代表了至少 6 个期次的干湿气候变化，为河流自然改道所致；而近代罗布泊干涸，研究证实是人类影响的结果(周旭东 等，2011；袁国映 等，1998)。据研究，在 1860 年和 1870 年长江的两次特大洪水，藕池、松滋先后决口(图 2-1)，自此奠定了荆江四口(松滋口、太平口、藕池口和调弦口)分流入洞庭湖的局面(欧阳履泰，1983)。总之，气候变化很大程度上影响着河湖水系连通状况，进而使河湖关系调整，河湖关系又重新塑造新的地表环境，反过来影响河湖水系连通性能的演变。

2.3.3　流域来水来沙条件

径流量的多寡、河流含沙量大小和河流挟沙能力饱和与否是河流水系演化、河床演变、河湖水沙交换等的直接动力。径流量及其输沙能力发生变化,直接影响着河湖水系连接通道的水动力条件,影响着水系通道的冲淤变化、河湖水系连通状况的优劣、河湖关系演变过程。气候变化常常是河川径流量发生变化的原因(Murphy,et al,2014),人类活动则可以直接影响河川径流量的变化(赵军凯 等,2012)。总之,无论是自然因素还是人为因素造成河流来水来沙条件的变化,最终都会导致河湖水系连通性能发生变化,影响河湖关系的演化。

2.3.4　湖泊演化

湖泊在其形成时要经过大规模地质过程,多数天然湖泊都是受地质构造作用、火山作用或冰川作用而形成的。所有湖泊都会经历从产生、发育到萎缩的生命周期。每个湖泊的产生,都伴随着一个生物群落建立和演替的过程。目前,人类活动正在加速湖泊演化过程。2005 年,联合国在其《千年生态系统评估》(*Millennium Ecosystem Assessment*)针对全球湖泊加速消失的问题发出过警告。遥感数据显示,与数十年前相比,目前河湖水系连通状况发生了较大的变化,乍得湖(Lake Chad)面积缩小近 90%;在过去的 50 年,中国已减少了约 1000 个内陆湖泊(李小平,2013)。长江中下游平原湖区是我国乃至世界上罕见的典型浅水湖群,湖泊总面积 1.41×10^4 km^2,多数湖泊平均水深只有 2 m。在历史上曾有“千湖之省”美誉的湖北省,现存湖泊面积 2.44×10^3 km^2,仅是 20 世纪 50 年代的 34% (张清慧 等,2013)。可见,湖泊演化过程对河湖水系连通状况有较大的影响。

2.3.5　人类活动

人类通过在河流上建造大坝、水库、水电站、跨流域调水工程等,拦截部分河流径流量,改变了河流自然的水动力条件、含沙量以及输沙能力,对流域河湖水系连通产生较大的影响,从而使河湖关系做相应的调整。密西西比河是世界上监管最严格的河流之一,1920 年后人类修建的一系列水利工程,造成许多水系连接通道被切断,拦截了大量沉积物,而这些沉积物是河流造床的主要物质基础,以至于密西西比河下游河道沿程冲刷(Kesel,2013)。新中国成立后,调弦口于 1959 年人为堵口,荆江正式进入三口分流的时期。1966 年以来,下荆江经历了三次裁弯取直(1966—1968 年中洲子人工裁弯,1968—1970 年上车湾人工裁弯,1972 年沙滩子自然裁弯),其中两次都是人工裁弯(图 2-1)。截至 2005 年,在长江流域陆续修建了各种类型的水库 45000 余座,总库容超过 1700×10^8 m^3,相当于流域径流总量的 19%(李景保 等,2013),尤其三峡工程建设对下游河道和河湖关系有较大的影响。研究表明,三峡水库的运行拦截了其下游长江干流和通江湖泊(洞庭湖)泥沙来源的 88%(Yang,et al,2007),长江中游特别是荆江河段的水沙组成发生变化,水流挟沙处于次饱和状态,坝下河道沿程冲刷,荆江河段首当其冲;部分地段近岸河床的水下岸坡冲刷变陡,局部河段河岸甚至发生了崩岸险情(姚仕明 等,2009)。荆江三口分流分沙比发生变化,河湖水沙交换过程随之而变,使河湖关系重新调整。我国南水北调的东线工程,沟通了长江、淮河、黄河、海河四大水系,以及沿程的骆马湖、南四湖、洪泽湖、东平湖等湖泊,是大型的河湖水系连通工程,不但可以缓解北方水资源紧缺的危机,而且可以通过水系连通改变湖泊水流水动力条件,改善湿地的生态环境功能。因此,人类活动对河湖水系连通的破坏和改善作用非常之大,起到加速、延缓或者改变河湖水系连通道的性能,甚至能决定着河湖关系演变的方向。

2.4 河湖连通关系演变的类型与特点

河湖连通关系演变的类型可以分为突变和渐变两种。人类建设水利工程、地震、河流裁弯取直、洪水冲决堤坝等所造成的河湖连通关系快速的改变,属于突变型;气候变化、降水径流增减、来水来沙条件变化等,会引起河湖水沙交换量发生变化,导致河湖连通关系缓慢地改变,则属于渐变型。洞庭湖在1860年与1870年荆江遇特大洪水,藕池、松滋先后决口,形成荆江河段有四口(松滋口、藕池口、太平口和调弦口)分流入湖的局面(欧阳履泰,1983),属于河湖连通关系突变。2001年黄河小浪底水库建成运行,进行调水调沙实验,使黄河下游不再断流,这是人类活动使河湖(人工湖泊水库)连通关系突变的例子。河流生态系统在自身的演替发展过程中,每时每刻都发生着与周围系统之间的物质交换,它们之间的交换方式与血液的物质交换方式相似(张欧阳 等,2010a,b)。这说明河湖连通关系每时每刻都在缓慢地演变着,河湖关系渐变的例子不胜枚举。

河湖连通关系演变遵循着一定的自然规律,同时又受到人类活动的强烈干扰。人类可以通过各种途径改造和诱导河湖连通关系发生变化,让河湖连通关系向着有利于改善生态环境和人类社会经济发展的方向演变,从而达到人水和谐、人类与自然环境和谐的目标。

2.5 河湖连通的生态功能

流域内或跨流域的河湖(库)连通关系组成一个特殊复杂的河湖系统。该系统包括河、湖(库)、地和人等要素,各要素之间形成复杂的关系(人水关系、河湖关系、人地关系、水地关系等),它们相互联系、相互作用、彼此影响,共同发挥着河湖系统的生态功能。河流和湖泊生态系统是湿地生态系统,是全球三大生态系统和自然界重要的生境之一,是陆地生态系统和水生生态系统之间物质循环、能量流动和信息交流的主要通道,是人类生存和发展不可缺少的自然资源。湿地生态系统不仅为人类社会提供丰富的淡水资源,同时还具有水产养殖、发电、航运、灌溉、防洪和休闲娱乐等多种社会服务功能,为人类社会发展提供了重要的支撑和保障,是人类生存与现代文明的基础(周葆华 等,2011)。

河湖生态系统生态环境优越,生物多样性丰富。多种多样的生物是人类社会得以和谐发展的基础,其丰富程度直接决定着整个生态系统的健康状况,是反映生态环境质量最重要的特征之一。据调查,我国长江流域423个重要湿地,共有高等植物189科821属2271种;国家重点保护野生植物30种,其中国家Ⅰ级保护植物2种,国家Ⅱ级保护植物28种;记录到湿地脊椎动物1379种,隶属于47目220科。其中鱼类25目170科1043种;两栖类2目10科118种;爬行类2目7科42种;鸟类12目26科166种;哺乳类6目7科10种;国家重点保护野生动物54种,其中国家Ⅰ级保护动物13种,国家Ⅱ级保护动物41种(张阳武,2015)。南水北调东线经过南四湖,南四湖湿地生态系统内高等野生动、植物物种多达1700余种,具有很高的科学研究价值(马占东 等,2014)。可见,健康的河湖生态系统生物多样性丰富。

河湖生态系统具有完整性和稳定性。河湖生态系统具有自我维持、自我调控功能,对外界的干扰具有一定的恢复能力,能够保持其自身结构合理、功能健全以及长期稳定。健康河湖系统水系结构通畅、水质良好、生物多样性丰富,社会水循环没有损害自然水循环的客观规律。

健康的河湖生态系统是完整的、稳定的，生物多样性复杂，对外界不利因素具有抵抗力，能发挥生态环境功能，体现景观和人文价值。目前，河湖系统成为遭受人类干扰和损害最为严重的领域之一，出现了诸多的水环境及水生态问题，其健康状况也面临越来越多的挑战。例如，我国的长江中下游地区，尤其是在洞庭湖和鄱阳湖流域，由于历史上人们大量垦殖，围湖造田，破坏了山地、丘陵的植被，水土流失严重，造成河道淤积、湖泊面积缩小、调蓄能力降低。这些人类活动，破坏了原有人水关系和人地关系，从而导致水地关系、江湖关系紧张，降低了河湖系统原有的反馈功能和生态调节功能，结果造成湖区洪水灾害的频率增加，受灾面积扩大，经济损失严重(陈萍 等,2012)。值得庆幸的是，20世纪末期，我国政府及时实施退耕还林、退田还湖政策，鄱阳湖和洞庭湖区的水系网络得到一定的修复，河湖系统的反馈和生态调节功能也得到一定的恢复，从而增加了两湖区水网湿地的天然防洪能力(尹辉 等,2012；欧朝敏 等,2011)，也吸引了大量候鸟到此越冬。

在河湖系统中，任何一个要素发生变化，其余各要素就会发生连锁反应，形成反馈，从而影响整个系统功能的发挥，最终会影响流域内防洪、生态、资源利用和环境保护。河湖湿地的主要功能是涵养水源、调蓄洪水、保护土壤、固定CO_2、释放O_2、降解污染物、作为生物栖息地等(崔丽娟,2004)。另外，湿地对于维持周边区域湿润环境、调节小气候作用明显(张翼然 等,2015)。从自然属性来说，与森林、草地等其他自然生态系统相比，河湖湿地生态系统本身就存在复杂性和科学认知的局限性，目前对于湿地生态系统服务功能仍待深入研究。

本章小结

在河湖连通系统中，河湖之间有着“量质交换”，它是河湖之间最基本的物质交换关系；河湖之间存在物质流(水、溶解物质、泥沙、生物，污染物等)、能量流(水位、流量、流速等)、信息流(随水流、生物和人类活动而产生的信息流动等)和价值流(航运、发电、饮用和灌溉等)；诸种“流”在自然和人类活动的影响下，以河湖水系连通为纽带，进行河湖之间的“量质交换”，实现河湖相互作用；河湖之间的水沙等“量质交换”是河湖连通关系演变的途径和动力之一；河湖连通关系演化最终趋于相对稳定状态，即动态平衡。在河湖系统中，任何一个要素发生变化，其余各要素就会发生连锁反应，形成反馈，从而影响整个系统功能的发挥，最终会影响流域内防洪、生态、资源利用和环境保护。

河湖关系演变主要受地质地貌条件、气候条件、流域来水来沙条件、湖泊演化和人类活动的共同制约。

第 3 章　长江中下游径流特征

3.1　长江中下游干流径流基本特征

长江流域处在亚热带地区，大部分区域位于我国的季风区，是典型的雨汛型为主的河流。水资源总量约为 9613×10^8 m^3，约占全国总量的 34.2%，水量丰富但时空分布不均匀(陈莹等，2008)。空间分布上，各支流水系每平方千米年径流量从 85.3×10^4 m^{3}到 32.6×10^4 m^3，相差 2.5 倍以上；时间分配上，存在明显的丰、枯期，径流集中在汛期 5—10 月，占全年水量的 70%～75%，长江干流月平均最大与最小值相差 12～20 倍，年径流量最大与最小值相差1.2～2.2 倍(杨桂山 等，2007)。

宜昌、汉口及大通水文站是长江中下游干流自上而下的三个重要节点水文站。宜昌站集雨面积 100.6×10^4 km^2，约占全流域的 56%，多年平均径流量 4314×10^8 m^3，其中汛期径流量 3406×10^8 m^3，占年径流量的 80.0%，表征上游的径流量；汉口站位于长江中游，多年平均径流量 7095×10^8 m^3，其中汛期径流量 5187×10^8 m^3，占年径流量的 73.0%。大通站位于河口的潮区界，集雨面积 170.5×10^4 km^2，约占全流域的 95%，多年平均径流量 8960×10^8 m^3，其中汛期径流量 6349×10^8 m^3，占年径流量的 70.9%，表征长江入海的径流量。

从多年平均来看，上游宜昌站径流量是大通站的 48.1%，显然，宜昌径流量约占大通入海径流的一半(图 3-1)；中游两个湖泊流域对干流径流的补水量占大通径流量的 38.6%(不含三

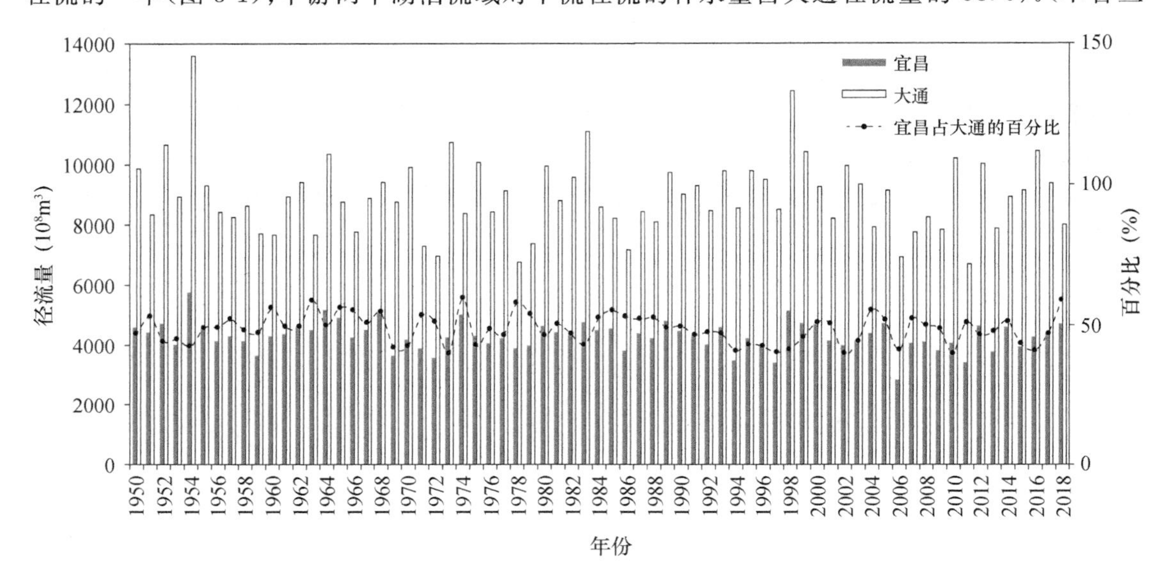

图 3-1　宜昌、大通站多年径流量对比

口分流量)，其中洞庭湖流域约占 21.2%，鄱阳湖流域约占 16.8%；汉江径流量约占大通站的 5.3%。可见，长江中游两个湖泊流域对干流径流量有着非常重要的补充作用。从年内分配来看，长江干流大通站汛期(5—10 月)径流量约占 70%以上，枯季径流所占比例不到 30%，但是上游宜昌站枯季径流比例约为 20%。可以看出长江从上游到下游汛期径流比例逐渐减少，枯季径流比例逐渐增大，这与中游洞庭湖和鄱阳湖的补水作用有关。

3.2 长江中下游径流变化过程

河川径流对气候的变化非常敏感，对径流的分析可以洞察气候的变化。气候变化和人类活动影响着流域水沙的变化，而流域水沙的变化塑造着河流地貌、导致江湖水沙交换关系发生变化，江湖水沙交换的变化推动江湖关系发生变化，因此，研究河川径流的变化对江湖水沙交换和江湖关系有重要的意义。

尤其上游水库的运行已经使中下游径流发生了变化，必将对中下游生态环境产生影响。三峡水库运行后长江径流的变化及其影响结果，以及对江湖水交换过程产生的影响需要进一步深入研究。

3.2.1 长江径流资料统计及整理方法

利用 20 世纪 50 年代以来的长江宜昌、汉口和大通的水文资料对长江中下游径流分析(图 3-2)。为了多角度认识长江径流特征，本书采用滑动平均法、趋势分析性、周期性分析等统计分析方法来分析长江径流的特征及变化过程。由于某种原因汉口站缺失了 1988 年和 1989 年两年的径流资料，为了使计算结果不受影响，对这种缺失资料不多的情况，本次采用水位流量具有相关性，运用 SPSS 软件，通过回归分析的方法，建立回归方程对缺失资料进行计算补充。具体计算方法如下。

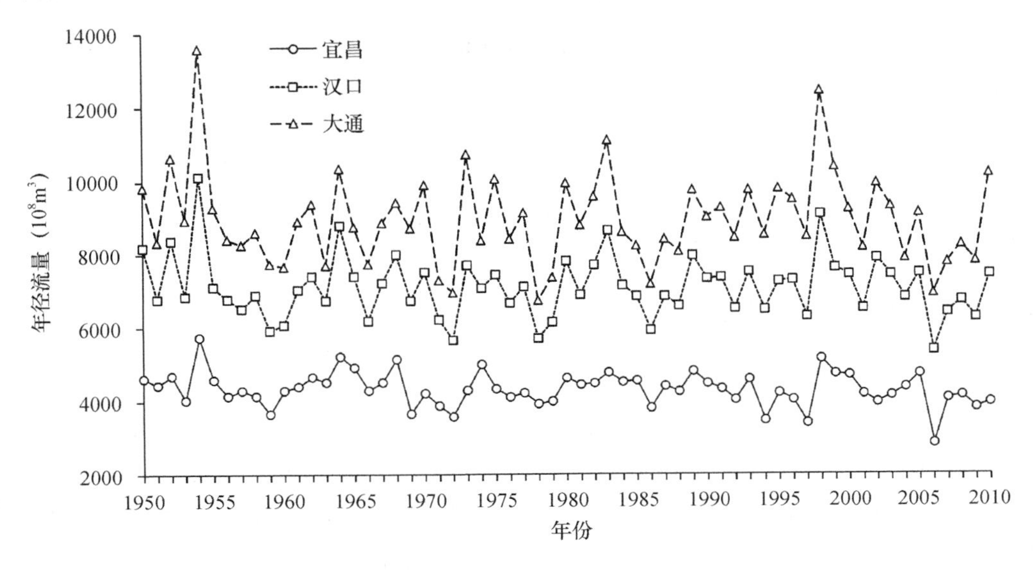

图 3-2　长江干流宜昌、汉口和大通站年径流量

首先，分析汉口水文站的水位—流量的线性相关性，发现汉口站的年平均水位—流量相关性非常好(图 3-3a)。经过计算，汉口站的水位、流量相关系数为 0.952，通过了 0.01 显著性水平检验。

其次，对汉口站的水位、流量进行线性回归分析，建立回归方程如下：

$$Y=2926.6X-33278 \tag{3-1}$$

式中，Y 表示汉口站的流量，X 表示汉口站的水位。曲线拟合的回归平方和为 3.8×10^8，残差平方和为 0.39×10^8，通过了 $F_{0.01}$ 的显著性水平检验，线性关系极好，曲线拟合效果很好(图 3-3b)。

最后，运用回归方程(3-1)，计算出 1988 年和 1989 年汉口站月平均流量，见表 3-1。

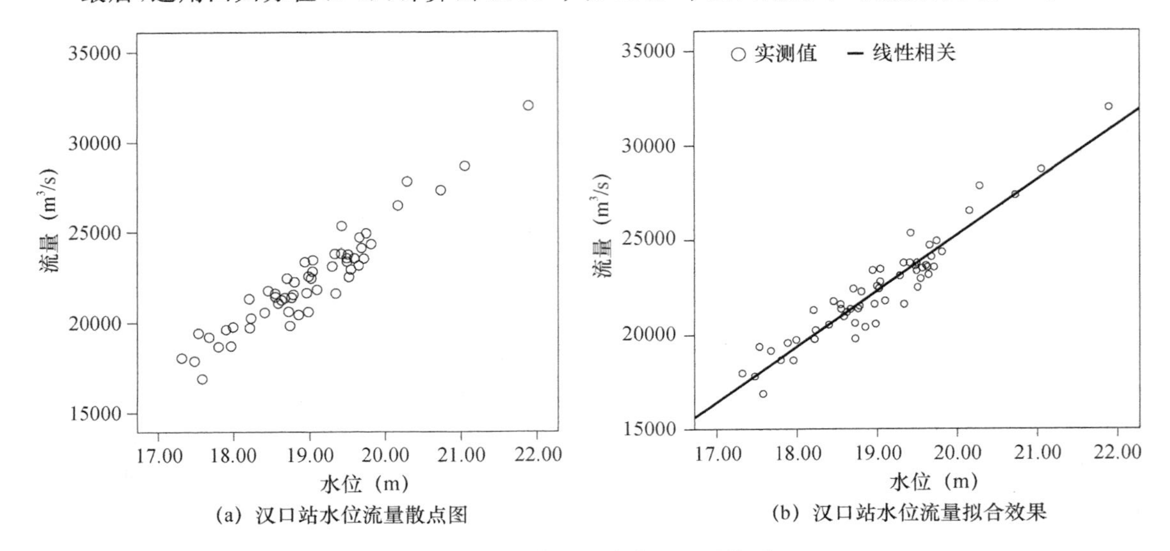

图 3-3 汉口水文站水位—流量关系

表 3-1 汉口站 1988 和 1989 年流量计算结果 单位：m³/s

年份＼月份	1月	2月	3月	4月	5月	6月	7月	8月	9月	10月	11月	12月
1988	6963	6583	13636	15772	20777	26074	29849	31605	42697	30669	17528	8719
1989	8456	10417	15304	24172	30142	32132	40210	35264	36083	30815	26542	13109

3.2.2 径流年际变化分析

3.2.2.1 径流年际变化的特征值

径流年际变化的总体特征常用变差系数 C_v 或年际极值比(最大、最小年径流量比值) 来表示。C_v 反映了一个流域径流的相对变化程度(C_v 的计算方法见参考文献)，C_v 值大表示径流的年际丰、枯变化剧烈，对水资源利用和抗旱防汛工作不利；反之，C_v 值较小则表示径流的年际变化平缓，有利于水资源的开发利用(姚治君 等，2003；黄锡荃，1993)。

同时，对城陵矶(七里山)和湖口水文站径流特征值进行计算。宜昌、汉口、大通、城陵矶和湖口站的径流年际变化特征值见表 3-2。可以看出，长江径流的年际极值比和 C_v 值都不大，这是由于长江处在降水量丰富的地区，汛期较长，流域面积较大（黄振平，2003）。洞庭湖和鄱阳湖出湖水文站城陵矶和湖口站的年际极值比和 C_v 值明显大于长江干流。与洞庭湖城陵矶站相比湖口站的 C_v 为 0.28，稍大，极值比也较大，说明鄱阳湖流域径流年际变化较洞庭湖流域大。

表 3-2 长江中下游主要水文站径流特征值统计表

水文站	统计年份	年径流量均值（10^8 m^3）	径流变率				C_v	极值比 $\frac{W_{max}}{W_{min}}$
			最大值	年份	最小值	年份		
宜昌	1950—2010 年	4314	1.33	1954	0.66	2006	0.11	2.03
汉口	1950—2010 年	7109	1.43	1954	0.75	2006	0.12	1.89
大通	1950—2010 年	8960	1.52	1954	0.75	1978	0.14	2.01
城陵矶	1950—2010 年	2894	1.82	1954	0.68	2006	0.22	2.68
湖口	1950—2010 年	1487	1.77	1998	0.38	1963	0.28	4.65

3.2.2.2 径流的轮次分析

由于水文现象在时间上的相依性，水文序列中的数值常常有成组出现的现象，即高于均值的年份与低于均值的年份成组出现，并且交替发生。因此，对径流的轮次分析可以发现径流的丰枯水年组等水文现象，是水文分析中常用的分析方法。

设某个水文序列 $x_t(t=1,2,3,\cdots,n)$ 和一个给定的切割水平 Y，当 x_t 在一个或多个时段内连续小于（或大于等于）Y，就出现负（或正）轮次，相应各轮次时段和称为轮次长。对于一个轮次长 l，相应各轮次时段内的 $|x_t-Y|$ 之和称为轮次和，用 d 表示（王文圣 等，2008a,b）。

$$\bar{l}_n = \frac{1}{M}\sum_{j=1}^{M} l_j \tag{3-2}$$

$$s_n(l) = \left[\frac{1}{M-1}\sum_{j=1}^{M}(l_j-\bar{l}_n)^2\right]^{\frac{1}{2}} \tag{3-3}$$

$$l_n^* = \max(l_1, l_2, \cdots, l_M) \tag{3-4}$$

$$\bar{d}_n = \frac{1}{M}\sum_{j=1}^{M} d_j \tag{3-5}$$

$$s_n(d) = \left[\frac{1}{M-1}\sum_{j=1}^{M}(d_j-d_n)^2\right]^{\frac{1}{2}} \tag{3-6}$$

$$d_n^* = \max(d_1, d_2, \cdots, d_M) \tag{3-7}$$

式中，$\bar{l}_n$ 和 $\bar{d}_n$ 分别表示 $M(l_1,l_2,\cdots,l_M)$ 个轮次长的均值与轮次和的均值，$s_n(l)$ 和 $s_n(d)$ 分别表示 M 个轮次长与轮次和的标准差，l_n^* 和 d_n^* 分别表示 M 个轮次长与轮次和的最大值。

本次选用 $Y=0.9\bar{x}$ 作为切割水平，利用式（3-2）～（3-7）分别对宜昌、汉口、大通站 1950—2010 年的年径流量进行轮次分析，计算结果见表 3-3。

表 3-3　长江中下游主要水文站径流轮次分析

水文站	统计年数(a)	年径流量均值(10^8 m^3)	切割水平(10^8 m^3)	负轮次数(个)	负轮次长			负轮次和		
					均值(a)	标准差	最大值(a)	均值(10^8 m^3)	标准差	最大值(10^8 m^3)
宜昌	61	4314	3883	8	1.00	0.000	1	353	316.3	1046
汉口	61	7109	6398	8	1.38	0.518	2	577	388.0	1044
大通	61	8960	8064	9	1.44	0.527	2	883	713.3	1992

从表 3-3 可以看出，长江干流三个水文站负轮次的个数相差不大，负轮次的最大值也基本相同，出现负轮次的年份组合也基本相同。大致可以认为 20 世纪 50 年代末期到 20 世纪 70 年代初期、21 世纪前 10 年(2000—2009 年)是长江流域明显的两个少水期，1978—1979 年是一个极端少水期。另外，汉口和大通站的负轮次和的最大值都出现在这 3 个少水期内。从干流三站的负轮次长的标准差来看负轮次长变化不大，尤其汉口和大通两站分别为 0.518 和 0.527。20 世纪 50 年代中早期、80 年代末到整个 90 年代是两个径流量较大的丰水期。

3.2.2.3　径流的持续性分析

径流量的变化具有极强的随机性，同时又有其确定性的规律可循。为方便定量分析，根据水利部信息中心编制的水文预报规范，对径流丰枯情况的划分标准规定为，按径流量的距平百分率 k_i 划分为 5 个级别，k_i 可以用式(3-8)计算(李栋梁 等，1998；胡兴林，2000)。这五个级别分别是：$k_i < -20\%$ 为枯水；$-20\% \leqslant k_i < -10\%$ 为偏枯；$-10\% \leqslant k_i \leqslant 10\%$ 为平水；$10\% < k_i \leqslant 20\%$ 为偏丰；$k_i > 20\%$ 为丰水。

$$k_i = \frac{x_i - \bar{x}}{\bar{x}} \times 100\%;\bar{x} = \frac{1}{n}\sum_{i=1}^{n} x_i \tag{3-8}$$

式中，k_i 表示第 i 年的径流距平百分率，x_i 表示第 i 年的径流量，$\bar{x}$ 表示 n 年径流量的数学期望，$i=1,2,3,\cdots,n$，n 表示统计总年数。

长江中下游汉口和大通站径流的丰、枯期交替出现，与前面轮次分析的结果基本相似，但结果较轮次分析更详细。丰水期持续时间较短，平水期持续时间较长，枯水期次之。枯水期成组出现，干流枯水或者偏枯的时段有：20 世纪 50 年代中后期到 60 年代初、70 年代初期和末期出现两个时段极端枯水期、80 年代中后期；21 世纪前 10 年中后期。丰水期有 20 世纪 50 年代早中期，70 年代中期，90 年代中后期(图 3-4)。

从年径流量丰、枯级别出现的概率(表 3-4)可以看到，总的来说，各站年径流丰水年和枯水年的持续性都不强。这与邓育仁等(1989，1990)研究的结果长江上游径流的相依性较好，中下游自相关性较小相符合。宜昌、汉口和大通站的平水年出现概率都达到各站最大，三站连续平水年宜昌站最长达 8 年；丰水年出现的概率上、中、下游依次增加，而出现枯水年的概率上、中、下游依次减少；中下游连续枯水年出现的概率比连续丰水年的大。对大通站来说，偏丰水年出现的次数较多，平水年向丰水年转移的概率比向枯水年转移的概率大。这些分析结果对洪枯水径流的预报有一定的参考价值。

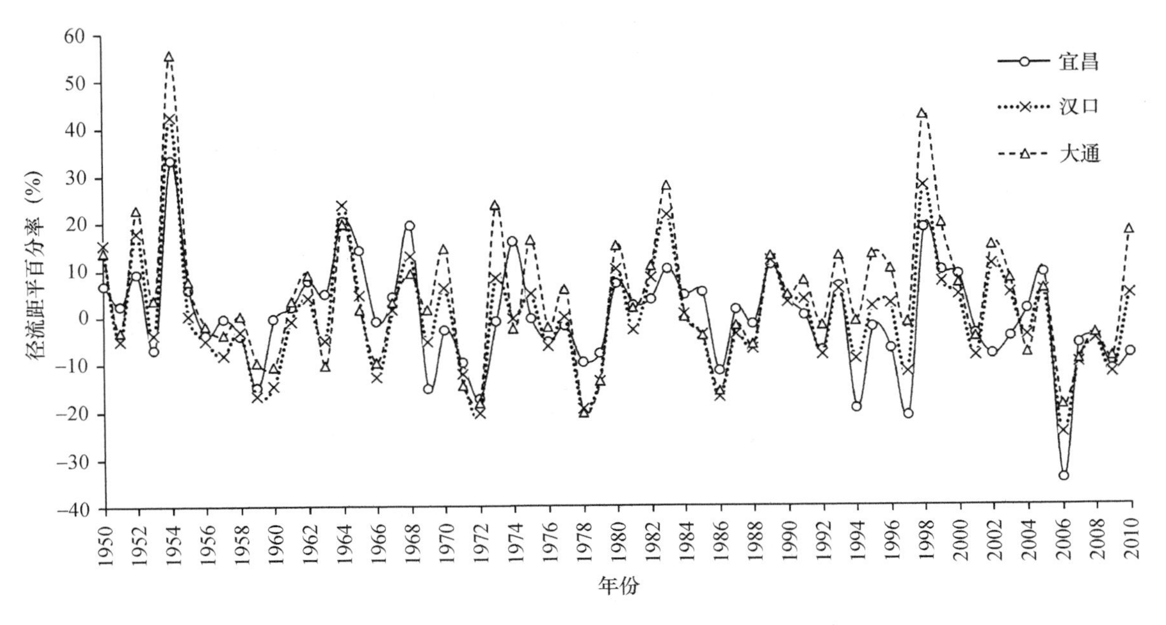

图 3-4　长江中下游主要水文站年径流距平百分率

表 3-4　长江干流主要水文站年径流级别及转移概率统计

水文站	丰水年	偏丰年	平水年	偏枯年	枯水年	连丰年	连枯年	连丰年出现次数	连枯年出现次数	平水年转为丰水年次数	平水年转为枯水年次数
宜昌	2	6	45	6	2	2	0	1	0	6	7
汉口	4	6	40	9	2	0	2	0	3	7	8
大通	5	13	34	8	1	2	2	3	2	11	5

3.2.2.4　径流的趋势性分析

(1)滑动平均法趋势分析

连续水文数据间出现较大波动，为了滤去资料中这些短期的不规则变化，找出较长时间的变化规律，研究水文现象的变化趋势，常用滑动平均法。该方法相当于低通滤波器，经过滑动平均后，时间序列中短于滑动长度的周期成分大大削弱，使长期变化趋势成分更明显。滑动平均法简单、直观，是水文学中常用的趋势分析法（王文圣 等，2008a；徐建华，2002；张超 等，2002）。

设序列 $x_1, x_2, \cdots, x_n$，对其几个前期值和后期值取平均，求出新的序列 y_t，使原序列光滑化。其计算公式为：

$$y_t = \frac{1}{2k+1}\sum_{i=-k}^{k} x_{t+i} \tag{3-9}$$

式中，x_t 是原序列中的观测值，$t=k+1, k+2, \cdots, n-k$（n 为原序列样本观测值个数）；y_t 是新序列的项；k 是单侧平滑时距（点数）。

当 $k=1$ 时，称为 3 点滑动平均；$k=2$ 时，称为 5 点滑动平均。若 x_t 具有趋势成分，选择合适的 k 值（不宜太大），y_t 就能把趋势清晰地显示出来。

本次计算取 $k=2$，采用 5 点滑动平均法，利用式(3-9)对宜昌、汉口和大通三站的年径流量进行趋势分析，结果发现长江径流有不明显的下降趋势（图 3-5）。从图中可以看出，宜昌水文站年径流量减小的趋势明显。

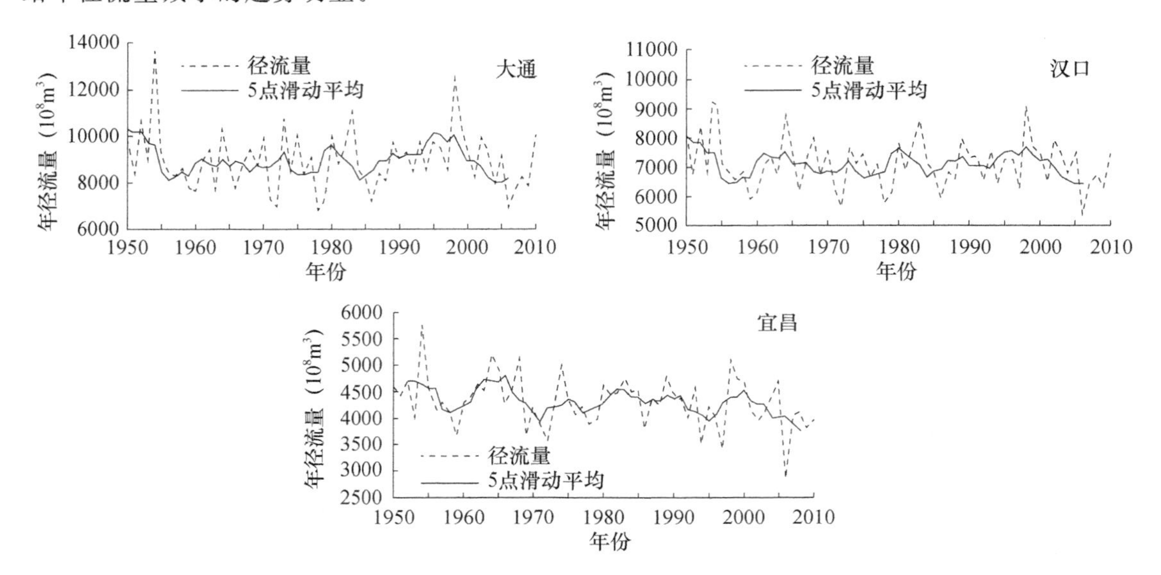

图 3-5　长江干流年径流量变化及趋势

(2) Mann-Kendall 趋势检验法

为了得到更详细的径流变化趋势特征，需要对宜昌、汉口和大通三个水文站的月平均、汛期和枯水期径流量分别加以分析。这次采用 Mann-Kendall 趋势检验法。

Mann-Kendall 是非参数统计分析法，简称 M-K 法。最初是由 Mann 和 Kendall 提出了原理并发展了这一方法（张建云 等，2007；魏凤英，1999）。当时是检测序列变化趋势的一种方法，Senyers 进一步完善了这种方法，它以检测范围宽、定量化程度高而富有生命力（符淙斌 等，1992）。这个非参数统计检验方法不要求变量具有正态分布特征。非参数检验方法亦称无分布检验，其优点是不需要样本遵从一定的分布，也不受少数异常值的干扰，更适用于类型变量和顺序变量，计算也比较简便，因此常用来作为对水文变量趋势检验的方法（李运刚 等，2008；王文圣 等，2008b）。

对于有 n 个样本的序列 $x_1, x_2, \cdots, x_n$，M-K 法定义了统计量 S。

$$S = \sum_{j=1}^{n-1} \sum_{k=j+1}^{n} \operatorname{sgn}(x_k - x_j) \tag{3-10}$$

$$\operatorname{sgn}(x_k - x_j) = \begin{cases} 1 & x_k - x_j > 0 \\ 0 & x_k - x_j = 0 \\ -1 & x_k - x_j < 0 \end{cases} \tag{3-11}$$

其中 sgn(　)为取符号函数，x_j，x_k 分别为 j，k 对应的变量值，且 $k > j$，

$$\operatorname{Var}(s) = \frac{n(n-1)(2n+5)}{18} \tag{3-12}$$

$$M=\begin{cases}(s-1)/\sqrt{\mathrm{Var}(s)} & s>0 \\ 0 & s=0 \\ (s+1)/\sqrt{\mathrm{Var}(s)} & s<0\end{cases} \tag{3-13}$$

式中，M 为一个服从正态分布的统计量，正值表明原序列有上升的趋势，负值表示原序列有下降的趋势。在给定显著性水平下，可以进行显著性检验。当 M 的绝对值大于或等于 1.96 时，分别表示通过了 $\alpha=0.05$ 的显著性水平检验。

利用 M-K 法计算长江干流宜昌、汉口和大通站 61 年径流变化趋势结果见表 3-5。从表 3-5、图 3-6 可以看出，三站汛期径流变化趋势都是减少，尤其宜昌站的减少趋势显著；三站的枯水期径流都是增大，但都不显著。从月径流变化趋势分析发现，汛期 9 月和 10 月三站径流变化趋势都是减少，而且 10 月三站径流都是显著减少；枯水期 1—4 月三站径流都成增大趋势，其中 1—3 月三站径流都呈显著增大，但枯水期的 11 月和 12 月三站径流都呈现减少趋势；径流最小月 2 月份径流三站都呈现显著增大趋势，最大月 7 月份径流宜昌站呈不显著的减少趋势，而汉口和大通站都呈现不显著的增大趋势。

表 3-5　长江干流宜昌、汉口和大通站径流趋势分析

站名	项目	1月	2月	3月	4月	5月	6月	7月	8月	9月	10月	11月	12月	汛期	枯季
宜昌	占全年百分比(%)	2.68	2.21	2.73	3.96	7.16	10.7	18.4	16.9	15.1	10.7	5.86	3.60	78.5	21.5
	M 值	2.63	3.62	2.96	2.39	−0.99	0.34	−0.97	−1.89	−1.26	−3.05	−2.52	−1.29	−2.20	0.40
	趋势	+	+	+	+	−	+	−	−	−	−	−	−	−	+
	显著性	*	*	*	*				*		*	*		*	
汉口	占全年百分比(%)	3.20	2.98	4.28	6.08	9.39	11.1	15.9	14.1	12.5	9.99	6.39	4.11	73.0	27.0
	M 值	3.17	2.91	2.46	0.14	−1.89	0.18	0.50	−0.50	−1.03	−2.87	−2.15	−0.50	−1.09	1.34
	趋势	+	+	+	+	−	+	+	−	−	−	−	−	−	+
	显著性	*	*	*							*	*			
大通	占全年百分比(%)	3.34	3.24	4.90	6.90	10.0	11.6	14.9	13.2	11.5	9.68	6.54	4.23	70.9	29.1
	M 值	2.74	2.10	2.04	0.05	−1.53	−0.55	0.82	0.01	−0.55	−2.36	−1.91	−0.04	−0.91	1.05
	趋势	+	+	+	+	−	−	+	+	−	−	−	−	−	+
	显著性	*	*	*							*				

注：表中“+”表示径流序列有增大趋势，“−”表示径流序列有减小趋势；* 表示变化趋势达到 $\alpha=0.05$ 的显著性水平。

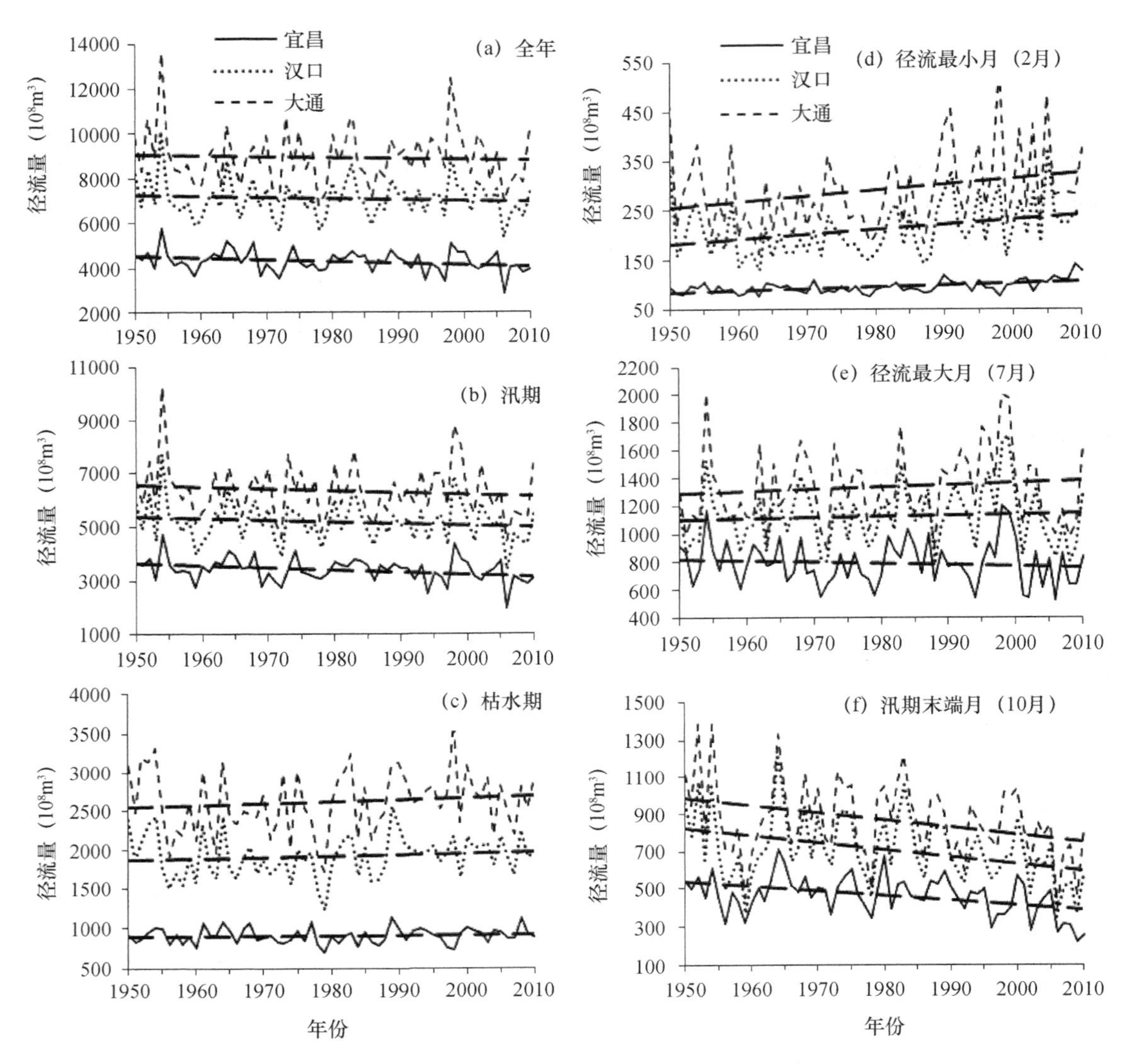

图 3-6　长江干流宜昌、汉口和大通水文站不同时期径流年际变化趋势

3.2.2.5　跳跃点分析

变量的变化方式一般有两种基本形式，一种是连续的变化，另一种是不连续的飞跃。不连续变化现象的特点是突发性，人们通常称这种现象为“突变”。突变是自然界一种正常的现象，即描述某自然现象的时间系列从一种稳定态或稳定持续的变化趋势跳跃式地转变到另一种稳定态或稳定持续的变化趋势的现象(杨志峰 等，2004)。20 世纪 60 年代中期，法国的数学家 Thom 创立了突变理论。突变理论的精髓是关于奇点的理论(魏凤英，1999)，其要点在于考察某种系统或过程从一种稳定状态到另一种稳定状态的飞跃，表现为系列在从一个统计特征到另一个统计特征的急剧变化。受降水突变、下垫面因素和人类活动的影响，天然径流量也可能发生突变。常见的突变检测方法有低通滤波法、滑动 t-检验法(Moving t-test technique)、Cramer 法、Yamamoto 法、Mann-Kendall 法、Pettitt 方法、Lepage 法、聚类分析法、里(Lee)和海哈林(Heghinan)法、小波分析法(Wavelet technique)、时序累计值相关曲线法等(王文圣 等，2008a；

魏凤英,1999;符淙斌 等,1992;丁晶 等,1988;王文圣 等,2005)。不同的方法检验的灵敏度不同,结果略有差异(魏凤英 等,1995)。本次研究采用 Mann-Kendall 法进行跳跃点的分析。

(1)M-K 突变检验法

前面用 Mann-Kendall 法分析了径流的趋势性,这里再用此方法进行径流的突变分析。但是需要把计算公式改动一下。M-K 方法检验时序突变的原理如下(符淙斌 等,1992;魏凤英 等,1995)。

对于有 n 个样本的时间序列 x,构造一秩序列:

$$s_k = \sum_{i=1}^{k} r_i \qquad (k = 2,3,\cdots,n) \tag{3-14}$$

其中,

$$r_i = \begin{cases} 1 & (x_i > x_j) \\ 0 & (x_i \leqslant x_j) \end{cases} \qquad (j=1,2,\cdots,i-1;\text{且 } i > j) \tag{3-15}$$

定义统计量:

$$UF_k = \begin{cases} 0 & (k=1) \\ \dfrac{s_k - E(s_k)}{\sqrt{\mathrm{Var}(s_k)}} & (k=2,3,\cdots,n) \end{cases} \tag{3-16}$$

其中,$E(s_k)$,$\mathrm{Var}(s_k)$是可由下式计算。

$$E(s_k) = \frac{n(n+1)}{4}; \qquad \mathrm{Var}(s_k) = \frac{n(n-1)(2n+5)}{72} \tag{3-17}$$

UF_k服从标准正态分布。同理,按时间序列 x 的逆序 $x_n,x_{n-1},\cdots,x_1$,再重复上述过程,同时使 $UB_k = -UF_k, k=n,n-1,\cdots,1$。

最后,绘出 UF_k和 UB_k的曲线图。如果 UF_k和 UB_k两条曲线出现交点,且交点在临界线± 1.96之间,那么该交点对应的时刻便是突变开始的时间,即跳跃点对应的时间。

(2)秩和检验法——跳跃点显著性的检验方法

变量序列找到最优分割点(突变点)后,需要对分割的样本进行检验,以确定跳跃点的显著性。本文选用秩和检验法,其算法如下。

设跳跃点前后,即分割点 τ 前后,两序列的样本数分别为 n 和 $m(m>n)$。把两个样本并为一体,按大小依次排序,统一编号(数据相同时可采用它们的平均数作为序号),序号即为每一个数据的秩,然后统计出小样本 n 的秩和 W,则统计量 W 近似于正态分布:

$$N\left(\frac{n(n+m+1)}{2},\quad \frac{nm(n+m+1)}{12}\right) \tag{3-18}$$

构造统计量

$$U = \frac{W - \dfrac{n(n+m+1)}{2}}{\sqrt{\dfrac{nm(n+m+1)}{12}}} \tag{3-19}$$

则 U 服从正态分布(丁晶 等,1988)。在给定显著性水平下,可以进行显著性检验。当 U 的绝对值大于或等于 1.96 时,分别表示通过了 $\alpha=0.05$ 的显著性水平检验。

(3)跳跃点检验结果分析

利用 M-K 法分别对宜昌、汉口和大通三个水文站的年径流、汛期径流和 10 月份径流序列进行突变分析，计算结果绘成图(图 3-7，图 3-8)，分别找到各径流序列的跳跃点，并运用秩和检验法，来检验突变是否显著，结果见表 3-6、表 3-7、表 3-8。

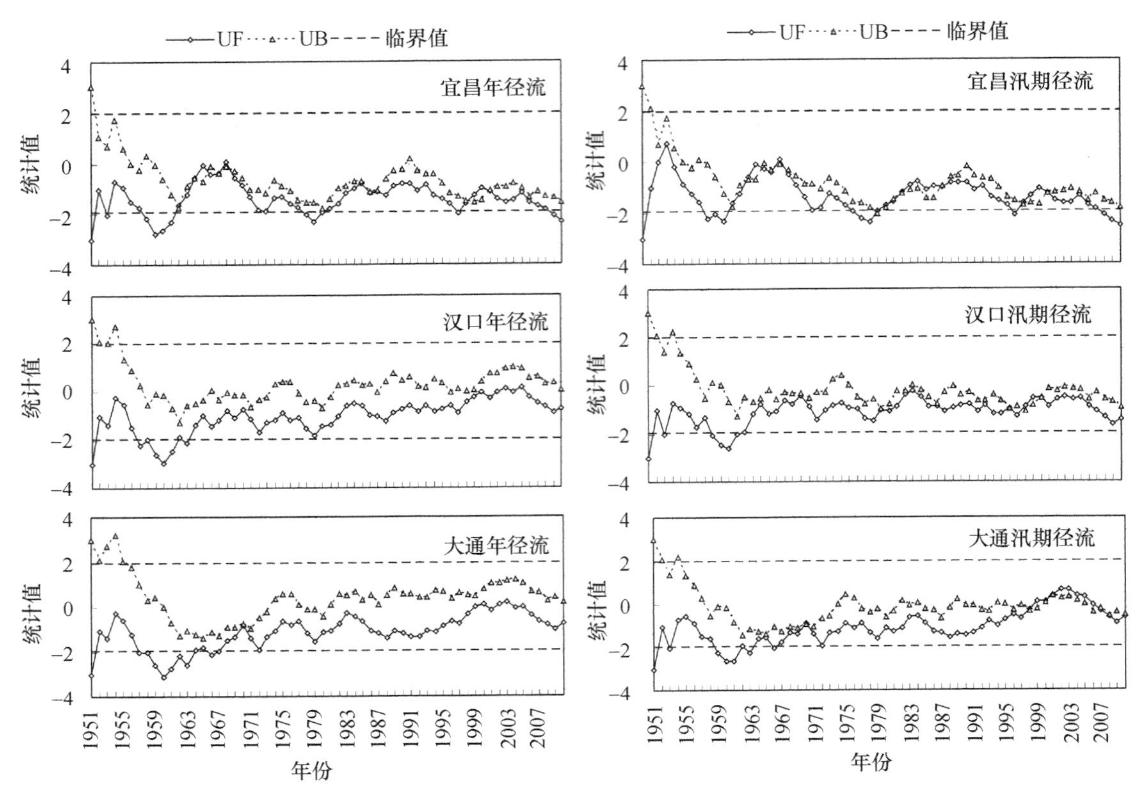

图 3-7　宜昌、汉口和大通站年径流和汛期径流序列跳跃点分析

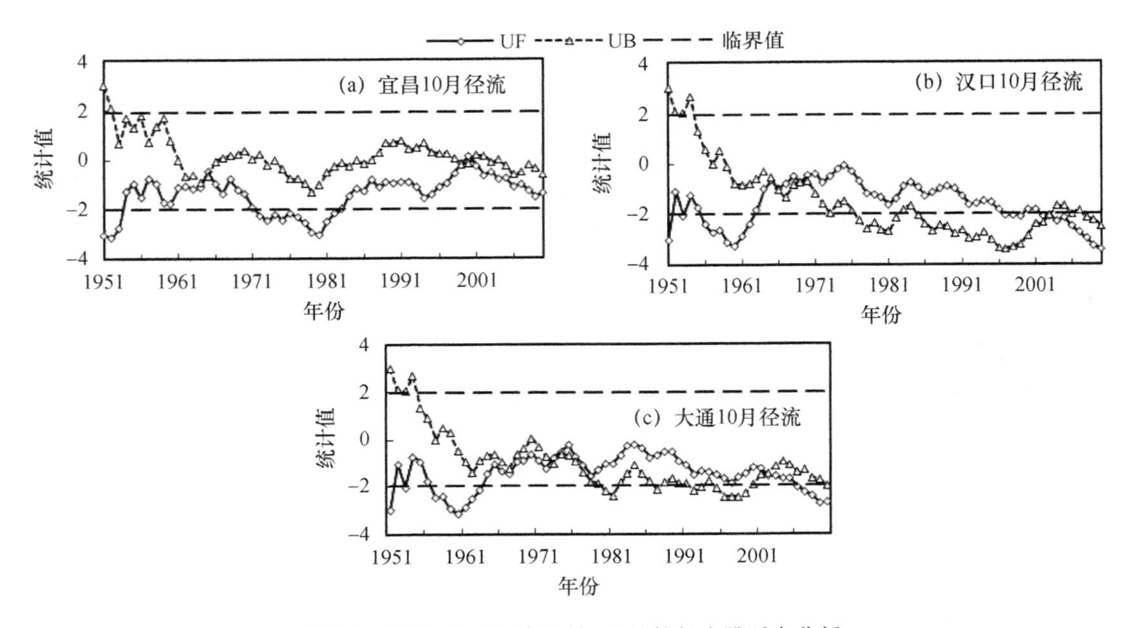

图 3-8　宜昌、汉口和大通站 10 月份径流跳跃点分析

发现 1950—2010 年径流量序列只有宜昌站出现突变，跳跃点为 1969 年、1998 年和 2001 年，秩和检验结果都是显著。各时段年平均流量差值分别为 −1000 m^3/s、1400 m^3/s 和 −2100 m^3/s(表 3-6，图 3-9)。说明长江上游 20 世纪 50—60 年代径流量比较丰沛，70—90 年代中期径流量进入相对低值区，20 世纪末期到 21 世纪初径流量最大，这一阶段年平均流量达 14700 m^3/s，然后 2002—2010 年径流量又降了下来，是近 60 多年来径流量最低的一个阶段，平均流量只有 12600 m^3/s，2006 年平均流量最低值只有 8900 m^3/s(表 3-6，图 3-9)。

表 3-6　宜昌、汉口和大通站年径流序列跳跃点分析

水文站	时间段	流量均值(m^3/s)	跳跃点	秩和检验结果	
				U 值	显著性
宜昌	1950—1968 年	14338	1969 年	2.20	显著
	1969—1997 年	13300			
	1998—2001 年	14765	1998 年	1.88	显著
	2002—2010 年	12623	2001 年	2.31	显著
汉口			无		
大通			无		

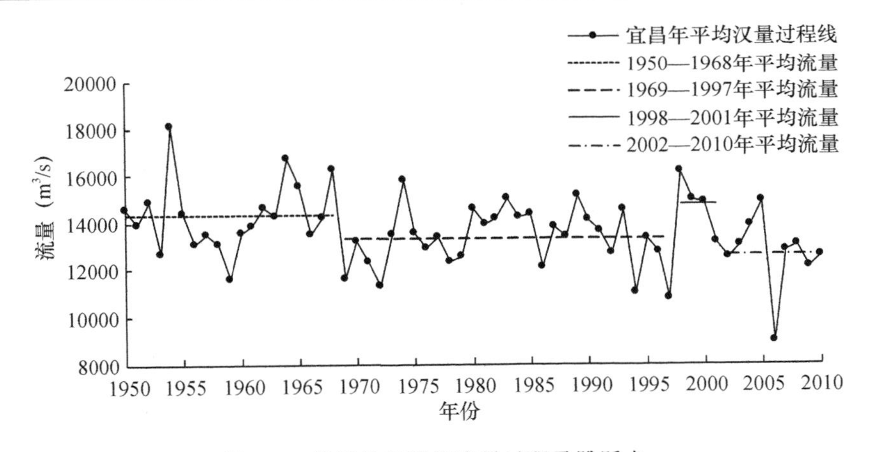

图 3-9　宜昌站年平均流量过程及跳跃点

从汛期径流序列 M-K 检验结果来看，宜昌、汉口和大通三个水文站 UF_k 和 UB_k 的曲线在临界线之间都有交点，并且出现在 20 世纪 90 年代后期，但是宜昌站比较复杂，交点个数较多(图3-7)。宜昌站 1950—2010 年汛期径流序列共检验出 5 个跳跃点，分别是 1969 年、1980 年、1989 年、1998 年和 2002 年，秩和检验结果都是显著，与年径流序列相比有相似的结果，不同之处是 20 世纪 70 年代、80 年代、90 年代检验结果更细了。1950—1968 年、1969—1979 年、1980—1988 年、1989—1997 年、1998—2001 年和 2002—2010 年各阶段的平均流量差值为 −2400 m^3/s、2000 m^3/s、−2200 m^3/s、3600 m^3/s 和 −4400 m^3/s，发现各阶段流量绝对差值较大，且正负交替，说明径流量高低值年组交替出现(表 3-7，图 3-10)。近 60 多年来汛期年均流量最高值阶段是 1998—2001 年，年平均流量达 23700 m^3/s；流量最低值阶段是 2002—2010 年，年平均流量只有 19300 m^3/s(表 3-7，图 3-10)。汉口和大通站汛期径流的跳跃点都是 1999 年，且秩和检验结果都不显著；但其径流的阶段性还是较清楚的(图 3-10)，都分为两个阶段 1950—1998 年和 1999—2010 年；两个阶段的平均流量差值分别为 −1500 m^3/s 和 −3200 m^3/s(表 3-7)。

表 3-7　宜昌、汉口和大通站汛期径流序列跳跃点分析

水文站	时间段	流量均值(m³/s)	跳跃点	秩和检验结果	
				U 值	显著性
宜昌	1950—1968 年	22772	1969 年	−2.81	显著
	1969—1979 年	20343			
	1980—1988 年	22387	1980 年	2.47	显著
	1989—1997 年	20135	1989 年	2.08	显著
	1998—2001 年	23713	1998 年	2.01	显著
	2002—2010 年	19292	2002 年	2.16	显著
汉口	1950—1998 年	32931	1999 年	−0.76	不显著
	1999—2010 年	31364			
大通	1950—1998 年	40476	1999 年	−1.00	不显著
	1999—2010 年	37247			

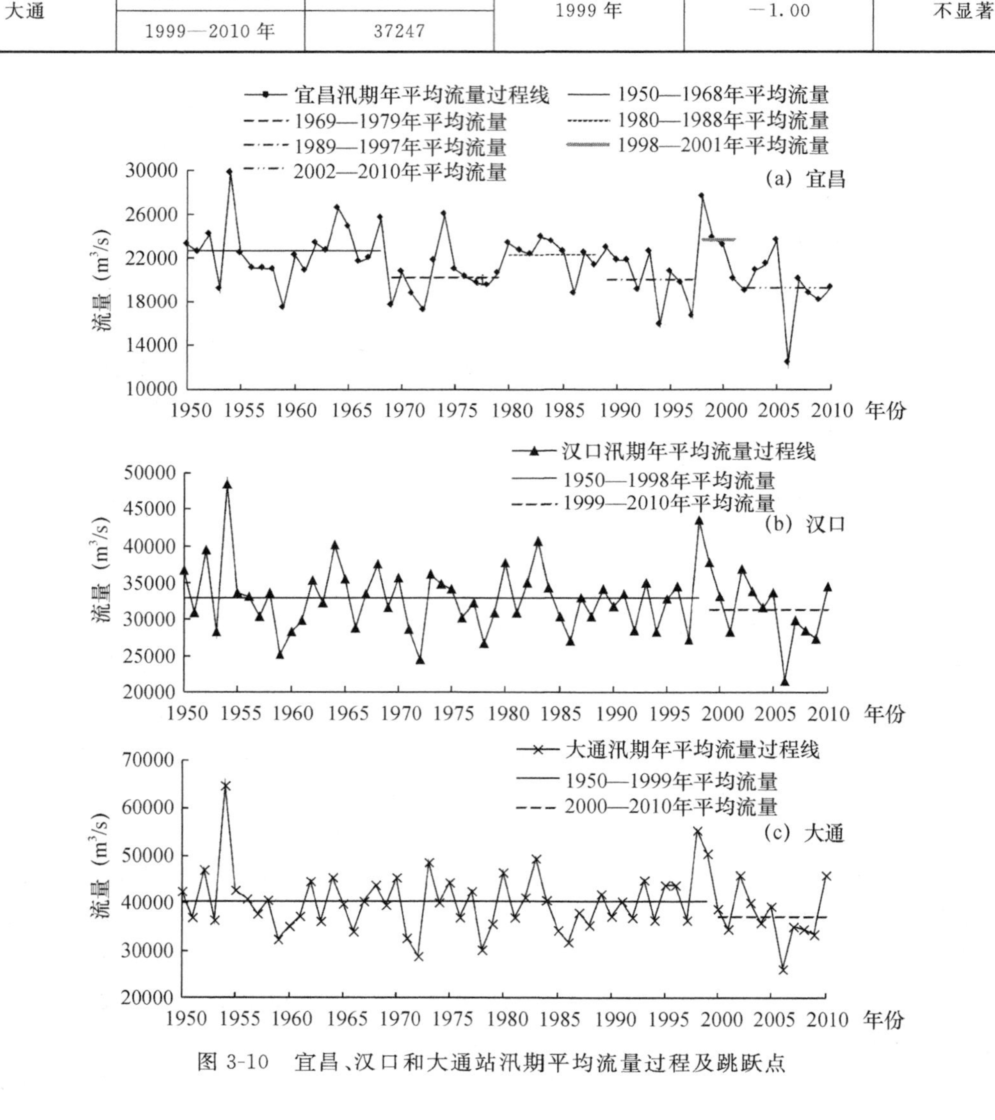

图 3-10　宜昌、汉口和大通站汛期平均流量过程及跳跃点

特别应该注意的是，宜昌、汉口和大通三站10月份径流序列跳跃点分析的结果。三站10月份径流有一个相同的跳跃点——就是2002年(汉口站的M-K检验结果见图3-8，UB_k曲线和UF_k曲线交点在临界线外面，要确定该点是否为径流的跳跃点，还需要用径流过程线检验，从图3-11中明显看出，2002年就是一个跳跃点)，而且秩和检验结果是突变显著(图3-8，表3-8)。可以发现宜昌站所分成的两个径流阶段平均流量相差之大，达$-5500\ m^3/s$，比该站汛期的同一个跳跃点前后两段平均流量差值大了$1100\ m^3/s$，是该站多年平均流量的40%；汉口站跳跃点前后两段平均流量差值达$7500\ m^3/s$以上，是该站多年平均流量的33%；大通站2002年这个跳跃点前后两段平均流量差值达$8000\ m^3/s$，是该站多年平均流量的28%(表3-8，图3-11)。可见宜昌、汉口和大通三个水文站在跳跃点2002年前后平均流量绝对差值都非常大；同时也引出了另一个问题，长江中下游10月份径流量2002年以后突然减少，这是一个值得深入分析的问题。

表3-8 宜昌、汉口和大通站10月份径流序列跳跃点分析

水文站	时间段	流量均值(m^3/s)	跳跃点	秩和检验结果	
				U值	显著性
宜昌	1950—2001年	17968	2002年	−3.64	显著
	2002—2010年	12458			
汉口	1950—2001年	27627	2002年	−3.11	显著
	2002—2010年	20048			
大通	1950—1972年	34204	1973年	0.23	不显著
	1973—2001年	32923			
	2002—2010年	25857	2002年	−2.49	显著

3.2.2.6 径流的周期分析

水文时间序列存在多时间尺度的特点。所谓多时间尺度(multiple time scales)，指系统变化并不存在真正意义上的周期性，而是时而以这种周期变化，时而以另一种周期变化，并且同一时段中又包含各种时间尺度的周期变化，即系统变化在时域中存在多层次时间尺度结构和局部化特征(王文圣 等，2005)。水文现象的多时间尺度研究实际上就是识别水文时间序列中的周期或者近似周期的成分，进而研究水文时间序列的演变规律和发展趋势。

水文序列中包含的周期成分，主要是由于地球绕太阳旋转和地球自转影响而形成(王文圣 等，2008a)。径流是一种水文现象，它不但包含有上述近似周期，而且径流与气象因素(如气温、降水、蒸发、大气环流和天气气候等)密切相关，所以，它还含有气象因素具有的多种时间频率所形成的近似周期，因此，径流具有多种周期成分，具有多种频率特征。对径流的周期成分识别和分析，可以采用气象学和水文学中常用的周期分析方法。目前常用的周期分析方法主要有周期图法、方差密度图法、累计解释方差图法、功率谱分析法、最大熵谱分析法、交叉谱分析法、奇异谱分析法、小波分析法、灰色周期分析法、方差分析与多元回归分析法等(王文圣 等，2005，2008a；魏凤英，1999；王红瑞 等，2010；黄嘉佑 等，1984；黄忠恕，1983)。本章选用小波分析法对长江径流的周期特征进行分析。

(1)小波分析方法介绍

20世纪80年代，法国地质学家Morlet在对地震数据进行分析时，发现傅里叶变换

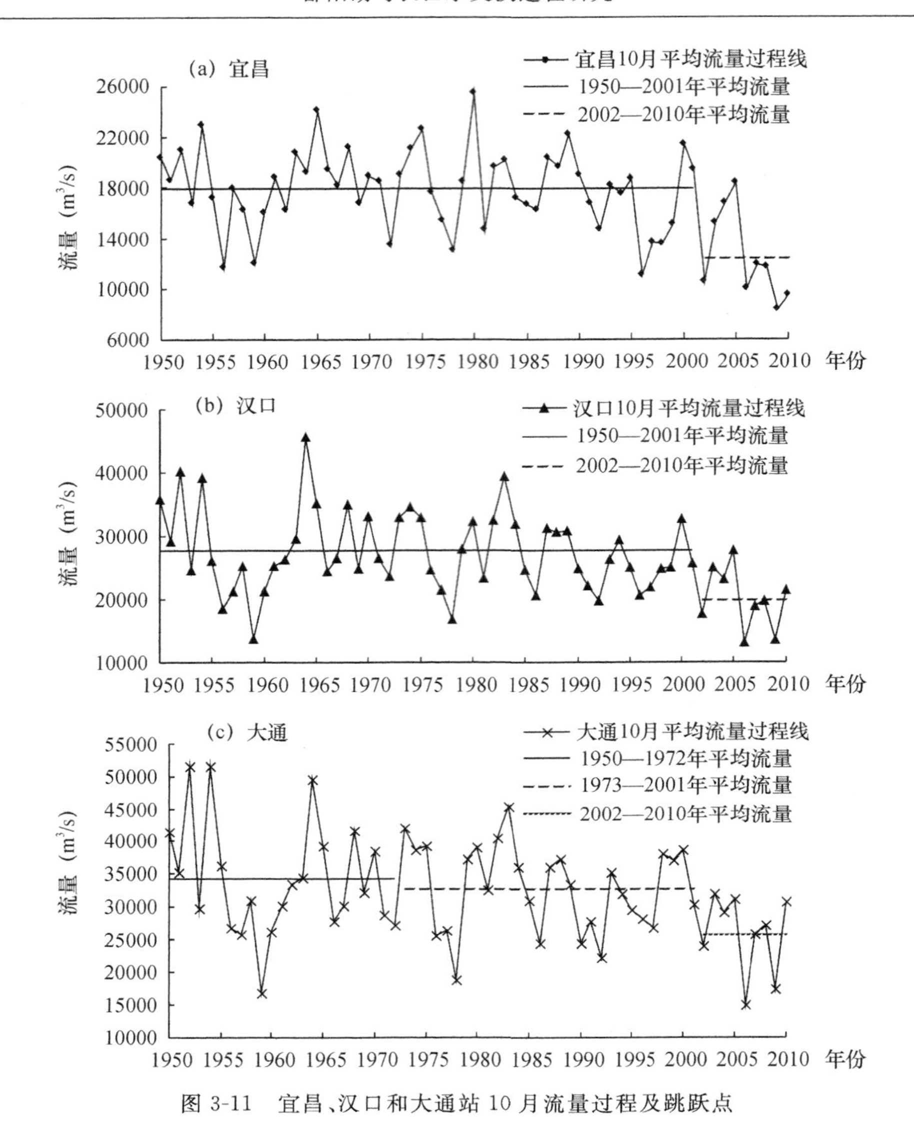

图 3-11　宜昌、汉口和大通站 10 月流量过程及跳跃点

(Fourier Transform，FT)和短时傅里叶变换(Short-time Fourier Transform，SFT)，当时不能确定某个频率所发生的时刻。Morlet 在对傅里叶变换和短时傅里叶变换进行研究的基础上，于 1980 年首次提出了“小波分析”的概念，并取得了成功(张瑞 等，2006；王文圣 等，2002)。小波分析(子波分析)(wavelet analysis)是 Fourier 分析发展史上的里程碑，具有时间窗和频率窗都可以改变的时频同时局部化的优点，被誉为数学“显微镜”。它是应用极广泛的一种数学方法，是调和分析这一数学领域半个世纪以来的工作结晶，是纯粹数学和应用数学完美结合的一个典范(徐建华，2002；王文圣 等，2005；胡昌华 等，1999)。

1)小波分析基本原理简介(王文圣 等，2005；胡昌华 等，1999)

设 $\psi(t)\in L^2(R)$($L^2(R)$表示平方可积的实数空间及能量有限的信号空间)，其傅里叶(Fourier)变换为 $\hat{\psi}(\omega)$。当 $\hat{\psi}(\omega)$满足允许条件(admissible condition)时：

$$C_\psi = \int_R \frac{|\hat{\psi}(\omega)|^2}{|\omega|} d\omega < \infty \tag{3-20}$$

我们称 $\psi(t)$ 为一个基本小波或母小波(Mother Wavelet)。将母小波 $\psi(t)$ 经伸缩和平移后,就可以得到一个小波序列。

对于连续的情况,小波序列为

$$\psi_{j,k}(t)=\frac{1}{\sqrt{|a|}}\psi\left(\frac{t-b}{a}\right) \qquad a,b\in R;a\neq 0 \tag{3-21}$$

式中,a 为伸缩因子,b 为平移因子。

对于离散的情况,小波序列为

$$\psi_{j,k}(t)=2^{-\frac{j}{2}}\psi(2^{-j}t-k) \qquad j,k\in Z \tag{3-22}$$

对于任意的函数 $f(t)\in L^2(R)$ 的连续小波变换为

$$W_f(a,b)=\langle f,\psi_{a,b}\rangle=|a|^{-\frac{1}{2}}\int_R f(t)\bar{\psi}\left(\frac{t-b}{a}\right)\mathrm{d}t \tag{3-23}$$

其逆变换为

$$f(t)=\frac{1}{C_\psi}\int_{R^+}\int_R\frac{1}{a^2}W_f(a,b)\psi\left(\frac{t-b}{a}\right)\mathrm{d}a\mathrm{d}b \tag{3-24}$$

小波变换的视频窗口特性与短时傅里叶的时频窗口不一样。其窗口形状为两个矩形 $[b-a\Delta\psi,b+a\Delta\psi]\times[(\pm\omega_0,-\Delta\psi)/a,(\pm\omega_0,+\Delta\psi)]$,窗口中心为 $(b,\pm\omega_0/a)$,时窗和频窗分别为 $a\Delta\psi$ 和 $\Delta\psi/a$。其中 b 仅仅影响窗口在相平面时间轴上的位置,而 a 不仅影响窗口在频率轴上的位置,也影响窗口的形状。

2)小波变换系数

实际工作中,水文时间序列常常是离散的,如 $f(k\Delta t)(k=1,2,\cdots,N;\Delta t$ 为取样时间间隔),则下式为常见的离散形式

$$W_f(a,b)=|a|^{-\frac{1}{2}}\Delta t\sum_k^N f(k\Delta t)\bar{\psi}\left(\frac{k\Delta t-b}{a}\right) \tag{3-25}$$

式中,a 为尺度因子,反映小波的周期长度;b 为时间因子,反映时间上的平移;$W_f(a,b)$ 称为小波变换系数(王文圣 等,2002a,b)。

$W_f(a,b)$ 能同时反映时域参数 b 和频域参数 a 的特性,它是时间序列 $f(t)$ 或 $f(k\Delta t)$ 通过单位脉冲响应的滤波器的输出。当 a 较小时,对频域的分辨率低,对时域的分辨率高;当 a 增大时,对频域的分辨率高,对时域的分辨率低。因此,小波变换实现了窗口的大小固定、形状可变的时频局部化。

$W_f(a,b)$ 随着参数 a 和 b 的变化,可做出以 b 为横坐标、a 为纵坐标的关于 $W_f(a,b)$ 的二维等值线图,称为小波变换系数图。通过小波变换系数图可得到关于时间序列变化的小波变化特征。通过小波变化系统的分析,可识别水文系统多时间尺度演变特征,即周期特征。

3)小波方差分析

将时间域上的关于 a 的所有小波变换系数的平方进行积分,即为小波方差:

$$\mathrm{Var}(a)=\int_{-\infty}^{\infty}|W_f(a,b)|^2\mathrm{d}b \tag{3-26}$$

小波方差随着尺度 a 的变化过程称为小波方差图。它反映了波动的能量随尺度的分布。通过小波方差图,可以确定一个水文序列中存在的主要时间尺度,即主周期。

(2)选用适当形式的小波

小波变换的关键是小波函数的选择,这是正确运用小波理论进行分析水文水资源时间序

列变量多时间尺度特征的前提。本书选用 Morlet 小波，它是一个复数形式的小波。其母函数形式为：

$$\psi(x)=Ce^{-x^2/2}\cos(5x) \tag{3-27}$$

复数形式的小波在应用中具有比实数形式的小波更多的优点。由于它的实部与虚部位相相差 $\frac{\pi}{2}$，这消除了实数形式小波变换系数模的震荡性（这是由于小波函数本身的震荡而引起的），还可以将小波变换系数的模和位相分离开来。小波系数实部显示不同时间尺度信号在不同时间上的分布和位相两方面的信息（林振山 等，1999），能反映出径流变化的周期；实部为正，对应于径流量的偏多期，小波系数实部为负，则对应于径流量的偏少期，小波系数实部为零，则对应于径流变化的突变点。小波系数的绝对值越大，表明振荡强度越强（王文圣 等，2005；王霞 等，2009）。小波系数模的大小表示时间尺度信号的强弱，模值越大振荡越强，所对应的周期越显著。小波系数模的平方表示振荡能量的强弱，模平方值越大能量越强。模平方等值线图即为能量图，从中可以分析年径流量在小波变化域中波动能量强弱的变化特性，进而反映哪些能量聚集中心主导年径流在时间域上的波动变化（穆兴民 等，2003）。

（3）分析前资料的预处理

小波分析前，先对资料进行延展处理，常用资料延展方法有有零边界法、对称延展法、相似延伸法、趋零延伸边界法和滑动平均对称延伸法（林振山 等，1999；卢晓宁 等，2006）。本次采用对称延伸法，小波变换完成后，只保留原始时段内的小波系数，边界部分的性质就不会改变。

然后，对数据进行标准化处理，本次采用距平中心化方法进行处理。即：

$$z_t=(x_t-\bar{x})/s \tag{3-28}$$

式中，z_t 表示处理后的径流序列，x_t 表示处理前的径流序列，$\bar{x}$ 和 s 分别表示处理前径流序列的均值和标准差。

（4）小波变换结果的分析

利用 Morlet 小波对宜昌、汉口和大通水文站的年径流序列进行分析。为了分析方便，分别绘出了 Morlet 小波变换后小波系数的实部、模、模平方的二维等值线图，以及小波方差图（图 3-12～3-14）。并分别对每一幅图分析，得出长江中下游主要水文站径流变化的周期，及其丰枯变化情况（表 3-9、表 3-10、表 3-11）。

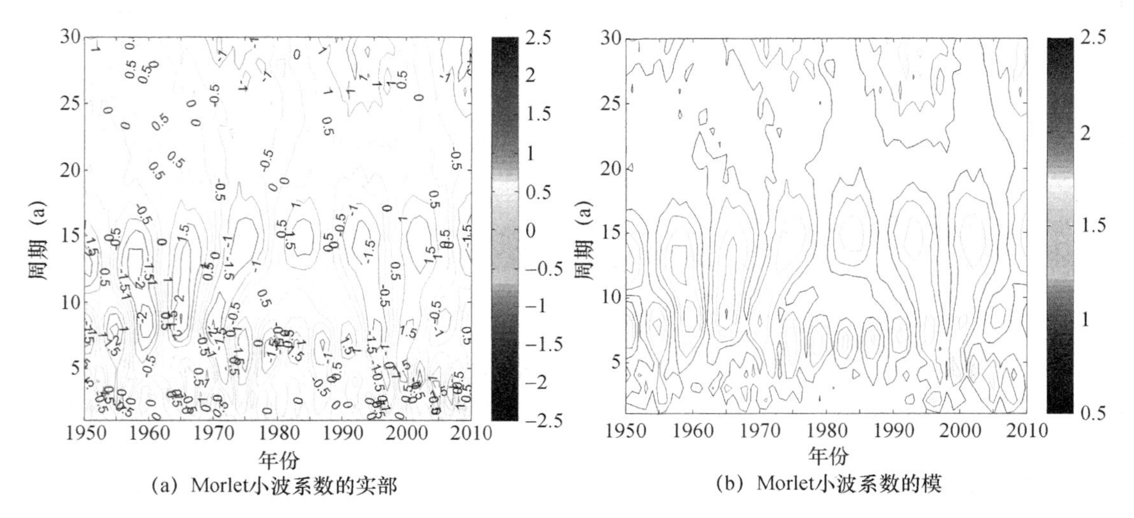

(a) Morlet小波系数的实部　　(b) Morlet小波系数的模

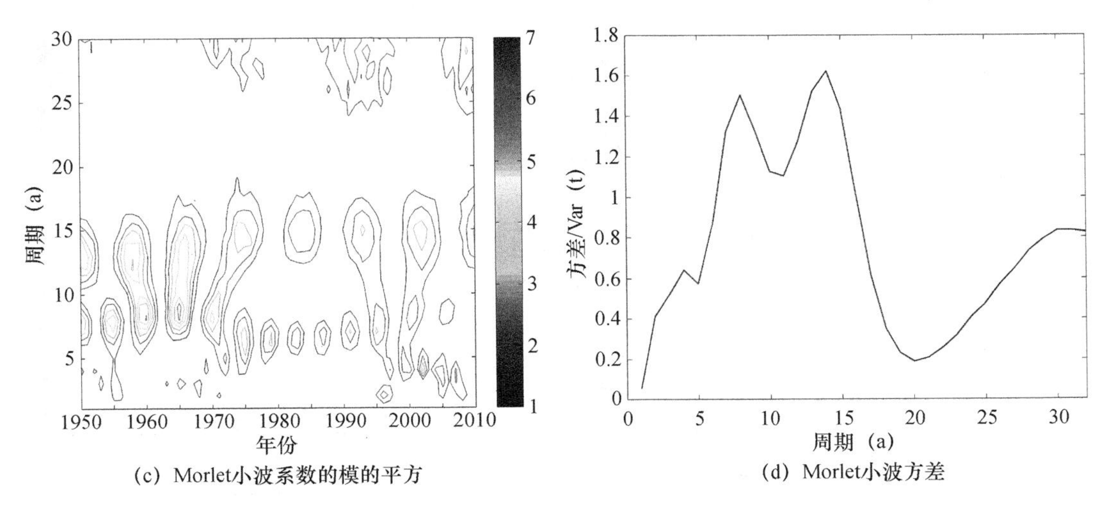

(c) Morlet小波系数的模的平方　　(d) Morlet小波方差

图 3-12　宜昌站年径流序列 Morlet 小波变换分析结果

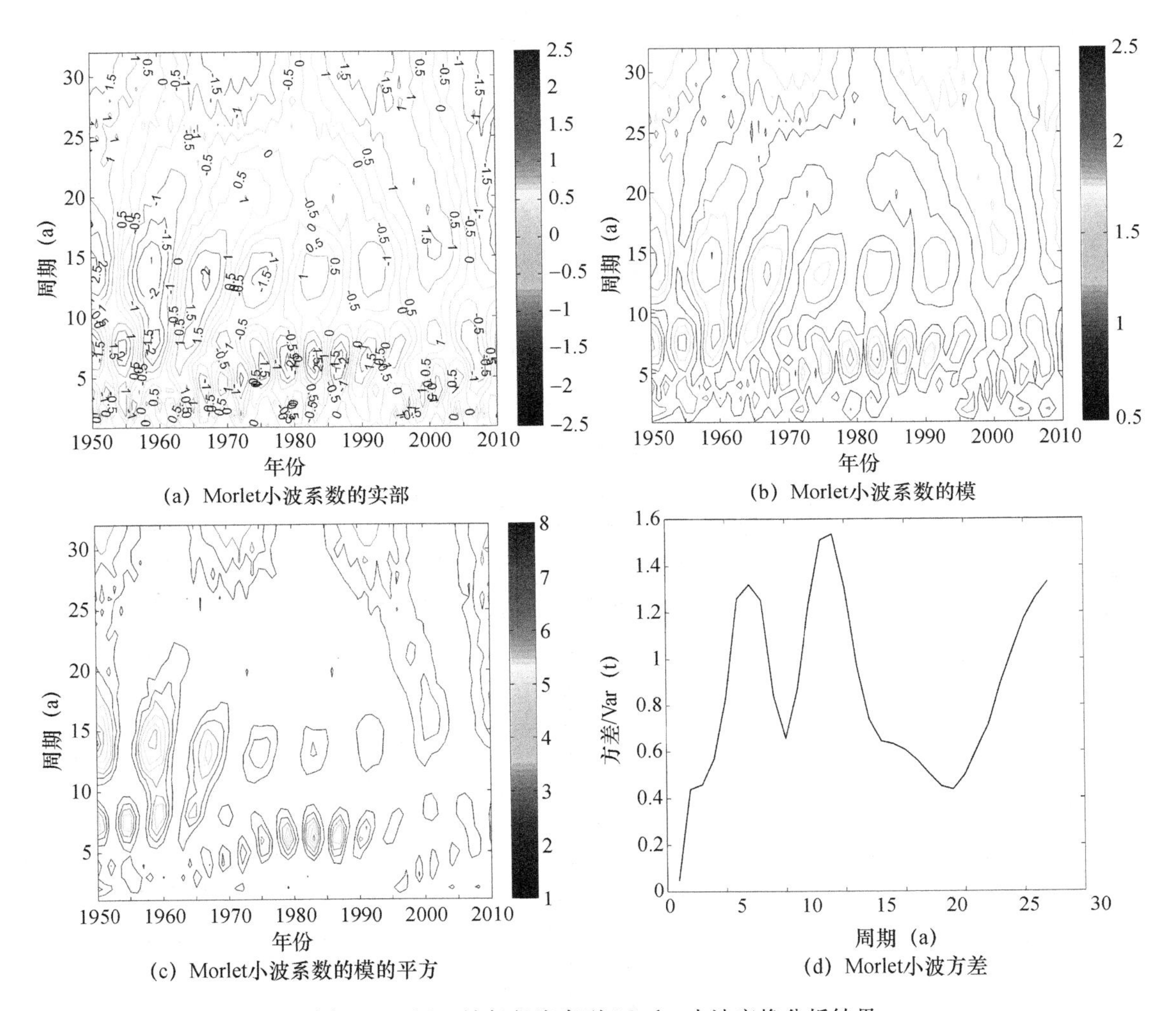

(a) Morlet小波系数的实部　　(b) Morlet小波系数的模

(c) Morlet小波系数的模的平方　　(d) Morlet小波方差

图 3-13　汉口站年径流序列 Morlet 小波变换分析结果

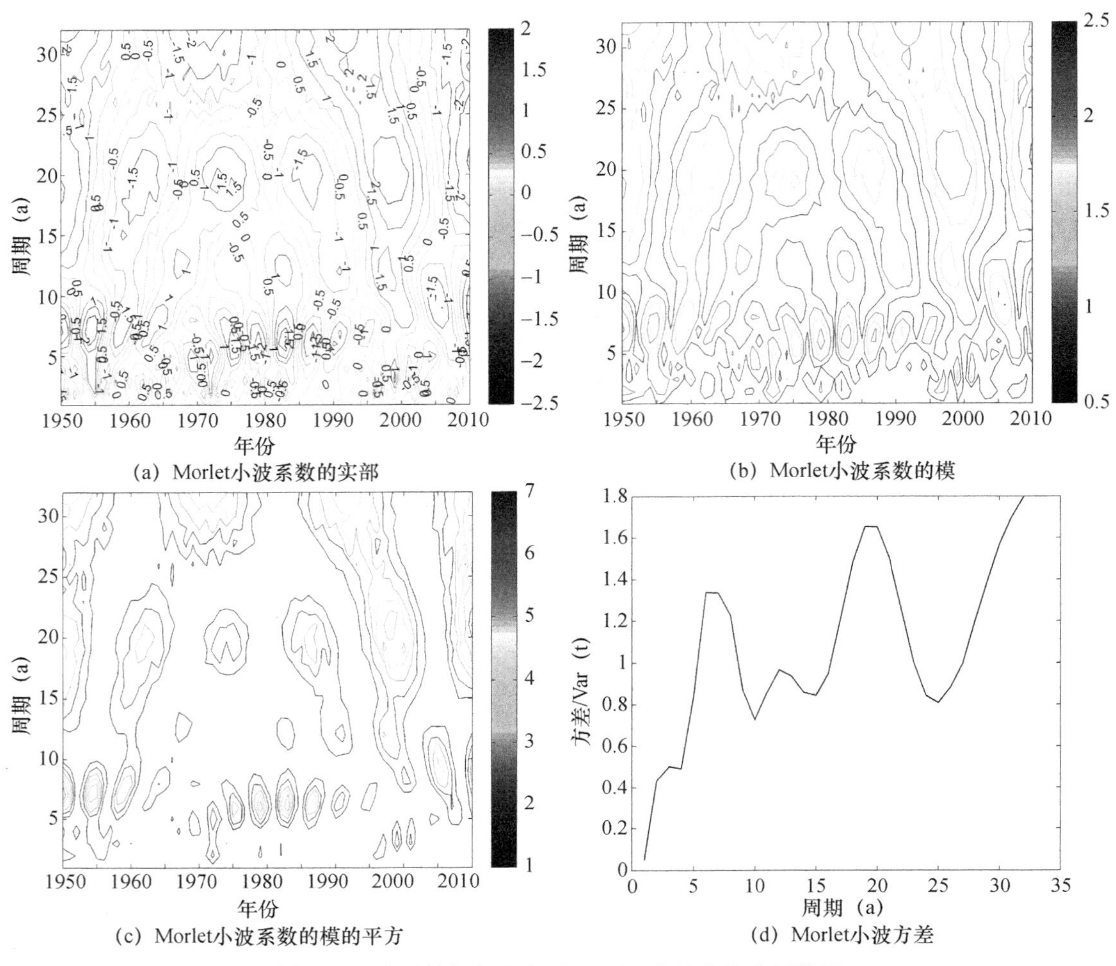

图 3-14　大通站年径流序列 Morlet 小波变换分析结果

表 3-9　长江干流宜昌站年径流序列小波分析

小波实部系数分析				小波系数的模分析	小波系数的模平方分析	小波方差分析
主要周期(a)	发生时间段	多水期	少水期			
3～4	1998—2008 年	1998—2001 年；2004—2005 年；	2002—2003 年；2006—2008 年；	2003 年振荡中心信号较强	2003 年为中心振荡能量稍强	不明显
6～7	1973—1997 年	1973—1977 年；1981—1984 年；1989—1993 年；	1978—1980 年；1985—1988 年；1990—1993 年；	存在着不明显的多个振荡中心	1975、1979 和 1991 年振荡中心能量稍强	无
8	1953—1972 年 1998—2008 年	1952—1955 年；1962—1967 年；1998—2003 年；	1956—1961 年；1968—1972 年；2003—2008 年；	存在多个振荡中心，1965—1970 年信号较强	1960 年和 1965 年振荡中心能量较强	明显有
13～14	1950—2010 年全区段	20 世纪 50 年代初；60 年代中期；80 年代中期；2000 年前后	20 世纪 50 年代后期—60 年代初；70 年代；90 年代前中期	存在多个振荡中心 1950、1958 和 1965 年信号较强	1958 年左右的振荡中心能量较强	明显有
30 以上	不明显的周期					

表 3-10 长江干流汉口站年径流序列小波分析

小波实部系数分析				小波系数的模分析	小波系数的模平方分析	小波方差分析
主要周期(a)	发生时间段	多水期	少水期			
4～5	1966—1973 年 1997—2006 年	1970 年前后	20 世纪 60 年代后期和 1972 年前后	不明显	不明显	无
6～8	1950—1962 年 1974—2005 年	20 世纪 50 年代中期； 70 年代前中期； 80 年代前中期； 1990 年左右	1960 年前后； 1970 年前后； 1980 年前后； 80 年代中期偏后	1955、1958、1979、1983、1986 年为中心的振荡信号稍强	20 世纪 70 年代末、80 年代振荡能量较强	明显有
14～16	1950—2005 年	20 世纪 50 年代前中期； 60 年代中后期； 80 年代前中期； 2000 年前后	20 世纪 60 年代前中期； 70 年代前中期； 1990 年前后	1950、1958、1966 年为中心的振荡信号稍强	1950、1958 年为中心的振荡能量较强	明显有
30 以上	不明显的周期					

表 3-11 长江干流大通水年径流序列小波分析

小波实部系数分析				小波系数的模分析	小波系数的模平方分析	小波方差分析
主要周期(a)	发生时间段	多水期	少水期			
3～4	1996—2002 年	1997—2000 年	21 世纪初期几年	2000 年前后振荡信号稍强	不明显	不明显
5～7	1968—1996 年	1970 年前后； 1975 年前后； 80 年代前期； 1990 年前后	20 世纪 70 年代前期； 1980 年前后； 80 年代后期	20 世纪 70 年代后期、80 年代振荡信号稍强，中心分别在 1978、1983、1986 年	20 世纪 70 年代后期、80 年代振荡能量稍强	明显有
7～8	1950—1965 年	20 世纪 50 年代中后期； 60 年代中期	20 世纪 50 年代早期； 60 年代前中期	20 世纪 50 年代早、中期振荡信号稍强，1954 年是一个振荡中心	20 世纪 50 年代早、中期振荡能量稍强，	不明显
10	2003 年以后	2009—2010 年	2004—2008 年	2006 年为中心的振荡信号稍强	不明显	无
12～13	1965—2002 年	1965 年前后； 20 世纪 80 年代前期； 2000 年前后	20 世纪 70 年代末到 80 年代前期； 90 年代前期	不明显	不明显	不明显
19～21	1950—2010 年全区段	20 世纪 50 年代前期； 60 年代末到 80 年代中期； 90 年代后期到 2003 年左右	20 世纪 50 年代中期到 60 年代中期； 整个 80 年代到 90 年代初期	20 世纪 50 年代早期、2000 年左右振荡信号稍强，1998 年为一个振荡中心	2000 年左右和 2010 年以后那个振荡能量稍强	明显有
30 以上	不明显的周期					

总体上来看，长江干流宜昌、汉口和大通三个水文站测得径流变化有一些共同的规律，如20世纪50年代中期、60年代中期和1998—2001年的丰水期，20世纪70年代前期和后期、80年代后期等的枯水期，13～15a的变化周期；同时，由于长江在中下游又接受了汉江、洞庭湖水系和鄱阳湖水系等支流水量的汇入，使汉口和大通站的径流也有各自的变异规律，如汉口站没有4年以下的主要周期，大通站存在19～21a的周期等（表3-9、表3-10、表3-11）。各站径流详细周期特征和径流丰枯变化情况的分析结果见表3-9～3-11。

3.2.2.7　径流年际变化的阶段性

径流变化往往出现丰枯水年交替出现，一段时期表现出径流比较丰沛，一段时期表现出径流相对枯水。从前面的分析可以看出，长江径流年际变化具有阶段性的特征。年径流的累积距平百分数能准确地、直观地分析出径流的阶段性变化。其计算公式为：

$$L = \sum_{i=1}^{n} \frac{x_i - \bar{x}}{\bar{x}} \times 100\% \tag{3-29}$$

式中，L 表示某径流序列的累积距平百分数，$x_1, x_2, \cdots, x_n$ 表示某一径流序列，$\bar{x}$ 表示所研究径流序列的平均值，$i=1,2,\cdots,n$，n 为径流序列的样本个数。

某一径流样本序列的距平值必然有正有负，当距平累积值不断增大时，表明该时段内径流量距平持续为正，为多水期；当距平累积值持续不变，表明该时段距平持续为零，即序列无增减趋势；当距平累积值持续减少时，表明时段内径流量距平持续为负，为少水期（穆兴民 等，2003）。据此我们可以分析和确定径流量年际变化的阶段性。

利用式(3-29)，计算宜昌、汉口和大通站的年径流序列的累积距平百分数，并绘成曲线图（图3-15），阶段性统计特征值见表3-12。从图中可以看出，进入21世纪后宜昌、汉口和大通三站年径流量先后进入一个少水期，这一少水期三站都是60年来的年径流量均值最低时期（表3-12），而且这个时期宜昌和汉口站曲线斜率的绝对值都较大，说明这两站径流量减少速率

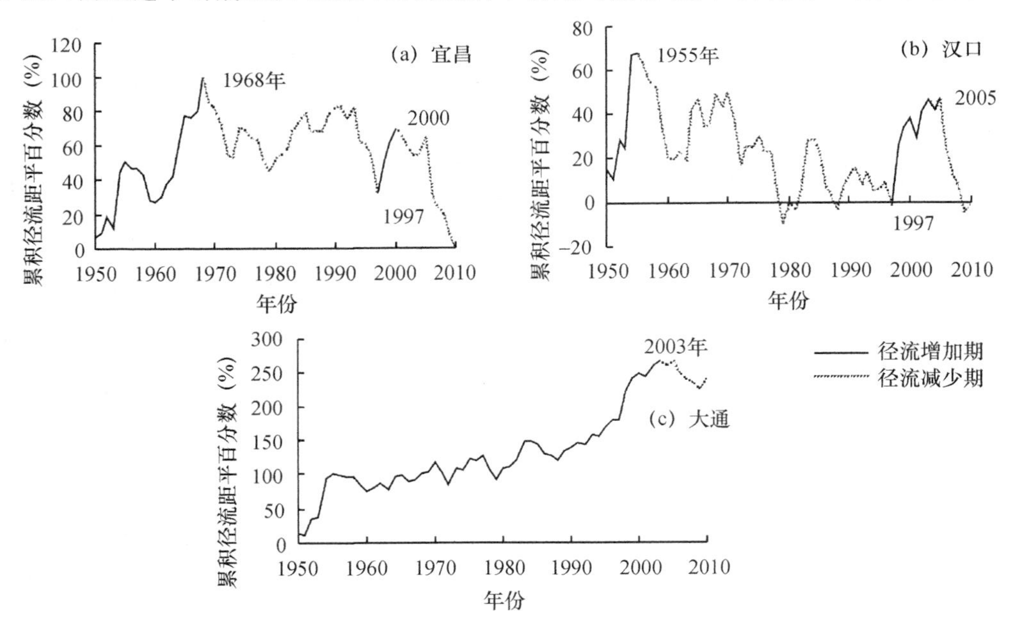

图3-15　长江主要水文站径流变化阶段

特别快。宜昌站 1950—2010 年径流序列可分为 4 个阶段：1950—1968 年为多水期，1969—1997 年为少水期，1998—2000 年为多水期，2001—2010 年为少水期。汉口站 1950—2010 年径流序列可分为 4 个阶段：1950—1955 年多水期，1956—1997 年少水期，1998—2005 年多水期，2006—2010 年少水期。大通站 1950—2010 年径流序列可分为 2 个阶段：1950—2003 年为多水期，因为此阶段大通站年径流量呈持续增加趋势，波动较小，所以又叫径流增加期；2004—2010 年是少水期，径流呈持续减少趋势，波动极小，又叫径流减少期。

表 3-12　长江中下游干流主要水文站径流阶段性特征统计

宜昌			汉口			大通		
时段	径流特性	径流量均值（10^8 m^3）	时段	径流特性	径流量均值（10^8 m^3）	时段	径流特性	径流量均值（10^8 m^3）
1950—1968 年	多水期	4540	1950—1955 年	多水期	7908	1950—2003 年	多水期	9047
1969—1997 年	少水期	4214	1956—1997 年	少水期	6991			
1998—2000 年	多水期	4855	1998—2005 年	多水期	7544	2004—2010 年	少水期	8294
2001—2010 年	少水期	4014	2006—2010 年	少水期	6444			

可以发现，长江上游控制站宜昌的径流变化最不稳定，径流变化阶段性较多，与自然降雨的变化相关性极强；下游控制站大通的径流变化最稳定，径流量累积距平值从 1950—2003 年持续增多，2004 年之后略减。出现这种现象主要是由于长江上游宜昌站控制的流域面积较小，大部分地区是山区，人类活动对径流影响较小，径流变化剧烈，不稳定性较大；而下游大通站控制的流域面积较大，径流补给区域有较多的平原和湖泊水系对径流调蓄能力较强，人类活动对径流影响较大，造成大通径流量变化较为稳定，持续性较强。

3.2.3　径流年内变化分析

径流的年内变化也称年内分配或季节分配。河流由于受到气候因素、补给水源特征的变化、流域人类活动的影响及与流域调蓄能力有关的下垫面因素的影响，径流量在年内分配是不均匀的。径流的季节分配影响到河流对工农业的供水和通航时间的长短，对人类生产生活用水联系比较紧密。因此，我们需要对径流的年内分配进行分析。

3.2.3.1　分析方法

(1)径流年内分配的百分比

月径流量、汛期径流量和枯季径流量在年内分配的百分比可以清楚地、直观地表示出各时段径流的年内分配情况及其变化。

(2)径流年内分配不均匀系数

径流年内分配不均匀系数(C_{vy})是反映径流分配不均匀性的一个指标。C_{vy} 越大，表明各月径流量相差越悬殊，即年内分配越不均匀，反之相反，径流年内分配越均匀。其计算式为：

$$C_{vy} = \sqrt{\frac{\sum_{i=1}^{n}\left(\frac{K_i}{\overline{K}} - 1\right)}{n}} \tag{3-30}$$

$$K_i = \frac{x_i}{W} \times 100\%;\ \overline{K} = \frac{1}{n}\sum_{i=1}^{n} K_i;\ W = \sum_{i=1}^{n} x_i \tag{3-31}$$

式中，$x_1,x_2,\cdots,x_n$ 表示某年各月径流量，K_i 表示年内各月径流量占年径流的百分比，$\overline{K}$ 为各月平均占全年的百分比，W 为年径流量(它是年内各月径流量之和)，$i=1,2,\cdots,n,n=12$。

(3)径流集中度与集中期

集中度与集中期分析法最早是在气象领域内分析气象要素(如降水量)在年内分配的一种向量法，汤奇成等(1982)用此法分析了中国河川月径流的年内分配规律，并取得成功。此法是表示径流年内分配的一种良好方法，简单易懂，精度较高，计算工作量较小，可以作为径流年内分配分析的依据(杨远东，1984)。

具体的方法是把一年内各月的径流量作为矢量看待，月径流量的大小作为矢量的模，所处的月份(或日期)作为矢量的方向。把一年 365 天看作是一个圆周 360°，每天相当于 0.9863°，将一年中各月径流量按矢量求和，合矢量模与年径流量的百分比为年径流集中度(R_d)，合矢量方向(方向角度)为年径流集中期(R_p)。集中度的意义是反映径流量在年内的集中程度。集中期是指月径流向量合成后年径流向量的方向，反映全年径流量集中的重心所在的时期(月份)(汤奇成 等，1982；杨远东，1984；刘贤赵 等，2007)。

设某月径流量为 $r_i(i=1,2,\cdots,n,n=12)$，把向量 r_i 分解为水平和竖直两个方向的分量，水平分量为 $r_{ix}=r_i\cos\theta_i$，竖直分量为 $r_{iy}=r_i\sin\theta_i$，θ_i 为 r_i 方向。则有：

$$R_x=\sum_{i=1}^{n}r_{ix}=\sum_{i=1}^{n}r_i\cos\theta_i \tag{3-32}$$

$$R_y=\sum_{i=1}^{n}r_{iy}=\sum_{i=1}^{n}r_i\sin\theta_i \tag{3-33}$$

$$R=\sqrt{R_x^{\ 2}+R_y^{\ 2}}=\sqrt{\left(\sum_{i=1}^{n}r_i\cos\theta_i\right)^2+\left(\sum_{i=1}^{n}r_i\sin\theta_i\right)^2} \tag{3-34}$$

$$R_d=\frac{R}{W}\times 100\%=\frac{\sqrt{\left(\sum_{i=1}^{n}r_i\cos\theta_i\right)^2+\left(\sum_{i=1}^{n}r_i\sin\theta_i\right)^2}}{\sum_{i=1}^{n}r_i}\times 100\% \tag{3-35}$$

$$R_p=\arctan\left(\frac{R_y}{R_x}\right) \tag{3-36}$$

式中，R 为月径流量合成向量的模，R_x 和 R_y 分别为合成向量的水平分量和竖直分量，其余符号意义同前。

关于月径流向量方向 θ_i 的确定。我们可以把一年看成是固定的 365 天、12 个月，每个月实际的天数不等，但是为了避免不必要的计算，假设每个月所占角度相等都为 30°。为了使每月的径流向量所表示的角度更为恰当些、计算方便些，把 1 月 1 日看成从 15°开始，1 月 31 日就是 45°，那么代表 1 月份径流向量的方向就恰好为 30°，代表 2 月份径流向量的方向就是 60°，以此类推，12 月径流向量的方向刚好为 360°。实际计算证明，不论每个月的起点在哪里，计算结果不受起始点的影响(刘贤赵 等，2007)。

3.2.3.2　计算结果分析

为了便于对比分析，我们采用年代时间段来划分径流序列。利用近 61 年来径流资料对宜昌、汉口和大通站的径流年内分配不均匀性进行了分析，结果见表 3-13 和表 3-14。从表中可以发现长江干流径流的年内分配主要特征有以下几点。

(1)宜昌、汉口和大通三站径流年内分配不均匀程度依次减小

宜昌、汉口和大通三站1950—2010年中每一个年代段的C_{vy}值都是由大到小变化；对每一个站来说，不同的年代段C_{vy}值各异(表3-13)。从汛期和枯季所占年径流百分比来看，三站汛期所占比例依次减少，枯季所占比例则依次增大，汛期与枯季径流的比值也是依次减小；三站径流集中度也是依次减小(表3-13，表3-14)。这说明随着水流的方向，从长江上游到中、下游年径流量从宜昌到大通依次增大，枯季径流量年内分配依次变得均匀；对不同的水文站来说，相应时段径流年内分配不均匀程度逐渐减少，说明从宜昌、汉口到大通三站年内分配不均匀程度依次减小。

表3-13　宜昌、汉口和大通站各时段径流年内分配百分比及C_{vy}

水文站	时段	1月(%)	2月(%)	3月(%)	4月(%)	5月(%)	6月(%)	7月(%)	8月(%)	9月(%)	10月(%)	11月(%)	12月(%)	汛期(%)	枯季(%)	C_{vy}
宜昌	50年代	2.6	2.1	2.5	3.6	7.1	10.0	18.8	18.7	14.6	10.6	5.9	3.6	79.7	20.3	0.711
	60年代	2.5	2.0	2.6	3.7	6.8	9.7	18.0	16.9	16.2	11.6	6.3	3.6	79.3	20.7	0.693
	70年代	2.6	2.1	2.5	4.2	8.2	11.9	16.8	15.4	15.2	11.5	6.0	3.5	79.0	21.0	0.642
	80年代	2.5	2.1	2.6	3.8	6.1	10.5	19.3	16.4	16.2	11.5	5.6	3.5	80.0	20.0	0.714
	90年代	2.8	2.3	2.8	4.1	7.3	11.0	20.0	17.3	13.1	10.0	5.7	3.6	78.7	21.3	0.689
	2000—2010年	3.1	2.7	3.4	4.4	7.4	11.3	17.6	16.4	15.0	9.1	5.7	3.8	76.9	23.1	0.631
	多年均值	2.7	2.2	2.7	4.0	7.2	10.7	18.4	16.9	15.1	10.7	5.9	3.6	79.0	21.0	0.676
汉口	50年代	3.1	3.0	4.0	6.0	10.0	10.9	14.9	15.0	12.7	10.0	6.4	4.1	73.3	26.7	0.513
	60年代	2.9	2.3	3.8	6.0	9.6	9.9	16.2	13.7	13.4	11.0	6.9	4.3	73.8	26.2	0.534
	70年代	3.0	2.8	3.6	6.1	11.1	12.6	15.2	12.6	11.6	10.9	6.5	4.0	74.1	25.9	0.514
	80年代	2.9	2.8	4.3	6.1	8.0	10.7	15.9	14.1	13.5	11.0	6.7	4.1	73.1	26.9	0.528
	90年代	3.5	3.4	4.7	6.3	8.5	11.0	17.9	15.0	11.3	8.8	5.6	4.0	72.6	27.4	0.541
	2000—2010年	3.8	3.6	5.2	6.1	9.3	11.6	15.1	14.0	12.4	8.4	6.2	4.3	71.0	29.0	0.474
	多年均值	3.2	3.0	4.3	6.1	9.4	11.1	15.9	14.1	12.5	10.0	6.4	4.1	73.0	27.0	0.511
大通	50年代	3.2	3.3	4.6	6.7	10.3	12.0	13.6	13.6	12.0	9.9	6.7	4.0	71.5	28.5	0.465
	60年代	3.1	2.7	4.1	6.7	10.4	10.8	15.3	12.9	11.9	10.6	7.2	4.4	71.8	28.2	0.483
	70年代	3.1	3.0	4.3	6.7	11.4	13.1	14.9	12.0	10.3	10.2	6.7	4.2	72.0	28.0	0.479
	80年代	3.0	3.0	5.2	7.4	9.0	10.9	14.4	13.2	12.0	10.6	6.9	4.4	70.2	29.8	0.454
	90年代	3.7	3.6	5.3	7.1	9.0	11.3	16.8	14.2	11.0	8.4	5.6	4.1	70.7	29.3	0.493
	2000—2010年	3.8	3.8	5.8	6.9	10.0	11.7	14.2	12.8	11.8	8.5	6.3	4.4	69.1	30.9	0.425
	多年均值	3.3	3.2	4.9	6.9	10.0	11.6	14.9	13.1	11.5	9.7	6.5	4.2	70.9	29.1	0.460

(2)各站各时段径流年内分配不均匀性不同,但2000—2010年这一时段年内分配最趋均匀

宜昌站C_{vy}值最大是在20世纪80年代为0.714,最小值发生在2000—2001年为0.631,相对变化幅度20世纪80年代最大为9.4%。汉口站C_{vy}值在20世纪90年代最大,其值为0.541,2000—2010年达最小值为0.474,相对变化幅度在20世纪60年代达到最大值6.9%,绝对变化幅度在20世纪90年代达最大,其值为$1058 \times 10^8\ m^3$;大通站C_{vy}值在20世纪90年代达最大,其值为0.493,2000—2010年达最小值为0.425,相对变化幅度20世纪60年代最大为5.7%,绝对变化幅度20世纪90年代最大,其值为$1258 \times 10^8\ m^3$(表3-13,3-14)。从集中度来看,宜昌、汉口和大通三站最大值分别为48.1%、36.9%和33.5%,分别发生在20世纪80年代、60年代和60年代;三站最小值分别为42.8%,32.8%和29.8%,都发生在2000—2010年这一时段(表3-14)。

表3-14 宜昌、汉口和大通站各时段径流年内分配统计特征

水文站\项目	时段	集中度(%)	集中期		相对变化幅度(%)	绝对变化幅度($10^8\ m^3$)
			合成向量方向(°)	所在月份		
宜昌	1950—1959年	47.9	237	8月	9.1	740
	1960—1969年	47.2	240	8月	9.1	730
	1970—1979年	44.6	235	8月	7.9	610
	1980—1989年	48.1	238	8月	9.4	769
	1990—1999年	45.9	232	8月	8.6	750
	2000—2010年	42.8	232	8月	6.5	605
	多年平均	46.0	236	8月	8.3	699
汉口	1950—1959年	35.9	228	8月	5.0	882
	1960—1969年	36.9	232	8月	6.9	990
	1970—1979年	35.7	224	7月	5.5	840
	1980—1989年	36.5	233	8月	5.7	951
	1990—1999年	36.3	223	7月	5.3	1058
	2000—2010年	32.8	223	7月	4.2	797
	多年平均	35.6	227	8月	5.3	917
大通	1950—1959年	32.8	224	7月	4.3	981
	1960—1969年	33.5	227	8月	5.7	1107
	1970—1979年	33.1	218	7月	4.9	1011
	1980—1989年	31.7	227	8月	4.8	1023
	1990—1999年	33.4	219	7月	4.6	1258
	2000—2010年	29.8	219	7月	3.7	898
	多年平均	32.3	222	7月	4.6	1042

注:径流的年内分配的相对变化幅度是最大月径流量与最小月径流量的百分比;绝对变化幅度是最大与最小月径流量之差。

(3)20世纪80年代以后,径流年内分配比例发生了突变

宜昌、汉口和大通站枯季径流量所占比例在20世纪80年代、90年代、2000—2010年分别

为20.0%、21.3%和32.1%;26.9%、27.4%和29.0%;29.8%、29.3%和30.9%。宜昌、汉口和大通站汛期末端月10月径流所占比例在20世纪80年代、90年代、2000—2010年分别为11.5%、10.0%和9.1%;11.0%、8.8%和8.4%;10.4%、8.4%和8.5%(表3-13)。可以看出,20世纪80年代之后枯季径流量比例在增加,同时10月份径流量比例却在减少。这种现象在2000—2010年这个时段表现得最明显;宜昌站特别明显,汉口站次之,大通站则稍有不同。出现这种情况,显然与三峡水库的建成运行和径流调节作用有关,距离水库最近的宜昌站径流受其影响最大,表现也最明显,此外与宜昌、汉口和大通站控制的流域面积也有关系,流域面积越大其径流量变化越趋于稳定,径流量越不容易陡涨陡落。

从径流集中期来看,宜昌、汉口和大通三站年径流合成向量的方向在20世纪80年代、90年代、2000—2010年分别为238°、232°、232°;233°、223°、223°;227°、219°、219°(表3-14)。可以看出20世纪80年代之后三站的集中期方向角越来越小,也就是说全年径流集中的中心由8月份向7月份方向转移,这与枯季1—4月份径流在年内所占比重增大相关。

从年内径流相对变化幅度来看,宜昌、汉口和大通三站在20世纪80年代、90年代、2000—2010年分别为9.4%、8.6%、6.5%;5.7%、5.3%、4.2%;4.8%、4.6%、3.7%。可以看出,20世纪80年代之后三站的最大月径流量与最小月径流量比值逐渐减小,这种变化与最小月径流量占年径流量的比例逐渐增大的现象相吻合(表3-13)。

因此,20世纪80年代以后,枯季径流量在年内所占比例逐渐增大,汛期末端月10月径流量所占比例却逐渐减少,这种现象尤其在2000—2010年这一时段表现最明显,且宜昌站表现最突出。

3.2.4 径流变化原因分析

我们知道,河川径流量的多寡受如降水、蒸发、径流补给来源、流域下垫面条件、流域用水量、水利工程等诸多因素影响。

长江流域是雨汛型为主的,降水是长江径流主要的补给来源,其次是上游高原区冰雪融水补给和平原区地下水补给,汛期水量对年径流量起主导作用。由前文分析可知,宜昌站年径流量减少主要集中于汛期,因此,长江干流年径流量减少主要与气候变化导致降水量变化有关。近50年来,长江上游流域春、冬季的降水呈上升趋势,秋季的降水呈下降趋势,这是长江上游汛期径流减少和枯季径流增多的主要因素。近几十年来全球气候变暖,长江流域气温呈增加趋势(夏军 等,2008)。气温升高,长江源头区春、夏季的冰雪融水也相应增加,这也是长江春季增水的不可忽视的因素之一。汉口站和大通站径流减少趋势不明显,这与长江中下游洞庭湖水系、鄱阳湖水系以及汉江等支流的补水量有关。

长江上游寸滩站汛期末端10月径流发生突变,突变后径流减少,这种现象与人类活动有关。近年来长江上游建立了大量的水利工程(据统计,长江流域建了46000多座水库、7000多座涵闸)(邹振华 等,2007),上游水库蓄水运行,使汛期末端月径流减少。然而2008年夏军等人研究表明,气候变化是长江上游寸滩站径流减少的主要影响因素,可见人类活动尚未对长江上游总水量造成较大的影响(夏军 等,2008;戴仕宝 等,2006a)。因此,长江干流径流的趋势变化主要是自然因素引起的,人类活动目前还未使长江径流量发生明显的变化。

虽然人类活动暂时没有使长江上游总水量发生变化,但是却改变了径流的季节分配,使

10月份径流量减少，同时，水库电站的运行使枯季水量增大，使径流的年内分配更趋均匀。

根据前文长江径流突变和年内分配变化的研究成果，发现2000年之后三峡大坝下游的宜昌、汉口和大通水文站径流的年内分配发生了变化，汛期末端10月份径流量减少，枯季径流量却增加，径流年内分配更趋均匀，而且经定量检验径流发生突变的点在2002年，宜昌站表现得尤其明显。那么这个现象与三峡水库运行有没有关系呢？为了弄清楚这个问题，下面我们就分析三峡水库运行前后的长江干流径流变化特征。

3.3　三峡水库运行对中下游干流径流变化的影响

3.3.1　三峡水库及其运行情况

三峡大坝位于宜昌上游，距宜昌43 km。三峡工程是迄今世界上综合效益最大的水利枢纽，除了有巨大的防洪效益和航运效益，年发电量还居世界第一（装机容量为1820万kW，年发电量为847亿kW·h）。

三峡大坝的建造始于1993年，1994年正式动工，2009年全部竣工，历时17年。大坝总长约2300 m，坝顶高程185 m，正常蓄水位175 m，总库容393×10^8 m^3，其中防洪库容221.5×10^8 m^3，防洪限制水位145 m。

三峡大坝采取分期蓄水方式。1997年11月8日大江截流后，水位提高到10～75 m；2003年6月，第二期工程结束后，水位提高到135 m；2006年，长江水位提高到156 m；2009年整个三峡工程竣工后，水位提高到175 m（由于2009年长江中下游大旱，水库蓄水未能达到目标，2010年10月末至11月初蓄水才达到175 m）。水库每年开始蓄水的日期不同，一般在10月份开始（有的年份9月份就开始），正常运行时，11月份水位达到175 m蓄水就结束。高水位运行时间很短，一般来说翌年1月份就陆续放水发电，起到对长江中下游干流枯季补水的作用，到5月或者6月水位降到防洪限制水位。

3.3.2　三峡水库运行对径流变化的影响

分析三峡水库运行对径流变化的影响，应该从以下两个方面来进行。一方面，从时间上来看，考察坝下第一个重要水文站——宜昌站的径流在三峡水库运行前后的变化；另一方面，从空间上来看，考察水库的上下游长江干流上距离大坝较近处重要水文站（寸滩站和宜昌站）（位置见图1-1）的径流在三峡水库运行期间的变化情况。只有从这两个方面来分析，才能更为全面地对三峡水库运行对径流变化的影响情况进行分析。

3.3.2.1　三峡水库运行前后宜昌水文站径流变化分析

（1）实测资料分析

1950—2010年宜昌站不同时期多年平均径流变化过程如图3-16所示。从图中可以看出：近60年来宜昌年径流量在1954年达最大值5752×10^8 m^3，2006年达最小值2873×10^8 m^3；不同年份有波动现象：20世纪60年代、80年代—90年代前期和90年代后期到21世纪前10年中期年径流量偏大，而70年代中期、90年代中期和21世纪前10年后期径流量相对偏少；总的来说年径流量有减少的趋势。汛期、径流最大月（7月）和汛期末端（10月）径流变化过程与年径流变化过程相似，并且都有减少的趋势；不同的是10月径流减少趋势更明显，尤其

2006 年之后迅速减少，这可能与三峡水库汛期末蓄水有关。枯季(11 月至翌年 4 月)和径流最小月(2 月)径流过程起伏不大。这是因为，枯季和 2 月径流量较少，绝对变化量不大。

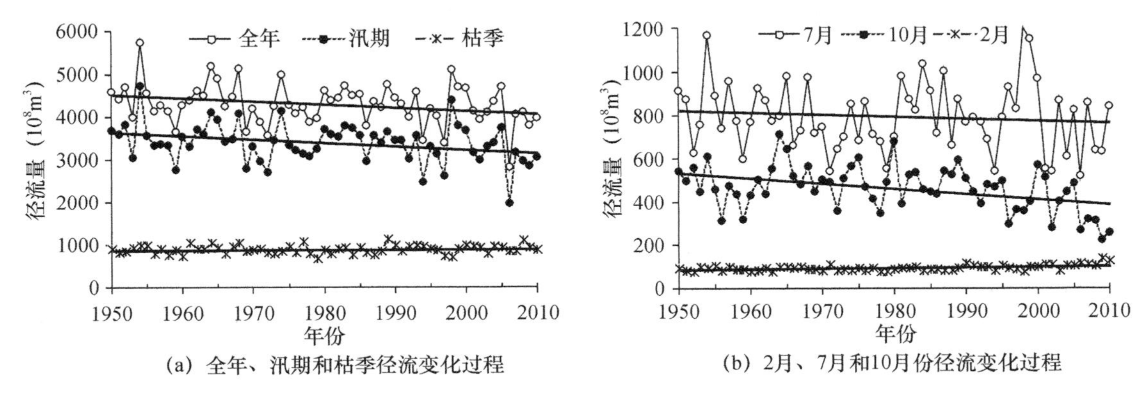

(a) 全年、汛期和枯季径流变化过程　(b) 2月、7月和10月份径流变化过程

图 3-16　宜昌站径流变化过程

(2)趋势性分析

利用 M-K 法计算宜昌站 61 年径流变化趋势结果见表 3-15。可以看出：宜昌全年、汛期、7 月和 10 月径流都有减少的趋势，其中汛期和 10 月径流减少趋势显著，它们的 M 值分别为 −2.2和 −3.02，尤其是 10 月径流减少趋势通过了置信度 99%的检验。枯季和 2 月径流都呈现增大趋势，它们的 M 值分别为 0.4 和 3.62，其中 2 月份径流呈显著增大趋势，通过了置信度 99%的检验。可见宜昌年径流呈不显著的减少趋势，汛期径流则呈显著减少趋势，枯季却有不显著的增加趋势。

表 3-15　宜昌站径流趋势性检验结果

项目	全年	汛期	枯季	7 月	10 月	2 月
占全年比例(%)	100	78.5	21.5	18.4	10.7	2.21
M 值	−1.92	−2.2	0.4	−0.97	−3.02	3.62
趋势	减少	减少	增大	减少	减少	增大
显著性	不显著	显著	不显著	不显著	显著	显著

(3)突变分析

利用 M-K 法分别对宜昌站 1950—2010 年全年、汛期和 10 月份径流序列进行突变分析，结果见表 3-16。由表 3-16 可知：年径流序列跳跃点分别为 1969 年、1998 年和 2003 年，分成的各时段年均流量差值分别为 −1000 m^3/s、1000 m^3/s 和 −2300 m^3/s；汛期径流序列与年径流序列的跳跃点完全相同，分成各时段的平均流量差值为 −2500 m^3/s、3400 m^3/s、−4400 m^3/s；10 月份径流序列跳跃点只有一个 2003 年，前后两时段平均流量相差 5100 m^3/s。由此发现：1950—2010 年宜昌站不同径流序列都有突变现象，在 2000 年之后有一个相同的跳跃点 2003 年，秩和检验结果都是显著；其中 10 月份径流序列突变最明显，前后两时段平均流量差值达到所有跳跃点中的最大值，其秩和检验 U 值为 −3.64，通过了置信度为 99%的检验(表 3-16、图 3-17)。

表 3-16　宜昌站径流序列跳跃点分析

	时间段(年)	平均流量(m^3/s)	跳跃点	秩和检验结果	
				U 值	显著性
全年	1950—1968	14300	1969 年	2.20	显著
	1969—1997	13300			
	1998—2002	14300	1998 年	1.88	显著
	2003—2010	12600	2003 年	2.31	显著
汛期	1950—1968	22800	1969 年	−2.81	显著
	1969—1997	20300			
	1998—2002	23700	1998 年	2.01	显著
	2003—2010	19300	2003 年	2.16	显著
10 月份	1950—2002	17800	2003 年	−3.64	显著
	2003—2010	12700			

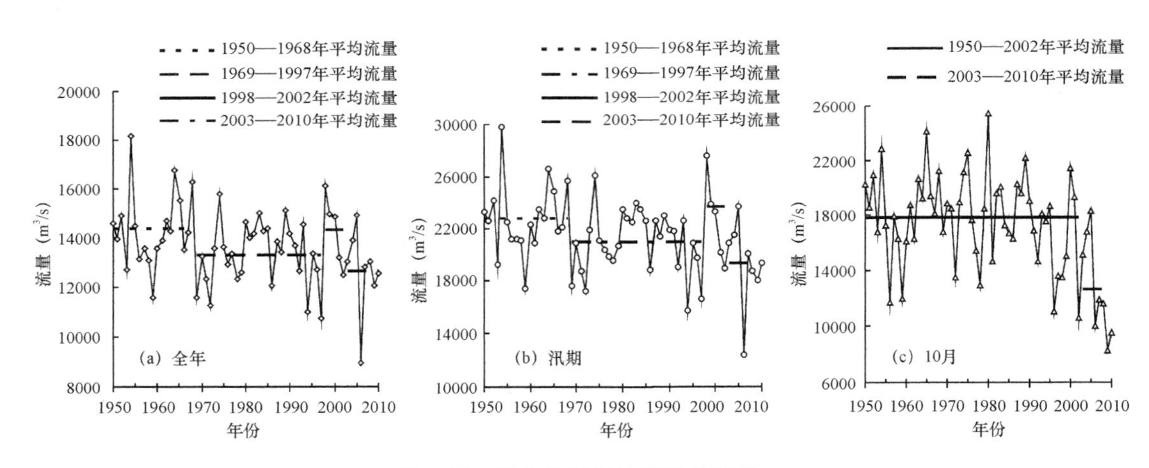

图 3-17　宜昌站径流过程及跳跃点

(4)年内分配分析

1950—2010 年宜昌站各年代径流年内分配比例计算结果见表 3-17。由表可以看出:对多年平均来说,汛期集中了年内的主要径流量,占全年的 79%,枯季径流量较少,只占 21%;2 月份径流量最小,占全年的 2.2%,7 月份径流量最大,占 18.4%;6、7、8、9、10 月径流量比较大,所占比例都大于 10%。由表 3-18 可以看出:多年平均宜昌径流集中度为 46.0%,集中期为 236°,这与宜昌站汛期径流各月相比变化不大是一致的,虽然径流绝对变化幅度为 $699\times10^8\ m^3$,但相对变化幅度只有 8.3%。一年之内径流变化为:夏季最高(46%),秋季次之(31.7%),春季较少(13.9%),冬季最少(8.5%)。

表3-17 宜昌站径流年内分配百分比及 C_{vy}

时段	1月(%)	2月(%)	3月(%)	4月(%)	5月(%)	6月(%)	7月(%)	8月(%)	9月(%)	10月(%)	11月(%)	12月(%)	汛期(%)	枯季(%)	C_{vy}
50年代	2.6	2.1	2.5	3.6	7.1	10.0	18.8	18.7	14.6	10.6	5.9	3.6	79.7	20.3	0.711
60年代	2.5	2.0	2.6	3.7	6.8	9.7	18.0	16.9	16.2	11.6	6.3	3.6	79.3	20.7	0.693
70年代	2.6	2.1	2.5	4.2	8.2	11.9	16.8	15.4	15.2	11.5	6.0	3.5	79.0	21.0	0.642
80年代	2.5	2.1	2.6	3.8	6.1	10.5	19.3	16.4	16.2	11.5	5.6	3.5	80.0	20.0	0.714
90年代	2.8	2.3	2.8	4.1	7.3	11.0	20.0	17.3	13.1	10.0	5.7	3.6	78.7	21.3	0.689
2000—2010年	3.1	2.7	3.4	4.4	7.4	11.3	17.6	16.4	15.0	9.1	5.7	3.8	76.9	23.1	0.631
多年均值	2.7	2.2	2.7	4.0	7.2	10.7	18.4	16.9	15.1	10.7	5.9	3.6	79.0	21.0	0.676

表3-18 宜昌站径流年内分配统计特征

时段/年代	集中度(%)	集中期		相对变化幅度(%)	绝对变化幅度(10^8 m^3)
		合成向量方向(°)	所在月份		
50年代	47.9	237	8月	9.1	740
60年代	47.2	240	8月	9.1	730
70年代	44.6	235	8月	7.9	610
80年代	48.1	238	8月	9.4	769
90年代	45.9	232	8月	8.6	750
2000—2010年	42.8	232	8月	6.5	605
多年平均	46.0	236	8月	8.3	699

注:径流年内分配的相对变化幅度是最大月与最小月径流量之差的百分比;绝对变化幅度是最大月与最小月径流量之差。

(5)年内分配的年际变化

由表3-17可以看出:汛期径流量年内分配比例的变化具有年代际波动性,从20世纪50年代到80年代,波动幅度较小,到80年代达到最大值80.0%,之后加速减少,2000—2010年达到最小值76.9%;枯季径流量年内分配与之相比有相反的变化过程,先增大后减小,然后又增大,其中80年代达到最小值20.0%,2000—2010年达到最大值23.1%。近60年来,7月径流年内分配比例变化情况是先减小再增大,然后又减小,其中20世纪90年代达到最大值20.0%;2月年内分配比例在50年代到80年代期间基本稳定在2.1%左右,80年代以后迅速增加,2000—2010年达到最大值2.7%;10月年内分配比例自20世纪60年代至2000—2010年没有波动情况,而是持续减少,2000—2010年达到最小值9.1%。故2000年以后,宜昌站径流量年内分配比例汛期减小,枯季增大,7月减小,2月增大,10月则是趋势性减小。

从表3-17和表3-18可以看出:2000—2010年这一时段各月分配比例差值与其他各时段相比更小,流量值、相对变化幅度和集中度都达到最小值,分别为0.631、6.5%和42.8%;从径流集中期来看,年径流合成向量方向在时段20世纪80年代、90年代、2000—2010年分别为238°、232°、232°,因此,年径流合成向量所在月份呈现由8月向7月转移的趋势;20世纪80年代之后径流相对变化幅度和绝对变化幅度都越来越小，说明 2 月径流占年径流的比例逐渐增大。综合这些现象说明，宜昌径流在 2000—2010 年这一时段年内分配更趋于均匀，同期枯季径流年内分配比例的增加和 10 月份径流比例的减少表现得更明显。

综上可知，尽管人类活动目前还没有引起长江上游总水量发生变化，可是却改变了径流的年内分配过程，使 10 月份径流减少；同时，上游水库电站的运行增加了枯季水量，使径流的年内分配更趋均匀。另外，2000 年之后宜昌全年、汛期和 10 月径流都有一个相同的突变点(2003 年)，恰好与三峡水库首期蓄水时间相吻合，这是否与三峡工程运行有关？为了解决这一问题，下面对 2000—2010 年三峡水库上下游 2 月和 10 月日平均流量序列加以空间上的对比分析，来说明三峡工程运行对宜昌径流变化的影响。

3.3.2.2　三峡水库上下游径流变化分析

(1)dbN 小波分析法

Daubechies 小波由著名小波学者 Ingeid Daubechies 所创造，它由一系列小波所组成。该系列小波简写为 dbN，其中 N 表示阶数。刘涛等人研究发现 db5 与 db2、harr 小波相比，在分析突变信号时，db5 小波效果最好，此小波分解后的 3 层高频系数重构图形可以清楚地确定出序列突变点的位置(刘涛 等，2006)。另外 db5 小波分解后小波近似系数——低频小波系数重构图(如重构 3 层的小波近似系数)可以清楚地看出序列的变化趋势。因此本次采用 db5 小波来分析径流序列的变化。

(2)三峡水库上下游 2 月份流量过程分析

2000—2010 年三峡水库上、下游 2 月份流量序列突变检测结果见图 3-18。从图 3-18a，b 可以看出，细节信号 d2 和 d3 显示 2002 年和 2007 年信号比较强，结合实测入库流量过程(图 3-20a)，发现 2007 年是受奇异值的影响，只有 2002 年是突变点，说明 2003 年以后径流序列发生突变。从图 3-18c，d 可以看出，细节信号 d2 显示 2006 年、d3 显示 2002 年信号比较强，再结合宜昌实测流量过程(图 3-20b)，确定 2002 年和 2006 年都是突变点，说明 2003 年和 2007 年以后径流序列发生突变。而事实上，2000—2006 年宜昌 2 月平均流量约为4300 m^3/s，2007—2010 年则约为 5060 m^3/s，也证实了这一点。由此可知，三峡水库上下游 2 月份径流序列变化一致，上下游径流序列都在 2003 年以后发生突变，说明这次径流突变与三峡水库运行无关；2006 年三峡水库上游径流没有突变，而宜昌径流有突变现象，且突变点(2006 年)恰好与三峡水库二期蓄水时间一致，说明 2007 年 2 月份径流序列突变与三峡水库在枯季放水发电有直接关系。

由上面分析可知，由于三峡工程运行，水库在枯水季节放水发电，增加了同期大坝下游的径流量，使宜昌径流发生突变，同时也缓解了中下游枯季缺水的危情。尤其是 2006 年长江发生全流域性枯水，三峡大坝对下游径流调节起了重要作用，使 2007 年春季宜昌流量保持在 4000 m^3/s 以上(赵军凯 等，2011b，2012)。

(3)三峡大坝上下游 10 月份流量过程分析

2000—2010 年三峡水库上、下游 10 月份流量序列突变检测结果见图 3-19。从图 3-19a，b 可以看出，细节信号 d2 和 d3 分别显示 2000 年和 2003 年信号比较强，结合实测入库流量过程(图 3-20c)，发现 2000 年是序列的起点年，因此，不能说是原序列发生突变现象，而 2003 年是径流序列的突变点。从图 3-19c，d 可以看出，细节信号 d2 显示 2003 年信号较强，d3 显示 2000 年和 2005 年信号比较强，再结合宜昌实测流量过程(图 3-20d)，发现 2000 年是序列的

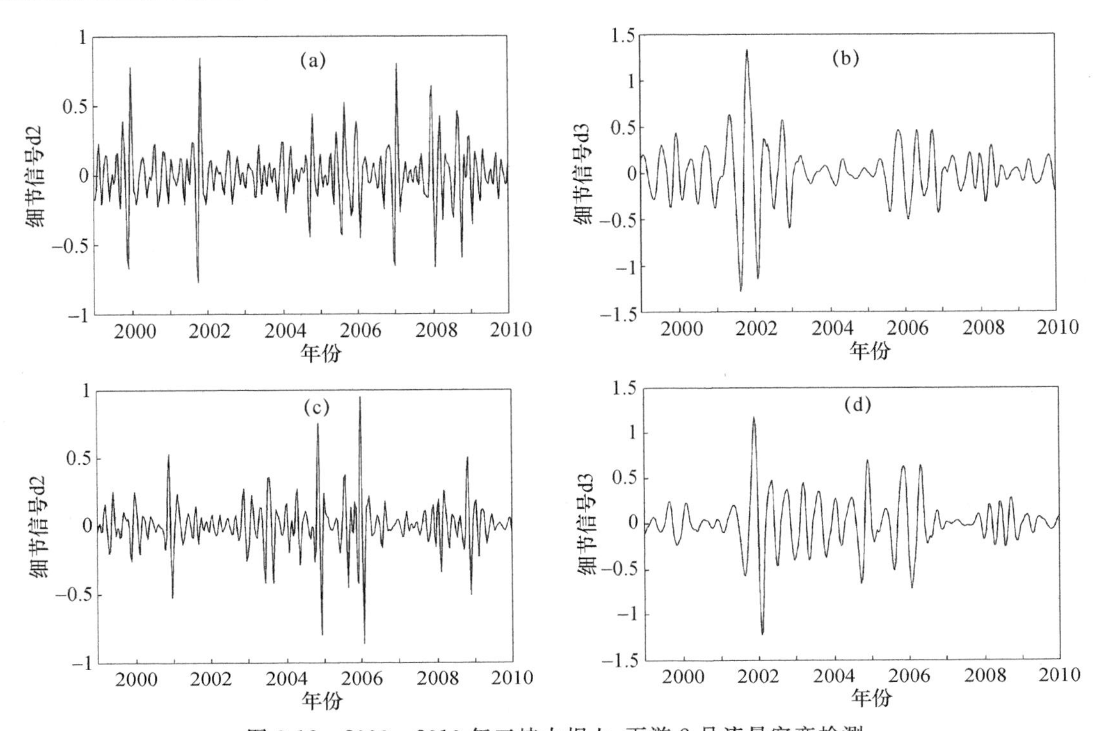

图 3-18　2000—2010 年三峡大坝上、下游 2 月流量突变检测

(a)和(b)分别表示三峡大坝上游(寸滩+武隆)流量经过 db5 小波分解后的细节系数重构图；
(c)和(d)分别表示三峡水库下游宜昌流量经过 db5 小波分解后的细节系数重构图

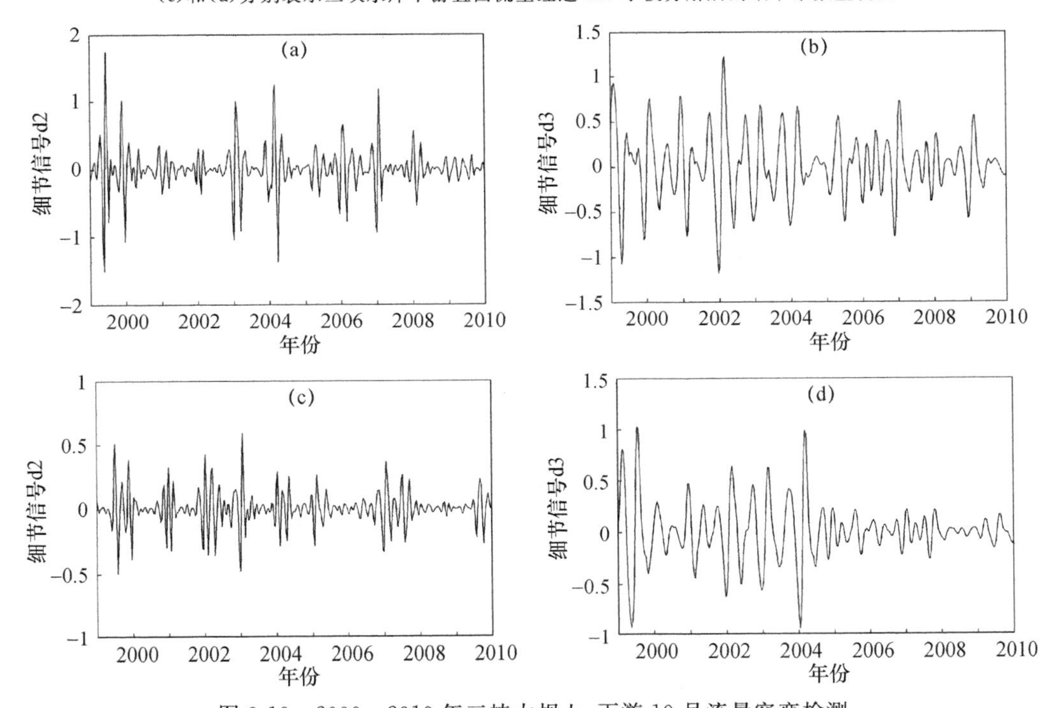

图 3-19　2000—2010 年三峡大坝上、下游 10 月流量突变检测

(a)和(b)分别表示三峡大坝上游(寸滩+武隆)流量经过 db5 小波分解后的细节系数重构图；
(c)和(d)分别表示三峡水库下游宜昌站流量经过 db5 小波分解后的细节系数重构图

起点年，因此，不是原序列发生突变现象，2003 年和 2005 年都是流量序列的突变点，说明径流在 2003 年和 2005 年以后发生了突变。而事实上，2000—2002 年宜昌 10 月平均流量约为 17100 m^3/s，2003—2005 年约为 15900 m^3/s，2006—2010 年约为 10500 m^3/s，也证实了这一点。因此，2003 年 10 月径流序列在三峡水库上下游都发生了突变，说明此次径流突变与三峡水库运行无关；2005 年却出现了不一致变化，上游径流序列没有发生突变现象，而宜昌径流则发生了突变，说明 2006 年 10 月份径流序列突变与三峡水库蓄水运行有直接关系。

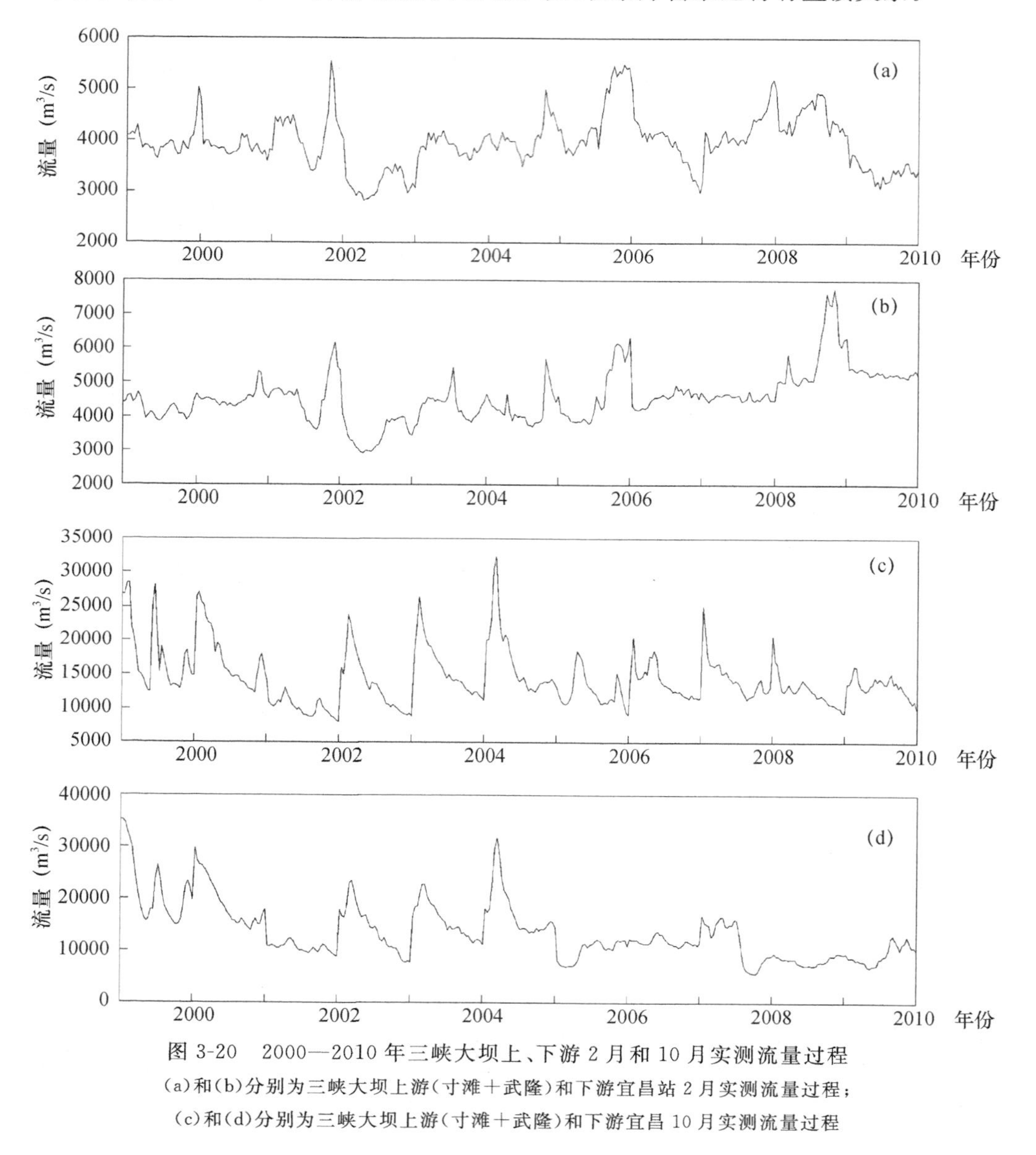

图 3-20　2000—2010 年三峡大坝上、下游 2 月和 10 月实测流量过程

(a)和(b)分别为三峡大坝上游(寸滩＋武隆)和下游宜昌站 2 月实测流量过程；
(c)和(d)分别为三峡大坝上游(寸滩＋武隆)和下游宜昌 10 月实测流量过程

由此可见，长江上游 10 月份径流经过三峡水库蓄水后，坝下游径流减小趋势显著，使径流序列发生了突变、汛末长江径流量减少，也加快了枯季来临，并有可能使中下游提前进入枯水季节，影响中下游地区水资源利用和生态环境。尤其在 2009 年长江中下游两湖(洞庭湖和鄱阳湖)流域大旱，10 月份三峡水库蓄水过程被迫停止，以缓解中下游旱情，也是缓解三峡水库蓄水对中下游的影响。

综上所述，三峡工程运行加剧了长江上游汛期径流量减少的趋势，加大了枯季径流量增加的趋势；使坝下游径流过程发生了变化，增加了枯季径流量，减少了蓄水期间径流量，使年内分配的不均匀性减小，径流的极差减小，改变了天然径流原有节律，以至于使长江中下游径流特征发生了变异，必将对中下游地区的水资源利用和生态环境产生深远影响。

3.3.2.3　本节小结

从三峡水库运行对径流影响的时间上和空间上的分析结果来看，2000—2010 年期间，三峡水库确实对坝下游长江径流产生影响。如果说时间上分析的结果是三峡水库运行成为使坝下游径流发生变化的可能原因，那么空间上分析的结果确定了三峡水库的这种影响真实存在。

具体的影响结果为：三峡水库加剧了长江上游汛期径流减少的趋势，加大了枯季径流增加的趋势，即三峡水库运行使汛期径流量减少，枯季径流量增加。另一方面，改变了坝下游径流的年内分配，汛期末端 10 月份径流减少，径流最小月 2 月份径流增加，使年内分配比例发生变化。

本章小结

本章统计和整理了 1950—2010 年长江中下游干流宜昌、汉口和大通水文站的水文资料，通过多种统计方法分析得到长江中下游干流径流年际变化和年内变化特征，以及三峡水库运行前后径流变化特征，并对此进行了对比分析。

(1)长江中下游径流大致有 20 世纪 50 年代中早期、80 年代末到整个 90 年代两个丰水期；20 世纪 60 年代至 80 年代初期、21 世纪前 10 年(2000—2009 年)明显的两个少水期。

(2)从径流多年变化趋势性分析结果来看，宜昌站减少趋势明显。长江中下游汛期 10 月份减少趋势最明显，宜昌站最显著；枯季 2 月份增加趋势最明显，大通站最显著。

(3)从径流突变情况看，三峡工程建成以后，宜昌、汉口和大通三站径流突变点不尽相同；汛期径流序列都有一个在 1998—1999 年的突变点，宜昌站 2002 年还有一个突变点；枯季径流序列有一个共同的突变点(2002 年)。

(4)从径流周期性分析结果来看，由于受支流径流量的补充作用，中下游径流的主要周期不尽相同，但有一个共同的 13～14 年的主周期。

(5)从径流年内变化分析结果来看，长江中下游 20 世纪 80 年代以后，枯季径流在年内所占比例逐渐增大，汛期末端月 10 月径流所占比例却逐渐减少，这种现象尤其在 2000—2010 年这一时段表现最明显，且宜昌站表现最突出。

(6)三峡水库运行加剧了长江中下游汛期径流减少的趋势，加大了枯季径流增加的趋势；改变了坝下游径流的年内分配，使年内分配差值减小。

第 4 章　鄱阳湖与长江干流水交换规律

4.1　鄱阳湖及其水系概况

4.1.1　鄱阳湖概况

鄱阳湖位于长江中下游交界处南岸，是长江流域最大的单口通江湖泊，也是我国第一大淡水湖(图 4-1)。它在调节长江径流、维护生态平衡、保持生物多样性和区域生态经济发展等方面具有举足轻重的作用。作为一个典型通江湖泊，鄱阳湖呈现“洪水一片水连天、枯水一线滩无边”季节性交替变化的湿地景观(胡清华，1986)，构成了鄱阳湖独特的自然生态系统。鄱阳湖不仅在国际生物多样性保护和湖泊湿地保护方面具有重要影响，同时还是江西省生态立省、对外开放的窗口和名片。

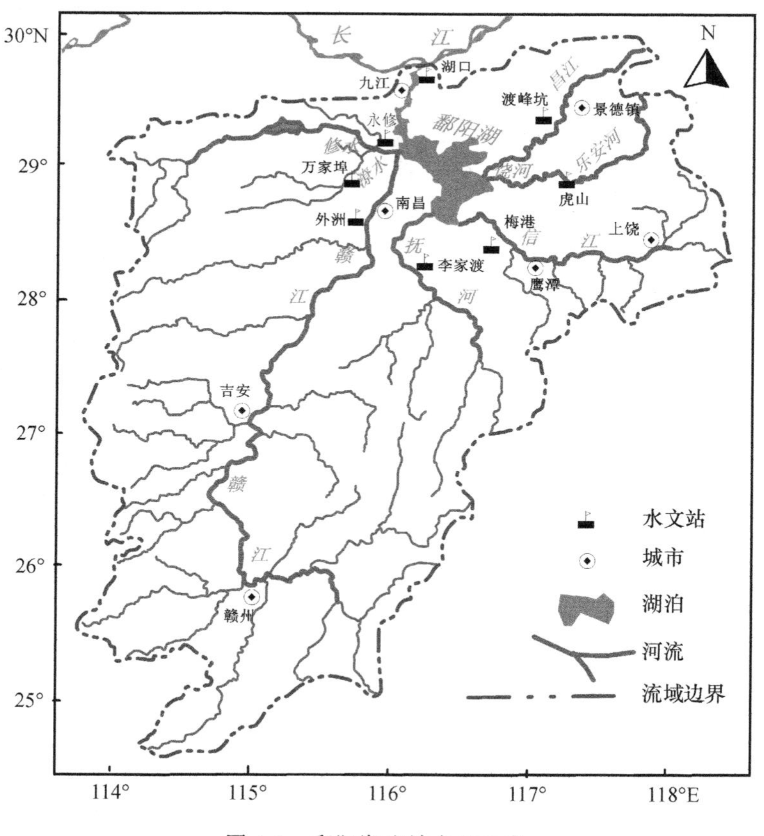

图 4-1　鄱阳湖流域水系示意

鄱阳湖古称彭蠡、彭蠡泽、彭泽，位于 115°49′～116°46′E，28°24′～29°46′N，长江之南，江西北部，庐山东麓。流域周围环山，中间丘陵，南高北低，四周向湖倾斜，水系完整。鄱阳湖是一个过水性吞吐型湖泊，它承纳赣江、抚河、信江、饶河、修河五大河(以下简称五河)以及清丰山溪、博阳河、西河、土塘河、漳田河、潼津河、康山河等河流之水，经调蓄后由湖口注入长江(图 4-1)。鄱阳湖在正常水位情况下，容积达 $260\times10^8\ m^3$；洪水季节时湖水面积 4078 km^2，容积 $300.89\times10^8\ m^3$；枯水季节，湖水面仅 500 km^2，容积 $9\times10^8\ m^3$。湖面以松门山为界，分南、北两部分，南部宽广，为主湖区，又称为南湖；北部狭长，为入江水道区，又称北湖(胡清华，1986)(图 4-2)。

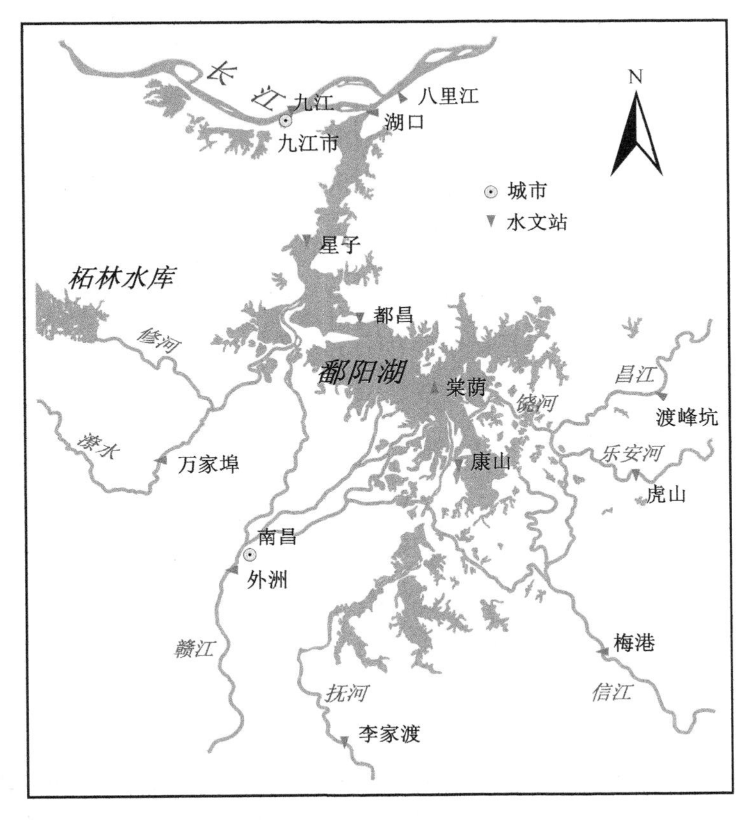

图 4-2　鄱阳湖区域及水文站示意

鄱阳湖流域面积 16.2×10^4 km^2，约占长江流域面积的 9%；除五水系上游有 0.5139×10^4 km^2属邻省外，江西省境内为 15.7086×10^4 km^2，占江西全省面积的 94%。五河中赣江流域面积最大，占鄱阳湖流域面积的 49.9%，次之为抚河(占 9.7%)、信江(占 9.6%)、修河(占 8.1%)、饶河(占 7%)。湖口至五河控制水位站(表 4-1)的区间面积为 2.4599×10^4 km^2，占流域面积的 15.7%。鄱阳湖流域五河来水量约占流域总来水量的 90%，其余 10%为鄱阳湖区间来水量。五河多年平均径流量为 $1268\times10^8\ m^3$，其中赣江所占比重最大为 47%。湖口多年平均径流量为 $1436\times10^8\ m^3$。历来鄱阳湖作为通江湖泊对干流水量有着不可忽视的调节作用。

鄱阳湖及其流域主要水文站位置、分布见表 4-1、图 4-1 和图 4-2。

表 4-1 鄱阳湖及其流域主要水文(位)站一览表

湖区、河流			水文(位)站	位置	
				经度	纬度
鄱阳湖	南湖（主湖区）		都昌	116°11′E	29°16′N
			棠荫	116°23′E	29°06′N
			康山	116°25′E	28°53′N
	北湖（入江水道）		星子	116°02′E	29°27′N
			湖口	116°13′E	29°45′N
五河水系	赣江		南昌	115°53′E	28°42′N
			外洲	115°50′E	28°38′N
	抚河		李家渡	116°10′E	28°13′N
	信江		梅港	116°49′E	28°26′N
	饶河	昌江	渡峰坑	117°12′E	29°16′N
		乐安河	虎山	117°16′E	28°55′N
	修水	修河	虬津	115°41′E	29°10′N
		潦水	万家埠	115°39′E	28°51′N

4.1.2 鄱阳湖水系概况

4.1.2.1 赣江

赣江古称赣水，汉初置豫章郡后，又名为豫章水，至元代始称赣江。赣江为鄱阳湖水系第一大河，纵贯江西南北，为长江八大支流之一。赣江发源于石城县洋地乡石寮岽，位于116°22′E，25°57′N。河口为永修县吴城镇望江亭，位于116°01′E，29°11′N，主河道长823 km，流域面积 8.2809×10^4 km^2，占江西省面积的51%。赣江流域多年平均降水量1548 mm。赣江主汛期为4—6月。

4.1.2.2 抚河

抚河位于江西省东部，抚河古名汝水，隋开皇九年(公元589年)置抚州后遂称抚河。抚河发源于广昌、石城和宁都三县交界处的灵华峰东侧里木庄，位于116°17′E，26°31′N，河口为进贤县三阳乡，位于116°16′E，28°37′N。主河道长348 km，流域面积 1.6493×10^4 km^2。抚河流域多年平均降水量1732.2 mm。抚河洪水由暴雨形成，每年4—6月为雨季，暴雨集中，主汛期为4—6月。抚河下游李家渡水文站多年平均流量400 m^3/s，实测最大流量9950 m^3/s(1998年6月23日)，最小流量0.059 m^3/s(1967年9月3日)。

4.1.2.3 信江

信江因流经余干县而称余干水，隋时简称余水，后置信州遂称信河、信江。信江位于江西省东北部，发源于浙赣边界玉山县三清乡平家源，位于118°05′E，28°59′N。河口为余干先瑞洪镇章家村，位于116°23′E，28°44′N。主河道长359 km，流域面积 1.7599×10^4 km^2。信江流域属亚热带季风气候区，多年平均降水量1855.2 mm，洪水由暴雨形成，4—6月份暴雨最为集中，主汛期为4—6月。据信江下游梅港水文站多年统计，其多年平均流量576 m^3/s，实测最大流量 13600 m^3/s(1955 年 6 月 22 日)，实测最小流量为 4.140 m^3/s(1997 年 1 月 15 日)。

4.1.2.4　饶河

饶河位于江西省东北部。乐安河和昌江在鄱阳县姚公渡汇合后称之为饶河，发源于皖赣交界的婺源县五龙山，位于 118°03′E，29°34′N，河口为鄱阳县双港乡尧山，位于 116°35′E，29°03′N，主河道长 299 km，流域面积 1.53×10^4 km^2。乐安河为饶河分段河流，流域面积 0.882×10^4 km^2(含浙江省境内面积 262 km^2)，河长 280 km；北支昌江流域面积 0.626×10^4 km^2(含安徽省境内面积 1894 km^2)，河长 254 km；汇合口以下流域面积 220 km^2，饶河流域形状呈鸭梨形，地形东北高而西南低。流域内水系发达，集水面积大于 10 km^2 的河流有 293 条。

饶河流域多年平均年降水量 1849.7 mm。饶河洪水由暴雨形成，每年 4—6 月为雨季，暴雨集中，主汛期为 4—6 月。乐安河虎山水文站多年平均流量为 230 m^3/s，实测最大流量为 10100 m^3/s(1967 年 6 月 20 日)，最小流域 4.80 m^3/s(1967 年 10 月 10 日)。昌江渡峰坑水文站多年平均流量为 149 m^3/s，实测最大流量为 8600 m^3/s(1998 年 6 月 26 日)，最小流量 1.28 m^3/s(1978 年 8 月 27 日)。

4.1.2.5　修水

修水亦称修河，因水流修长而得名，位于江西省西北部。修河源河为金沙河，流入修水县内称东津水，在修水县马坳镇寒水村后始称修河。修河发源于铜鼓县高桥乡叶家山，位于 114°14′E，28°31′N。修水汇经赣江入鄱阳湖，河口为永修县吴城镇望江亭，位于 116°01′E，29°12′N。主河道长 419 km，流域面积 0.1479×10^4 km^2。修河流域多年平均降水量 1663.2 mm。修河洪水由暴雨形成，每年 4—6 月为雨季，暴雨集中，主汛期为 4—6 月。修河(潦河)万家埠水文站多年平均流量为 112 m^3/s，实测最大流量 5600 m^3/s(1977 年 6 月 15 日)，最小流量 2.12 m^3/s(1963 年 4 月 12 日)。

4.2　五河径流特征

4.2.1　基本特征

在分析五河径流特征时，选用五河下游的水文站作为代表站，分别为赣江的外洲站、抚河的李家渡站、信江的梅港站、乐安河的虎山站、昌江的渡峰坑站和修水(潦河)的万家埠站(表 4-1，图 4-1)。

根据 61 年(1950—2010 年)的径流资料统计(图 4-3)，可以看出赣、抚、信、饶、修五河径流的基本特征。

4.2.1.1　赣江

赣江外洲站在统计年限内多年平均径流量为 642×10^8 m^3，其中汛期 3—8 月径流量为 476.3×10^8 m^3，占全年的 74.2%。最大年径流量 991×10^8 m^3(1970 年)，最小年径流量238×10^8 m^3(1963 年)(图 4-3)。从图 4-3 中外洲站径流量拟合曲线可以看出，有不太明显的增加趋势，拟合曲线的斜率为 0.143。

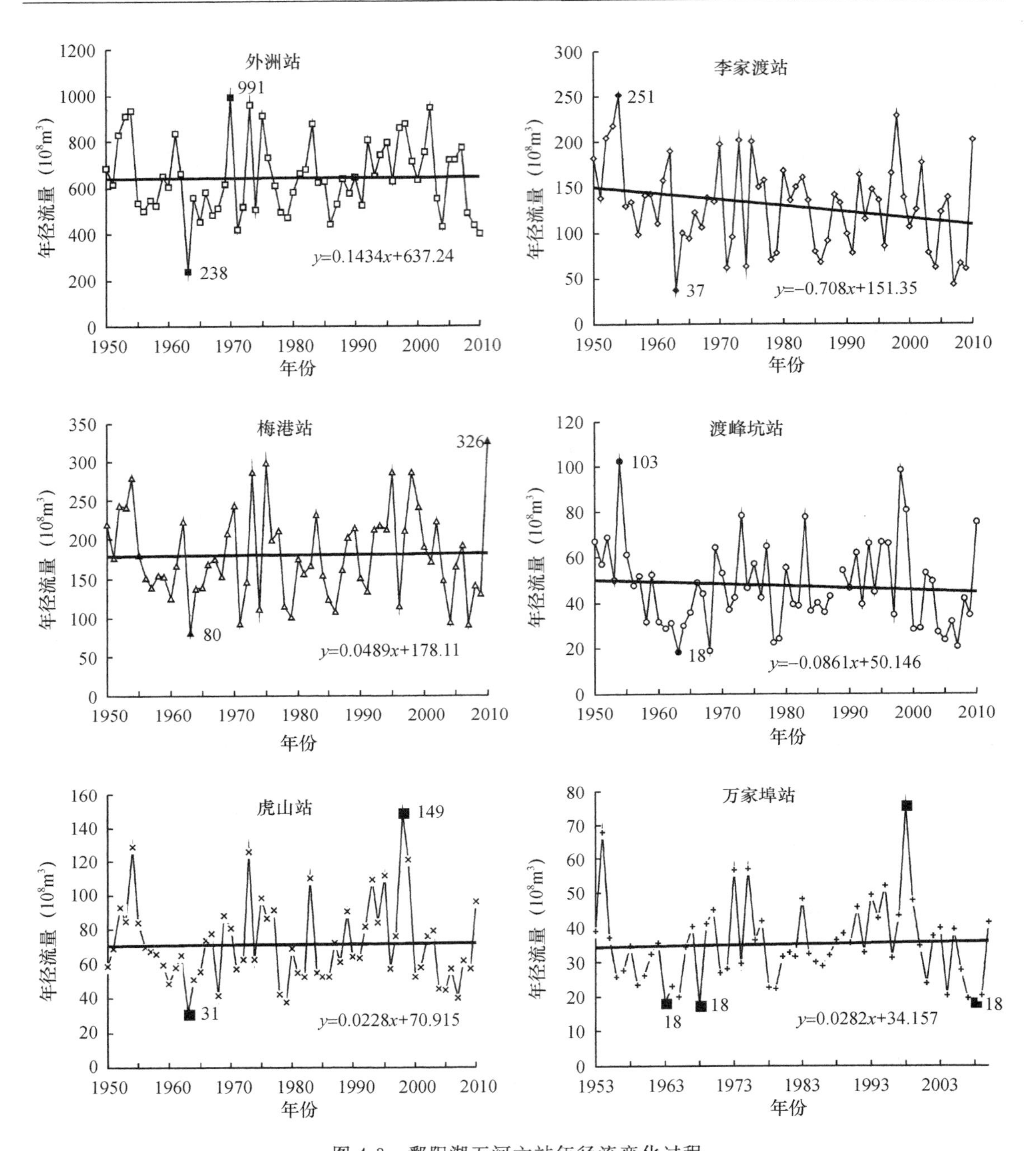

图 4-3　鄱阳湖五河六站年径流变化过程

（五河六站分别为赣江外洲站、抚河李家渡站、信江梅港站、饶河昌江渡峰坑站和乐安河虎山站、修水潦河万家埠站）

4.2.1.2　抚河

抚河李家渡站统计年限内多年平均径流量为 $129\times10^8\ m^3$，其中汛期径流量为 $102.9\times10^8\ m^3$，占全年的 79.5%。最大年径流量 $251\times10^8\ m^3$（1954 年），最小年径流量 $37\times10^8\ m^3$（1963 年）（图 4-3）。从图 4-3 中李家渡站径流量拟合曲线可以看出，有非常明显的减少趋势，拟合曲线的斜率为－0.71。

4.2.1.3　信江

信江梅港站统计年限内多年平均径流量为 180×10^8 m^3，其中汛期径流量为 142.3×10^8 m^3，占全年的 79.2%。最大年径流量 326×10^8 m^3(2010 年)，最小年径流量 80×10^8 m^3(1963 年)(图 4-3)。从图 4-3 中梅港站径流量拟合曲线可以看出，有不太明显的增加趋势，拟合曲线的斜率为 0.049。

4.2.1.4　饶河

饶河支流昌江渡峰坑站统计年限(渡峰坑站缺乏 1988 年水文资料，以下资料相同)内多年平均径流量为 47×10^8 m^3，其中汛期径流量为 40.5×10^8 m^3，占全年的 85.4%。最大年径流量 103×10^8 m^3(1954 年)，最小年径流量 18×10^8 m^3(1963 年)(图 4-3)。从图 4-3 中渡峰坑站径流量拟合曲线可以看出，有不太明显的减少趋势，拟合曲线的斜率为−0.086。

饶河的分段河乐安河虎山站统计年限内多年平均径流量为 72×10^8 m^3，其中汛期径流量为 58.7×10^8 m^3，占全年的 82.0%。最大年径流量 149×10^8 m^3(1998 年)，最小年径流量 31×10^8 m^3(1963 年)(图 4-3)。从图 4-3 中可以看出，虎山站径流量拟合曲线有不太明显的增加趋势，拟合曲线的斜率为 0.023。

饶河径流量(乐安河虎山站与昌江渡峰坑站合成径流)的多年平均值为 118×10^8 m^3，其中汛期径流量 98.6×10^8 m^3，占全年的 83.3%。最大年径流量为 247×10^8 m^3(1998 年)，最小为 50×10^8 m^3(1963 年)。

4.2.1.5　修河

修河上建有柘林水库，总库容 79.2×10^8 m^3，为全国土坝水库之冠，其中防洪库容 32×10^8 m^3，兴利库容 34.4×10^8 m^3。坝下游水文站缺乏长系列径流资料，因此这里只对修河的支流潦河径流资料进行统计分析。

修河支流潦河万家埠站统计资料显示，1953—2010 年(下文分析资料相同)的多年平均径流量为 35×10^8 m^3，其中汛期径流量为 26.9×10^8 m^3，占全年的 76.8%。最大年径流量 76×10^8 m^3(1998 年)，最小年径流量 18×10^8 m^3(1963 年、1968 年和 2008 年)(图 4-3)。从图 4-3 中可以看出，万家埠站径流量拟合曲线有不太明显的增加趋势，拟合曲线的斜率为 0.028。

1950 年以来五河水系的特大枯水年比较集中，各河都为 1963 年；最大洪水年五河不一致，抚河和昌江为 1954 年，信江为 2010 年，赣江为 1970 年，潦河和乐安河为 1998 年。

4.2.1.6　五河六站总径流年际变化趋势性

鄱阳湖主要来水量是五河径流量，下面分析五河六站总径流特征。从图 4-4 可以看出，1953—2009 年五河六站总径流的趋势性变化不明显，拟合曲线斜率为 0.27，略微有增加趋势和波动变化的特征。1955—1969 年为相对少水年组，年平均径流量为 962×10^8 m^3；1970—1976 年为平水年组，年平均径流量为 1226×10^8 m^3，年际变化起伏很大；1977—1992 年为少水年组，年平均径流量为 1031×10^8 m^3；1993—2002 年为多水年组，年平均径流量为 1306×10^8 m^3，约高于多年平均值 18.3%；2003—2010 年为少水年组，年平均径流量为 948×10^8 m^3。1953—2010 年的多年平均年径流量为 1104.6×10^8 m^3，最大年径流量为 1765.8×10^8 m^3(1954 年)，次大值为 1713.0×10^8 m^3(1998 年)，最小年径流量为 422.2×10^8 m^3(1963 年)。

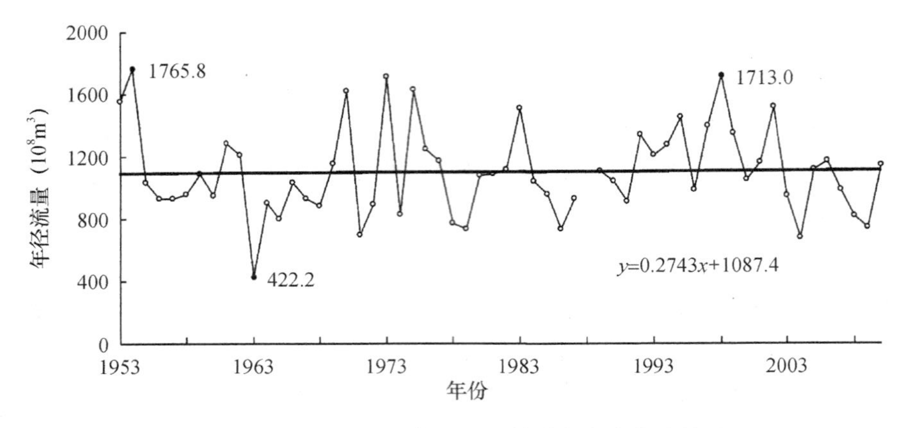

图 4-4　1953—2010 年五河六站总径流变化过程

4.2.2　年际变化特征

从表 4-2 中可以看出，五河六站总径流的年际变化有多水年组和少水年组相间分布的特点：20 世纪 50 年代多水期，60 年代少水期，70 年代多水期，80 年代少水期，90 年代多水期，2000—2009 年为少水期。2000—2009 年略多于 60 年代的最少水时期，比 90 年代减少了 19.6%，比多年平均减少了 8.1%。抚河的年径流量各年际相比有减少的趋势，尤其是从占总径流的百分比来看，减少趋势更为明显。

表 4-2　五河六站年际径流量及占总径流百分比

年代	赣江		抚河		信江		饶河		修河		五河总径流（10^8 m^3）
	径流量（10^8 m^3）	比例（%）	径流量（10^8 m^3）	比例（%）	径流量（10^8 m^3）	比例（%）	径流量（10^8 m^3）	比例（%）	径流量（10^8 m^3）	比例（%）	
50 年代	673	57.3	164	14.0	194	16.5	137.0	11.7	36	3.1	1175
60 年代	552	58.0	119	12.5	158	16.6	94.2	9.9	29	3.0	951
70 年代	660	58.7	127	11.3	181	16.0	120.3	10.7	37	3.3	1125
80 年代	622	58.7	126	11.9	170	16.0	113.6	10.7	34	3.2	1059
90 年代	723	57.2	135	10.7	207	16.4	152.2	12.1	45	3.6	1263
21 世纪前 10 年	644	63.4	98	9.6	154	15.2	91.2	9.0	28	2.8	1016

注：表中统计时段指赣、抚、信、饶四河 1950—2009 年的 60 年时间，潦河（修河的大支流，本书以潦河数据代替修河分析）1953—2009 年的 57 年时间，下同。

从表 4-3 中可以看出，五河汛期总径流量年际间变化没有明显的趋势性，但是汛期占全年的比例却有明显的减少趋势。五河汛期占全年的百分比自 20 世纪 50 年代的最大值 80.5% 逐年代递减，到 21 世纪前 10 年减少为 73.4%，减少了约 7%。从五河汛期径流量组成来说，赣、信、饶、修四河的变化都没有明显的趋势性，但是抚河汛期占五河汛期总量的比例有明显减少趋势，这一点与表 4-2 的抚河径流量变化规律相同。从赣、抚、信、饶、修五河汛期占全年的比例来看（表 4-3），都呈现阶段性的减少趋势。赣、抚、信、饶、修五河汛期占全年比例在 20 世纪 50—70 年代较大，这一时期各河所占比例的平均值分别为 76.2%、81.1%、80.7%、

84.2%、79.7%；在 20 世纪 80 年代到 21 世纪前 10 年较小，这一时期各河所占比例的平均值分别为 72.2%、77.3%、77.6%、82.5%、73.8%。

表 4-3　五河六站年代际汛期径流百分比统计

年代	赣江		抚河		信江		饶河		修河		五河汛期	
	R_1(%)	R_2(%)	R_1(%)	R_2(%)	R_1(%)	R_2(%)	R_1(%)	R_2(%)	R_1(%)	R_2(%)	占全年(%)	径流量(10^8 m^3)
50 年代	56.4	79.2	13.8	79.7	16.3	79.6	11.8	81.7	3.1	80.9	80.5	945
60 年代	55.7	75.8	13.1	82.9	17.2	81.7	10.9	86.8	3.1	80.0	78.9	751
70 年代	56.3	73.7	11.9	80.7	16.8	80.7	11.7	84.2	3.3	78.1	76.9	865
80 年代	56.8	73.3	12.5	79.4	16.7	79.0	11.7	82.9	3.1	73.0	75.8	803
90 年代	54.5	71.4	11.0	77.0	17.1	78.2	13.7	85.5	3.7	77.6	75.1	948
21 世纪前 10 年	62.1	71.9	9.9	75.6	15.6	75.5	9.7	79.1	2.7	70.7	73.4	745

注：R_1 表示该河汛期径流量占五河总汛期径流量的百分比，R_2 表示该河汛期径流量占全年径流的百分比。

4.2.3　年内分配特征

五河六站年径流量多年平均值为 1104.6×10^8 m^3，其中汛期(3—8 月)847.5×10^8 m^3，占全年的 76.7%。从 1953—2010 年多年平均径流量年内各月分配来看(图 4-5)：6 月份径流量最大为 210.9×10^8 m^3，占全年的 19%；最枯月(1 月份)径流量为 36×10^8 m^3，占全年的 3%；主汛期 4—6 月总径流量 553×10^8 m^3，约占全年的 50%。

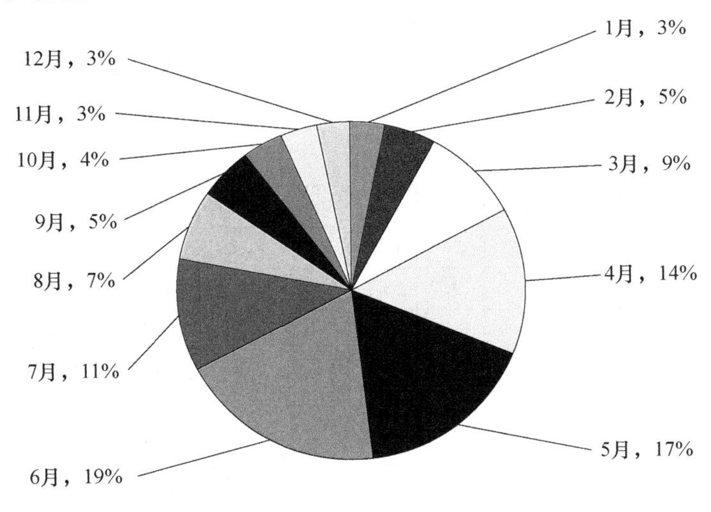

图 4-5　五河多年平均总径流量年内分配

从表 4-4 中可以看出：五河径流年内分配有阶段性变化的趋势，前一阶段为 20 世纪 50—70 年代，后一阶段为 20 世纪 80 年代到 21 世纪前 10 年。20 世纪 50 年代到 21 世纪前 10 年赣、抚、信、饶、修五河主汛期径流量在年内分配比例分阶段减少，而枯季径流量在年内分配比例逐年代增加。各河最枯月(1 月)径流量和年内分配比例后一阶段较前一阶段有所增加。五河六站最大月径流量和年内分配比例分阶段减少；赣江、抚河、潦河最大月径流量和年内分配比例分阶段减少，信江和饶河前后两阶段变化不大。五河六站 9 月份径流量和年内分配比例分阶段增加。

表 4-4　五河各年代径流量年内分配百分比统计　　单位：%

河流	年代	1月	2月	3月	4月	5月	6月	7月	8月	9月	10月	11月	12月	主汛期	枯季
赣江	50 年代	2.7	4.5	8.9	14.1	19.2	21.5	9.5	6.0	4.9	3.2	2.7	2.8	54.9	16.2
	60 年代	3.3	3.9	7.9	14.1	17.3	18.5	10.9	7.1	5.7	4.5	3.7	3.1	49.9	20.3
	70 年代	3.6	4.1	7.4	13.5	16.8	17.5	10.9	7.5	5.5	5.5	4.1	3.5	47.8	22.2
	80 年代	3.2	5.1	11.8	15.7	16.5	14.7	8.5	6.0	6.3	4.7	4.3	3.2	47.0	21.6
	90 年代	4.4	5.5	9.0	13.1	13.5	15.1	10.9	9.8	7.1	4.5	3.4	3.7	41.7	23.1
	21 世纪前 10 年	3.4	4.5	7.6	11.7	16.6	18.1	9.4	8.5	6.9	4.5	5.1	3.7	46.4	23.7
抚河	50 年代	3.0	5.7	10.8	13.9	22.3	19.7	8.2	4.9	3.8	2.9	2.5	2.5	55.9	14.6
	60 年代	3.2	4.3	8.5	15.1	18.1	26.2	11.9	3.1	2.0	2.1	2.8	2.6	59.4	12.8
	70 年代	3.3	4.2	8.2	15.3	21.3	20.1	11.3	4.4	2.6	3.3	2.9	3.0	56.8	15.0
	80 年代	2.3	5.4	12.3	19.5	18.4	18.7	7.3	3.2	3.7	2.4	4.0	2.9	56.5	15.3
	90 年代	4.2	5.2	11.1	11.9	12.1	22.4	12.9	6.6	4.5	2.6	3.0	3.5	46.4	17.9
	21 世纪前 10 年	3.6	5.5	10.5	14.8	15.4	21.1	8.4	5.3	3.0	3.5	5.1	3.7	51.4	18.9
信江	50 年代	2.6	6.4	10.8	12.7	22.6	20.1	7.6	5.8	4.4	2.7	2.4	1.9	55.4	14.0
	60 年代	3.1	4.5	8.5	14.4	19.6	21.6	12.9	4.7	3.3	2.7	2.3	2.3	55.7	13.7
	70 年代	2.8	4.4	8.2	15.5	19.0	22.4	10.6	5.0	3.5	3.2	2.5	2.9	56.9	14.9
	80 年代	2.4	5.7	12.7	17.5	16.0	19.4	8.7	4.6	4.6	3.1	3.2	2.1	52.9	15.3
	90 年代	4.3	4.6	10.4	12.8	13.0	22.9	12.9	6.2	4.6	2.4	2.8	3.1	48.7	17.2
	21 世纪前 10 年	3.7	5.4	9.9	15.0	15.0	20.4	8.2	7.0	4.3	3.1	4.7	3.3	50.4	19.1
饶河	50 年代	3.1	5.1	9.1	12.7	21.6	21.9	10.9	5.5	3.6	2.3	2.3	1.9	56.2	13.2
	60 年代	2.4	4.4	8.5	16.0	21.8	19.4	16.3	4.7	2.0	1.4	1.3	1.7	57.2	8.9
	70 年代	1.7	4.4	7.6	15.3	19.7	23.0	13.5	5.0	2.7	3.1	2.0	1.9	58.1	11.4
	80 年代	1.5	4.1	11.4	16.0	15.6	18.7	14.4	6.8	4.0	3.3	2.6	1.6	50.3	13.1
	90 年代	3.3	3.5	8.6	13.1	12.7	24.4	20.2	6.6	2.5	1.4	1.9	1.8	50.1	11.0
	21 世纪前 10 年	3.7	5.9	10.3	14.0	17.6	20.3	10.6	6.4	3.3	2.0	3.0	3.0	51.8	15.0
修河	50 年代	3.3	4.3	6.9	10.6	22.1	23.7	10.6	6.9	3.2	2.9	3.3	2.0	56.4	14.8
	60 年代	2.8	3.5	7.1	13.1	18.7	22.5	11.9	6.6	4.2	3.5	3.3	2.6	54.4	16.4
	70 年代	2.7	3.9	6.6	11.7	16.7	21.4	12.3	9.5	5.6	3.6	3.2	2.8	49.8	17.9
	80 年代	2.6	4.7	8.4	13.1	14.7	14.7	14.3	7.8	7.1	5.3	4.4	2.9	42.4	22.4
	90 年代	3.7	3.8	7.8	10.8	11.8	18.8	17.3	11.1	5.2	3.5	3.2	2.9	41.4	18.5
	21 世纪前 10 年	3.7	4.3	8.1	11.9	15.3	16.8	10.1	8.4	8.7	3.8	5.3	3.5	44.0	25.0

续表

河流	年代	1 月	2 月	3 月	4 月	5 月	6 月	7 月	8 月	9 月	10 月	11 月	12 月	主汛期	枯季
五河六站总径流量	50 年代	2.7	5.1	8.8	12.5	22.1	22.5	9.1	5.5	3.9	2.6	2.8	2.5	57.1	14.5
	60 年代	3.1	4.1	8.1	14.4	18.3	20.2	11.9	5.9	4.4	3.6	3.1	2.7	52.9	17.0
	70 年代	3.2	4.2	7.6	14.1	18.0	19.3	11.3	6.6	4.5	4.5	3.5	3.2	51.4	18.9
	80 年代	2.8	5.1	11.3	16.7	16.0	16.3	9.8	5.8	5.1	4.1	4.1	3.0	48.9	19.1
	90 年代	4.2	5.0	9.3	12.9	13.1	18.4	12.8	8.5	5.8	3.6	3.1	3.3	44.4	19.9
	21 世纪前 10 年	3.5	4.8	8.5	12.7	16.3	18.9	9.2	7.8	5.9	3.9	4.9	3.6	47.9	21.8

21 世纪前 10 年与 20 世纪 90 年代相比较，五河六站年径流量减少了 247×10^8 m^3（表 4-2）。汛期径流量减少了 203×10^8 m^3，年内分配比例减少了 1.7%（表 4-3），主汛期年内分配比例增加了 3.5%（表 4-4）。枯季径流量在减少，年内分配比例却增加了 1.9%（表 4-4）。21 世纪前 10 年与 20 世纪 90 年代相比较，五河六站 9 月份径流量减少了 13.2×10^8 m^3，年内分配比例略有增加，但变化不大；10 月份径流量减少了 4.9×10^8 m^3，年内分配比例增加了 0.3%（表 4-4）。

4.3　湖口径流特征

4.3.1　年际变化趋势性

从图 4-6 可以看出，1950—2010 年湖口站径流趋势性变化不明显，拟合曲线斜率为 0.49，表明有微弱的增加趋势。多年平均年径流量为 1506×10^8 m^3，最大年径流量为 2671×10^8 m^3（1998 年），次大值为 2630×10^8 m^3（1954 年），最小年径流量为 574×10^8 m^3（1963 年）。这与五河径流量有相似的变化规律，但年径流量的值不同。

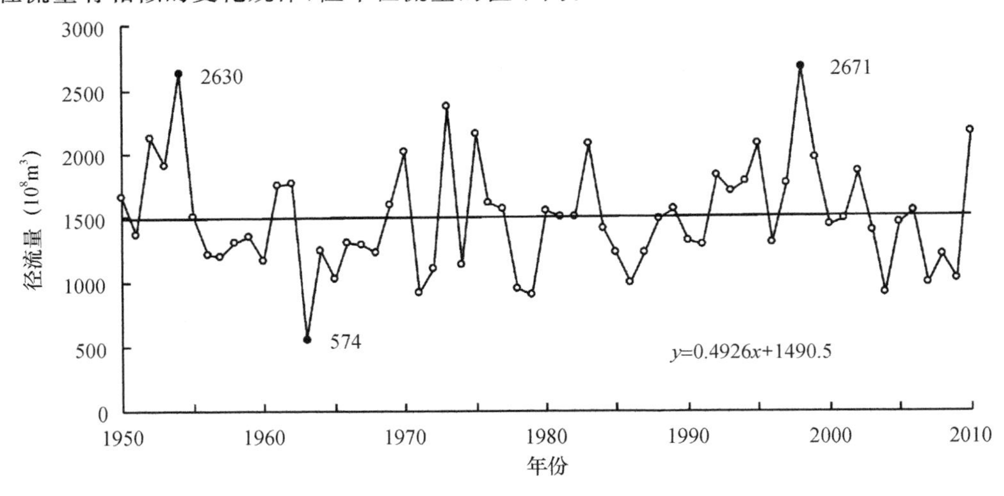

图 4-6　1950—2010 年湖口站年径流量变化过程

4.3.2 年际变化阶段性

从表 4-5 中可以看出，湖口站径流的年际变化有多水年组和少水年组相间分布的特点，20 世纪 50 年代多水期，60 年代少水期，70 年代多水期，80 年代少水期，90 年代多水期，2000—2009 年为少水期。径流量最多的时期是 20 世纪 90 年代，比多年平均多 17.7%；径流量最少的时期是 20 世纪 60 年代，比多年平均还少 13.9%。21 世纪前 10 年是一个少水年组，平均径流量略多于 20 世纪 60 年代，比 90 年代减少了 24.4%，比多年平均还少 11.1%。这与五河径流年代际变化规律非常相似。

表 4-5 湖口站径流量及其年内分配比例的年代际变化

年代	1 月(%)	2 月(%)	3 月(%)	4 月(%)	5 月(%)	6 月(%)	7 月(%)	8 月(%)	9 月(%)	10 月(%)	11 月(%)	12 月(%)	汛期(%)	年径流量(10^8 m^3)
50 年代	2.8	4.4	8.1	10.6	16.0	18.5	9.5	7.3	7.8	6.8	5.6	2.7	70.1	1627
60 年代	2.7	3.5	6.6	11.8	16.0	17.5	12.3	9.2	4.6	7.4	5.5	3.0	73.4	1297
70 年代	3.0	3.8	7.0	11.6	15.4	16.7	13.1	9.6	4.6	6.5	5.4	3.3	73.5	1474
80 年代	2.8	4.1	10.2	15.0	15.3	13.0	7.1	7.8	6.0	8.1	7.0	3.6	68.5	1458
90 年代	3.9	4.4	7.9	11.9	11.6	13.7	12.0	11.7	8.9	6.4	3.9	3.6	68.8	1772
21 世纪前 10 年	4.0	4.8	8.5	11.6	13.0	14.2	9.3	8.6	8.4	7.1	5.9	4.7	65.2	1339

4.3.3 年内分配规律

湖口站多年平均年径流量为 1506×10^8 m^3，其中汛期 1054×10^8 m^3，占全年的 70.0%。从 1950—2010 年多年平均径流量年内各月分配来看(图 4-7)：6 月份径流量最大，为 234.7×10^8 m^3，占全年的 15.6%；最枯月(1 月份)径流量为 48.0×10^8 m^3，占全年的 3.2%；主汛期 4—6 月总径流量 635×10^8 m^3，约占全年的 42.2%。

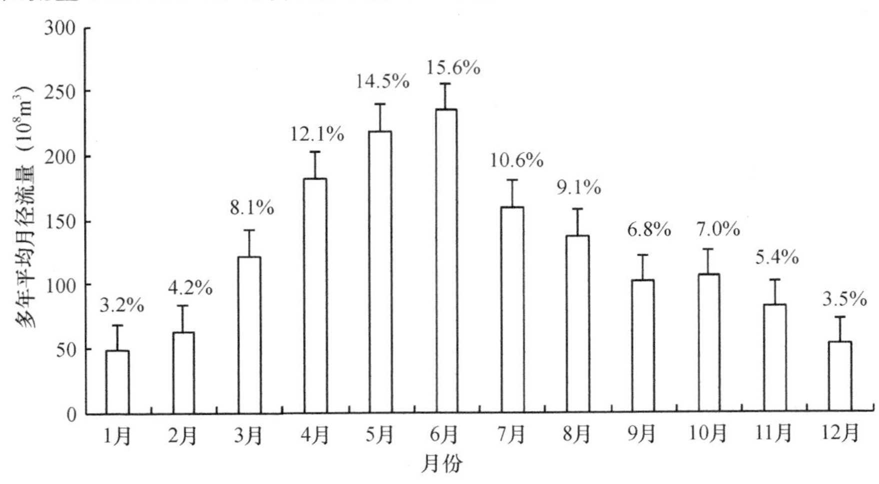

图 4-7 湖口站多年平均月径流量年内分配比例

从表 4-5 可以看出，汛期径流量所占的比例自 20 世纪 50 年代至 21 世纪前 10 年有分阶段减少的趋势。汛期径流量占全年比例的变化可分为两个阶段，20 世纪 50—70 年代是比例较大的阶段，平均值为 72.3%，比多年平均多 2.3%；20 世纪 80 年代至 21 世纪前 10 年是比例较小的阶段，平均值为 67.5%，比多年平均还少 2.5%。汛期占全年径流量比例在 20 世纪 70 年代达到最大值，为 73.5%；在 21 世纪前 10 年达到最小值，为 65.2%。20 世纪 50—90 年代期间，径流最大月(6 月份)径流量和年内分配比例后一阶段比前一阶段少，但是到 21 世纪前 10 年年内分配比例又增大了 0.5%。20 世纪 80 年代之后至 21 世纪前 10 年，最枯月(1 月份)径流量和年内分配比例后一阶段比前一阶段增大。

从表 4-5 还可以看出：21 世纪前 10 年与 20 世纪 90 年代相比，湖口年径流量减少 $433.2\times10^8\ m^3$，汛期径流量减少 $346.1\times10^8\ m^3$，枯季径流减少 $86.9\times10^8\ m^3$；汛期占全年比例减少 3.6%，相反枯季分配比例增加；9 月份径流量减少 $46.5\times10^8\ m^3$，年内分配比例也减少 0.5%；10 月份径流量减少 $19.3\times10^8\ m^3$，年内分配比例却增加了 0.7%。

4.3.4　影响湖口流量变化因素分析

湖口流量受多种因素影响，诸如鄱阳湖流域五河径流量、长江干流对湖口的顶托作用、湖口的水位、湖口入江水道的冲淤变化、鄱阳湖内水位、长江干流的冲淤变化、鄱阳湖与长江相互作用的对比、鄱阳湖湖盆冲淤变化等。鄱阳湖湖盆、湖口入江水道、长江干流的冲淤变化等这些因素在短期内变化不大，这里暂且不考虑。鄱阳湖与长江的相互作用、长江干流的顶托作用都是通过它们各自水位的变化实现的，因此，分析湖内和长江干流水位的影响作用即可。

4.3.4.1　湖口水位

断面水位和流量具有相关性。湖口的水位和流量是相互影响的。湖口的水位和流量在长时间段内(如年平均)有一定的相关性，它们相互影响。年平均水位高对应流量较大，年平均水位低对应流量较小。在短时期内(月平均和日平均)水位和流量散点关系散乱，它们的变化没有规律可循。这一点我们将在下一节中讨论。

4.3.4.2　五河径流量

五河入湖径流量是鄱阳湖的主要来水量，湖口站是鄱阳湖唯一的出口。因此理论上讲，湖口站径流量与五河总径流量成正比关系。事实上，湖口径流量受多种因素共同制约。从图 4-8 中看出，湖口流量与五河总流量存在正相关关系，利用相关分析计算它们之间的 Pearson 相关系数为 0.866(通过了 0.01 水平的双尾 t 检验)，也说明了这一点，即五河总流量越大，湖口的流量就越大。但是图 4-8a 显示湖口流量与五河总流量散点关系仍有一定散乱，说明湖口站流量还受到其他因素的影响。

4.3.4.3　鄱阳湖水位

从图 4-9a，c，d 中看出，湖口流量与鄱阳湖水位变化没有确定的统计规律性。但是水位在一定范围内，水位和流量还是有相关性的，如棠荫和都昌水位约小于 15 m 及星子水位约小于 13 m 时，和湖口流量有一定的相关性，这主要是因为湖泊的水位同时受到五河径流量和长江干流顶托的双重作用，也就是说，湖内水位高时，一方面可能是因为五河入湖径流量大，另一方面也可能是长江干流顶托湖口出流，造成湖内水位居高不下。因此鄱阳湖水位在不受长江干流顶托作用的情况下，与湖口流量相关性会较好。

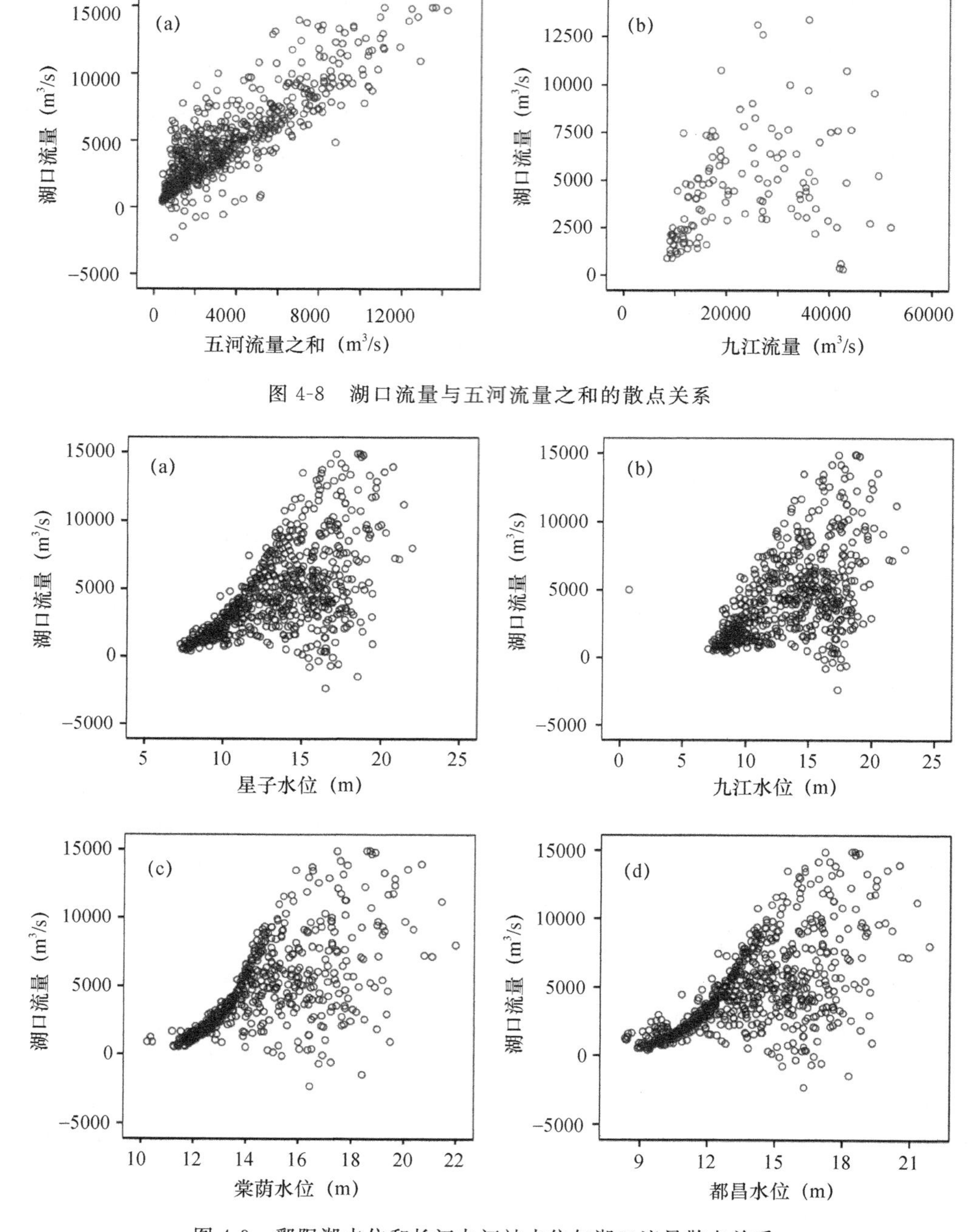

图 4-8　湖口流量与五河流量之和的散点关系

图 4-9　鄱阳湖水位和长江九江站水位与湖口流量散点关系

4.3.4.4　长江干流

湖口流量受到长江干流顶托作用,使长江干流水位和流量与湖口流量关系变得较杂乱(图 4-8b和图 4-9b)。鄱阳湖和长江干流在湖口具有相互作用的关系,长江干流来水量大、水位高时,顶托湖口出流较为严重,使湖口水位抬高流量减小;鄱阳湖五河径流量大、湖内水位高时,湖口出流同样也会顶托长江干流,使上游九江站水位壅高。也就是说鄱阳湖与长江干流的相互作用强弱的对比关系是影响湖口流量大小的主要因素(赵军凯 等,2013)。

4.3.5　湖口江水倒灌鄱阳湖现象及规律

由前文分析可知,湖口站径流量既受到五河径流量和鄱阳湖水位的影响,又受到长江干流顶托作用的影响,是江湖相互作用强弱的对比关系直接影响的结果。当长江干流水位高、流量大,对湖口顶托作用大于鄱阳湖水出湖水流压力时,即长江对鄱阳湖作用较强时,湖口水位增大而流量减小,甚至会出现负流量,发生江水倒灌鄱阳湖的现象,这也正是鄱阳湖对长江洪水暂时承纳调蓄的体现。

4.3.5.1　长江水倒灌是鄱阳湖调蓄长江洪水功能的重要体现

鄱阳湖是长江中下游最大的通江湖泊,对长江洪水起着重要的调蓄作用,主要体现在两个方面:一方面是通过吞吐长江倒灌入湖的洪水;另一方面是通过承纳鄱阳湖水系五河的洪水,相应减少湖口出湖入江径流量(朱宏富 等,2002)。这两方面都可以减少长江下游洪水下泄流量,降低长江下游洪水位。长江水倒灌入湖具有这两个方面的调蓄作用。因此江水倒灌入湖是鄱阳湖调蓄洪水功能的重要体现,同时也是鄱阳湖和长江水交换的重要方面。

4.3.5.2　长江水倒灌鄱阳湖的统计特征

表 4-6 统计了 1950—2010 年期间长江水倒灌入湖的情况。61 年间发生江水倒灌现象共有 47 年,没有发生江水倒灌的只有 14 年,分别为 1950 年、1954 年、1972 年、1977 年、1992—1993 年、1995 年、1997—1999 年、2001—2002 年、2006 年、2010 年。

表 4-6　湖口站长江水倒灌鄱阳湖情况统计

倒灌发生的时间		倒灌频率统计		倒灌平均流量 (m^3/s)	年倒灌水量 (10^8 m^3)	倒灌水位及日期统计			
						日平均最低		日平均最高	
年份	月份	天数 (d)	次数			水位 (m)	时间	水位 (m)	时间
1951	7	8	1	3264	23.0	14.88	7 月 16 日	16.62	7 月 23 日
1952	9	3	1	7987	20.6	18.34	9 月 7 日	18.39	9 月 8 日
1953	8	4	2	1478	5.1	15.87	8 月 6 日	16.0	8 月 7 日
1955	11	2	1	58	0.1	11.74	11 月 18 日	11.95	11 月 19 日
1956	8、9	17	1	2346	34.5	15.02	8 月 23 日	16.67	9 月 8 日
1957	7、8	19	2	1874	30.8	16.06	7 月 13 日	16.75	8 月 2 日
1958	7—10	47	3	2310	93.8	14.06	10 月 24 日	17.3	9 月 4 日
1959	8	5	1	1410	6.1	14.21	8 月 18 日	14.96	8 月 22 日
1960	9	4	1	1455	5.0	14.73	9 月 14 日	14.97	9 月 17 日
1961	7、8	9	2	983	7.6	14.88	8 月 24 日	16.21	7 月 24 日
1962	8、9	17	1	2993	44.0	16.93	8 月 21 日	17.45	9 月 1 日
1963	6—10	39	7	2340	78.8	14.02	7 月 13 日	16.22	9 月 4 日

续表

倒灌发生的时间		倒灌频率统计		倒灌平均流量（m^3/s）	年倒灌水量（10^8 m^3）	倒灌水位及日期统计			
						日平均最低		日平均最高	
年份	月份	天数（d）	次数			水位（m）	时间	水位（m）	时间
1964	9、10	27	4	3285	76.6	15.81	9月9日	17.93	10月14日
1965	7、9、10	27	4	2252	52.5	16.13	9月7日	17.39	7月28日
1966	6、8、9	15	4	3166	41.0	13.45	6月5日	15.71	9月17日
1967	8—12	18	4	830	12.9	11.16	11月30日	15.3	8月25日
1968	9	11	1	3192	30.3	16.53	9月20日	17.48	9月27日
1969	7、9	5	2	1778	7.7	17.12	9月8日	19.79	7月17日
1970	9、10	5	2	558	2.4	15.79	9月29日	16.63	10月4日
1971	8—10	19	3	2041	31.9	13.17	8月21日	14.85	10月10日
1973	9、10	6	3	1055	5.5	16.78	9月15日	17.75	10月5日
1974	8—10	16	5	945	13.1	16.65	9月14日	17.91	8月17日
1975	8、10	10	3	1716	13.3	15.85	10月6日	17.68	8月16日
1976	9	6	1	559	2.9	13.98	9月2日	14.63	9月7日
1978	8、9	15	3	931	12.1	11.61	9月10日	14.16	8月19日
1979	6、8、9	22	5	1658	31.5	14.64	6月27日	17.98	9月28日
1980	6—8、10	19	5	1325	21.8	16.02	10月13日	18.93	8月9日
1981	6—9	27	6	2918	68.0	14.1	6月29日	17.81	7月26日
1982	7—9	27	3	2323	54.2	16.51	7月20日	18.97	8月7日
1983	7、9、11	13	3	2079	23.4	17.33	9月14日	20.12	7月6日
1984	7—10	16	3	2366	32.7	15.63	9月30日	18.29	8月1日
1985	7、9	14	4	1078	13.0	14.2	9月2日	16.73	7月9日
1986	9	11	1	1601	15.2	13.06	9月10日	14.96	9月20日
1987	7—9	21	3	2918	53.0	15.05	7月3日	18.47	7月28日
1988	8、9	33	2	2184	62.3	13.98		19.9	9月17日
1989	7、9、11	13	4	603	6.7	14.47		19.41	7月16日
1990	7、9	2	2	296	0.5	13.82		18.23	7月2日
1991	7、8	27	3	4881	113.9	15.77		19.93	7月19日
1994	9、10	6	2	1601	8.3	14.69		15.21	
1996	7	13	2	2164	24.3	17.72		21.12	7月22日

续表

倒灌发生的时间		倒灌频率统计		倒灌平均流量	年倒灌水量	倒灌水位及日期统计			
						日平均最低		日平均最高	
年份	月份	天数(d)	次数	(m^3/s)	(10^8 m^3)	水位(m)	时间	水位(m)	时间
2000	7.8	9	4	805	6.26	15.77	8月23日	17.95	7月10日
2003	7、9	20	2	3928	67.9	14.85	9月5日	19.24	7月17日
2004	7、9	14	2	3350	40.5	15.48	9月10日	17.32	7月27日
2005	7—9	17	3	2663	39.1	15.57	7月13日	17.81	9月2日
2007	7、8	23	2	2414	48.0	15.87	7月13日	18.46	8月7日
2008	7—9、11	18	4	1674	26.0	13.35	11月9日	17.41	9月5日
2009	8	1	1	300	0.26	16.47	8月10日	16.47	8月10日
合计		720	124	95935	1408.5				
平均		15.3	2.70	2041	30.0				

注:表中 1951—1998 年数据来源于参考文献(朱宏富 等,2002),2000 年数据来源于参考文献(顾中宇,2007)和鄱阳湖水文局。

1950—2010 年期间共发生江水倒灌 124 次,共计 720 d,共倒灌水量 1408.5×10^8 m^3。平均每年倒灌 15.3 d,合倒灌 30.0×10^8 m^3 水量,平均倒灌流量为 2041 m^3/s。倒灌天数最多为 47 d(1958 年)。倒灌水量最大的是 113.9×10^8 m^3(1991 年)。

从表 4-6 中可以看出,湖口发生江水倒灌的现象与湖口的水位关系不大,湖口高水位、低水位情况下都可能发生倒灌现象。我们知道湖口的流量受鄱阳湖和长江干流水位共同作用的影响,但事实上,通过研究湖口发生江水倒灌与长江干流水位(九江站和汉口站)和鄱阳湖水位(棠荫、都昌和星子站)都无确定性的关系。

4.3.5.3　长江水倒灌鄱阳湖规律

(1)倒灌时间

从表 4-6 可以看出,江水倒灌时间有一定的规律性。江水倒灌一般发生在 6—12 月,主要发生在长江的主汛期 7—9 月,1—5 月没有发生过江水倒灌现象。

(2)倒灌年际变化

从表 4-7 可以看出,江水倒灌入湖的年数、总天数和总水量有年代际波动,一多一少相间分布。从倒灌年数、总天数和总水量来说,20 世纪 50 年代、70 年代和 90 年代是相对较少的年代;20 世纪 60 年代、80 年代和 21 世纪前 10 年是相对较多的年代。20 世纪 90 年代和 21 世纪前 10 年与早期相应年代相比,倒灌年数、总天数和总水量都减少了。

江水倒灌年代际变化规律与鄱阳湖五河水系径流量丰枯年组相对应。江水倒灌情况相对较多的年代恰好是鄱阳湖水系五河径流量较少的年代,相反江水倒灌情况相对较少的年代恰好是鄱阳湖水系五河径流量较多的年代(表 4-3 和表 4-7)。

表 4-7　20 世纪 50 年代至 21 世纪前 10 年年代际江水倒灌鄱阳湖情况

年代	年数(a)	总天数(d)	平均流量(m^3/s)	总水量(10^8 m^3)
20 世纪 50 年代	8	105	2591	214
20 世纪 60 年代	10	172	2228	356.4
20 世纪 70 年代	8	99	1183	112.7
20 世纪 80 年代	10	194	1940	350.3
20 世纪 90 年代	4	48	2236	147
21 世纪前 10 年	7	102	2162	228

(3)倒灌年份径流频率

湖口站发生江水倒灌鄱阳湖现象是受鄱阳湖和长江干流水位共同作用的结果，前面我们分析了倒灌现象与湖口水位有无确定性的联系。下面就分析，湖口倒灌现象与五河径流量和长江来水量有无确定性的联系。

从汉口到九江河段长江干流没有大的支流汇入(图 1-1)，因此汉口径流量基本可以代表湖口以上长江的来水量。计算五河年总径流量(1953—2010 年)和汉口(1950—2010 年)径流量的经验频率，按表 4-6 统计的湖口发生江水倒灌的年份统计其经验频率并绘制成图 4-10。

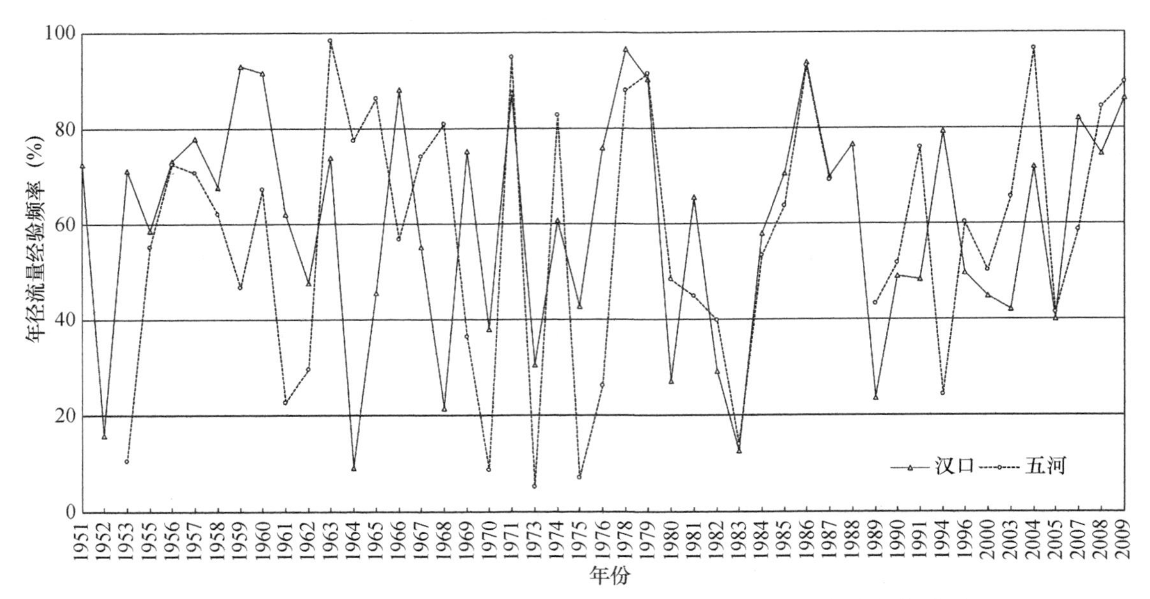

图 4-10　鄱阳湖发生长江水倒灌年份五河总径流频率与汉口径流频率对照

从图 4-10 可以看出，发生江水倒灌的年份一般情况下五河径流频率和汉口径流频率不同，一个是丰水年，一个是枯水年，这种情况多数是长江干流为丰水年。五河径流量与汉口径流量频率相同时也会发生江水倒灌现象。两者都是丰水年的情况，如 1983 年；两者都是枯水年的情况，如 1971 年、1978 年、1979 年、1986 年；两者都平水年的情况，如 1955 年、1956 年、1984 年、1987 年、1990 年、2005 年。可见，在发生江水倒灌的年份里，五河与汉口径流量频率为一丰一枯的规律性不强。

由此可知，江水倒灌现象是鄱阳湖与长江干流的相互作用强弱对比关系外在表现，是江湖相互作用的结果。

4.4　鄱阳湖水位特征及其影响因素

在分析鄱阳湖水位时，选用主湖区的棠荫和都昌水位站、入江水道的星子水位站、湖口区的湖口水文站。各站位置见图4-2。

4.4.1　鄱阳湖水位特征

4.4.1.1　年际变化特征

(1)各站水位变化具有同步一致性

从图4-11可以看出：都昌、棠荫、星子和湖口站四站水位变化过程具有一致性，特别是高水位年和低水位年吻合得特别好。1954—2010年四站水位变化都没有趋势性，但有阶段性的起伏变化。2000—2010年四站水位具有同步减少的趋势性(表4-8和图4-11)，主湖区都昌站水位下降幅度最大为5.07%，棠荫站水位下降幅度最小为3.19%。

表4-8　鄱阳湖水位与五河六站年径流量分时段变化情况对比

时段		鄱阳湖水位(m)				五河六站径流之和(10^8 m^3)
起止年份	编号	棠荫	都昌	星子	湖口	
1954—1999年	Ⅰ	14.67	13.92	13.47	12.94	1111.8
2000—2010年	Ⅱ	14.20	13.21	12.84	12.41	1027.0
(Ⅱ－Ⅰ)/Ⅰ		－3.19%	－5.07%	－4.71%	－4.13%	－7.63%

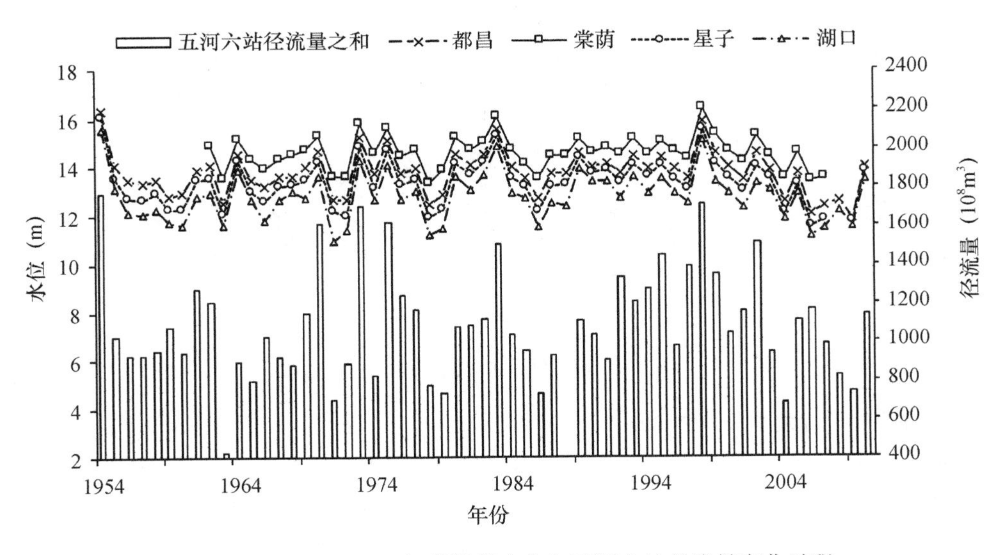

图4-11　1954—2010年鄱阳湖水位与五河六站径流量变化过程

(2)鄱阳湖水位与五河径流量在丰水年、枯水年正相关，在平水年相关性不大

五河丰水年，如1954年、1970年、1973年、1975年、1983年、1998年、2002年等，鄱阳湖棠荫、都昌、星子和湖口水位都较高；五河枯水年，如1963年、1971年、2004年等，鄱阳湖棠荫、都昌、星子和湖口水位都较低。但在五河径流量平水年份，出现了鄱阳湖水位与入湖径流量不一

致的现象。如 1972 年，五河径流量比 1971 年多，可是棠荫和都昌两站水位两年持平，星子水位 1972 年反而低，湖口水位 1972 年稍高。再如 2006 年，五河径流量属于平水年，可是鄱阳湖四站水位都很低，而且比枯水年(2004 年)还要低(图 4-11)。出现这种现象，可能与长江干流和鄱阳湖相互作用有关，长江水位高顶托湖口出流能力较强，则湖内水位就较高；相反，长江水位低诱导出湖流量加大，则湖内水位就会降低。

4.4.1.2　年内变化特征

(1)水位曲线与月径流量变化时间上的不同步性

鄱阳湖水情年内变化的突出特点是水位与五河入湖径流总量的变化过程不一致(赵军凯等，2019)，汛期水位高值期滞后于径流量高值出现时间约 3 个月。五河入湖径流总量是在 4—6 月达到最大，而鄱阳湖高水位时期是在 7—9 月。7 月份之后五河进入枯水期径流突然减少，而湖泊却持续高水位，一直持续到 10 月之后才逐渐下降(图 4-12)。其主要原因是由于五河的主汛期为 4—6 月，期间径流量猛增，注入鄱阳湖后，使湖水位快速升高，然而，7—9 月长江干流进入主汛期，水量大增，流量大且水位持续上涨，甚至出现高于鄱阳湖水位的现象，对鄱阳湖的顶托作用增强使湖口宣泄不畅，致使鄱阳湖水位居高不下。期间长江干流对湖水的顶托作用也达到一年中最强时期，有时会发生江水倒灌现象。直到 11 月份，长江干流和五河都处于枯水季节，鄱阳湖水大量外泄，湖水位直线下降，进入低水位时期。

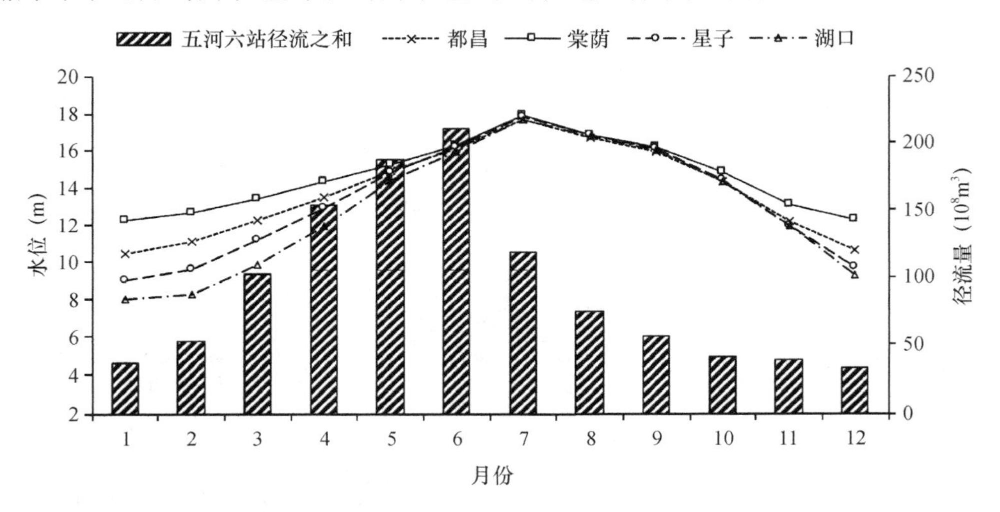

图 4-12　鄱阳湖水位与五河六站径流年内变化过程

(2)水位曲线年内起伏变化特征

鄱阳湖水位曲线年内起伏变化在不同湖区都有大致相同趋势性。从图 4-12 可以看出，棠荫、都昌、星子和湖口四站多年平均水位最高月都是 7 月，而且最高水位相差不大；水位最低月除了棠荫站为 12 月外其余都是 1 月；水位曲线波动高低起伏规律一致。另外，7—9 月四站水位持续走高，10 月份之后才逐渐下降。

(3)水位变化幅度的空间差异

从鄱阳湖主湖区到入江水道，再到湖口，各站水位年内变化阈值和幅度逐渐增大。从图 4-12可以看出，棠荫站多年平均水位变化阈值最小，为[12.21 m，17.88 m]，湖口站最大为[8.04 m，17.64 m]；棠荫站水位从最小月到最大月增加步幅最小，为 0.81 m/mon，湖口站水位增加步幅最大，为 1.60 m/mon。

4.4.2　影响鄱阳湖水位变化的主要因素

鄱阳湖流域降水量、蒸发量和气温是气候条件里主要影响鄱阳湖水位的因素。同时鄱阳湖水位还受到长江干流的很大影响。长江干流通过顶托作用、江水倒灌和拉空效应对鄱阳湖水位产生重要影响(戴雪 等，2014)。这些自然因素在很大程度上影响了鄱阳湖水位的变化，决定了其年内和年际波动变化的基本规律。与此同时，鄱阳湖水位还受到长江干流三峡水库、溪洛渡水库等水库群的调节，五河流域水利工程的调节，湖区人工采砂活动和人们生产生活取用水量等人类活动都会对入湖径流量及鄱阳湖水位产生影响，等等。因此，鄱阳湖水位变化受到众多因素影响，各因素相互影响，关系错综复杂，它们共同决定着鄱阳湖水位变化过程(赵军凯 等，2019)。在此仅对五河径流量和长江干流对鄱阳湖水位的影响进行分析。

从入湖径流总量分析，五河径流量是决定着湖泊水量年际和年内变化的主要因素，从而也是影响湖泊水位的主要因素之一；从长江与鄱阳湖相互作用关系分析，干流来水量的多少和水位的高低对湖泊水位的季节波动起着重要作用。

4.4.2.1　鄱阳湖水位与五河径流量的相关性

(1)数据预处理

为了能直观地从散点图中看出四站水位与五河径流量观测值之间的统计规律性，首先把不同量纲的两个量(水位和径流量)的值标准化，使数据变为[0.1]之间的无单位的数值，然后再绘制散点图。数据处理化的方法采用极大值标准化方法(徐建华，2002)，其公式如下：

$$T_i=\frac{t_i-t_{\min}}{t_{\max}-t_{\min}} \tag{4-1}$$

式中，t_i 表示某一数据序列第 i 个观测值，$t_{\max}$为原序列观测值的最大值，$t_{\min}$为原序列观测值的最小值，T_i 为标准化后数据序列第 i 个数值，$i=1,2,3,\cdots,n$，n 为观测值的总数。

(2)绘制散点图

利用式(4-1)，分别对棠荫站(1962—2007 年)，都昌站(1954—2010 年)，星子站(1954—2007 年，2009—2010 年)，湖口站(1954—2010 年)年平均水位和五河六站年径流量(数据序列时间同前)进行标化处理，并对处理后的数据绘成散点图(图 4-13)。从图 4-13 可以看出，鄱阳湖四站水位与五河六站总径流量之间有一定的相关性，说明鄱阳湖四站水位与五河六站径流量的大小有一定的关系。

(3)Pearson 相关分析方法

研究两个要素 x 和 y 之间的相关性常用 Pearson 相关分析法(徐建华，2002)。其相关系数计算公式为：

$$r_{xy}=\frac{\sum_{i=1}^{n}(x_i-\bar{x})(y_i-\bar{y})}{\sqrt{\sum_{i=1}^{n}(x_i-\bar{x})^2}\sqrt{\sum_{i=1}^{n}(y_i-\bar{y})^2}} \tag{4-2}$$

式中，x_i 和 $y_i(i=1,2,3,\cdots,n)$分别表示两个要素变量，$\bar{x}$ 和 $\bar{y}$ 分别表示两个要素对于某个样本值的平均值，r_{xy}表示要素 x 和 y 之间的相关系数。相关系数检验方法，采用单尾 t 检验法(卢纹岱，2002)。

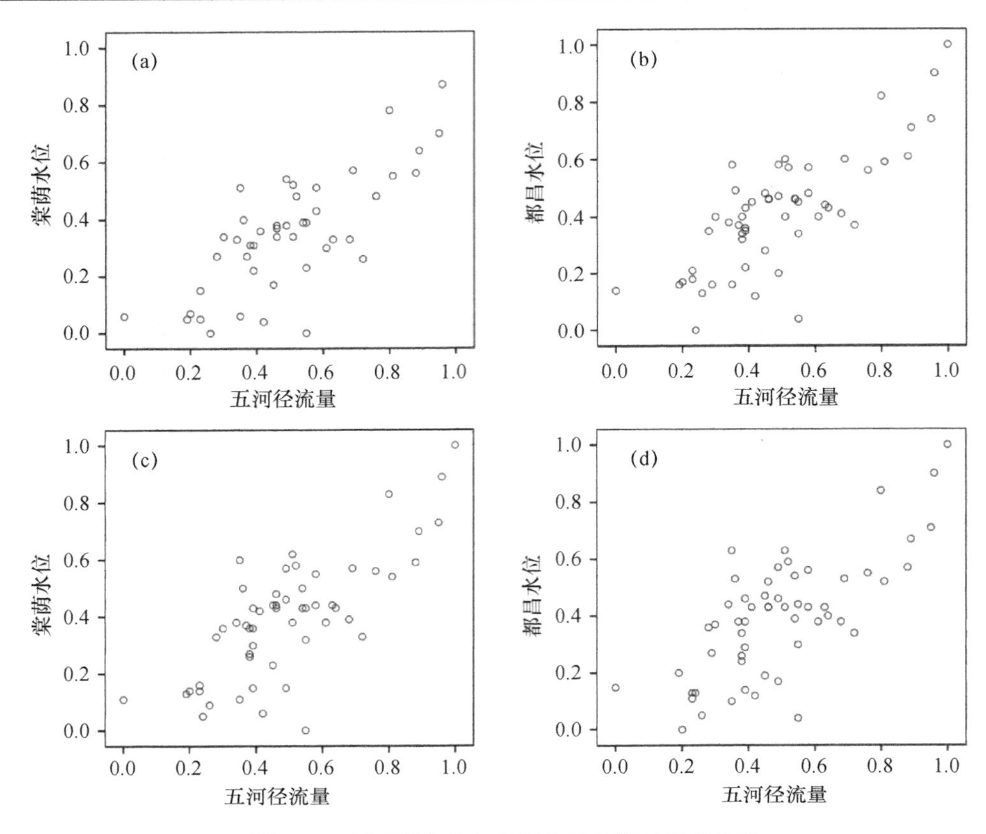

图 4-13　鄱阳湖水位与五河六站径流量散点关系

（图中数值为标准化值，无量纲，余同）

(4)相关性计算结果

将标准化后的数据利用式(4-2)，计算鄱阳湖都昌、棠荫、星子和湖口四站水位与五河六站径流量的相关系数，结果见表 4-9。从表 4-9 中可以看出，五河六站径流量与都昌、棠荫、星子和湖口四站水位的相关系数分别为 0.778、0.756、0.755、0.727，都通过了 0.01 的显著性水平检验。相关系数较大，表明鄱阳湖水位与五河径流量相关性较大。各相关系数差别不大，说明各湖区水位都与五河径流量具有较好的相关性。

表 4-9　鄱阳湖水位与五河径流量和九江水位相关系数

	五河六站径流量	都昌	棠荫	星子	湖口	九江
五河六站径流量	1	0.778**	0.756**	0.755**	0.727**	
都昌	0.778**	1	0.993**	0.993**	0.968**	0.488**
棠荫	0.756**	0.993**	1	0.984**	0.964**	0.435**
星子	0.755**	0.993**	0.984**	1	0.985**	0.494**
湖口	0.727**	0.968**	0.964**	0.985**	1	0.495**
九江		0.488**	0.435**	0.494**	0.495**	1

注：* * 表示单尾检验结果达到 0.01 的显著性水平。

4.4.2.2 鄱阳湖水位与长江干流水位的相关性

(1)鄱阳湖四站水位与九江站观测值统计关系

分析鄱阳湖水位与长江干流水位相关性时，选用干流上距离湖口最近的九江水文站的数据资料进行分析(图 4-2)。分析前，同样利用式(4-1)将九江站水位原始数据(1956—1987 年和 2000—2010 年)标准化处理，然后绘制成散点图 4-14。从图 4-14 中可以看出，鄱阳湖四站与九江站水位有很好的相关性，散点图的规律性很强，说明鄱阳湖水位受到长江干流水位影响较大。

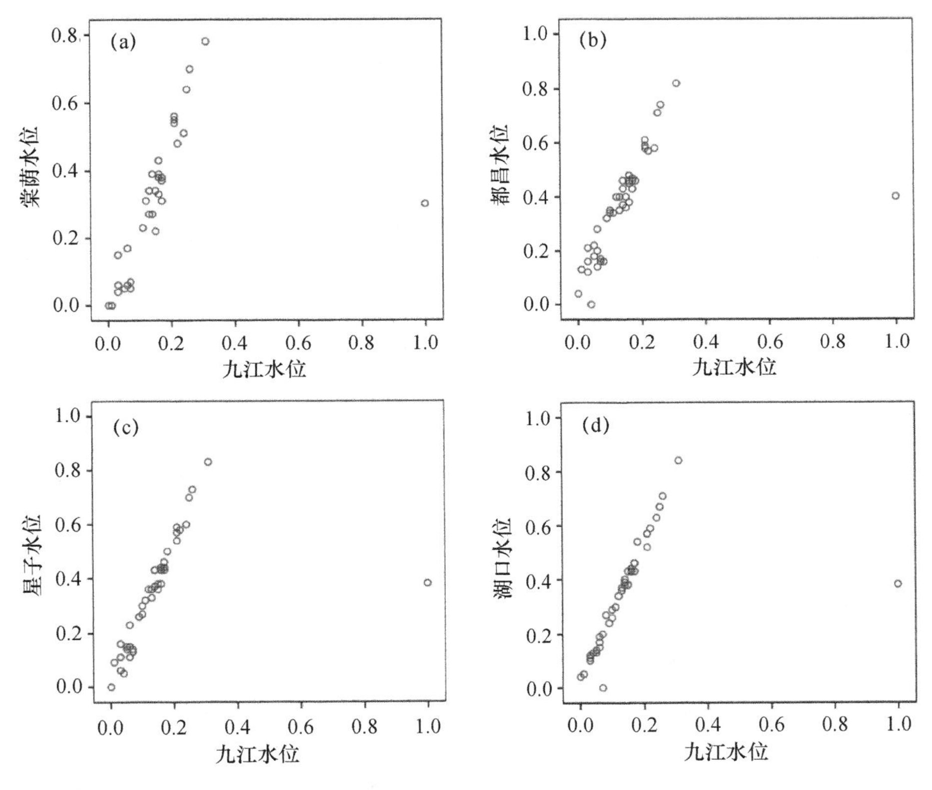

图 4-14 鄱阳湖水位与九江站水位散点关系

(2)鄱阳湖四站与九江站水位相关性分析

将标准化后的数据利用式(4-2)，计算鄱阳湖都昌、棠荫、星子和湖口四站与九江站水位的相关系数，结果见表 4-9。从表 4-9 中可以看出，九江站水位与都昌、棠荫、星子和湖口四站的相关系数分别为 0.488、0.435、0.494、0.495，都通过了 0.01 的显著性水平检验。相关系数都小于 0.5，这与图 4-14 反映出来的鄱阳湖水位与长江干流水位相关性较好有点矛盾。各相关系数差别不大，从主湖区棠荫到湖口相关系数依次增大。说明：第一，鄱阳湖水位与长江干流九江站水位都有相关系；第二，长江干流与入江水道水位相关系较主湖区水位有更好的相关性。

从前文分析可知，鄱阳湖水位既受到五河六站径流量的影响，同时又受到长江干流水位的影响。可以看出鄱阳湖四站水位与长江干流(九江站)水位散点图规律性强(图 4-14)，与五河六站径流量相关系数大(表 4-9)。

4.4.2.3　主湖区与入江水道湖区水位关系

(1)鄱阳湖主湖区与入江水道站点水位的相关性

鄱阳湖内湖棠荫、都昌水位与外湖星子、湖口水位多年统计资料，用式(4-1)进行标准化处理后绘制成散点图4-15。从图4-15中可以看出，鄱阳湖主湖区水位与入江水道水位具有很好的相关性，散点图的规律性很强，呈线性关系。

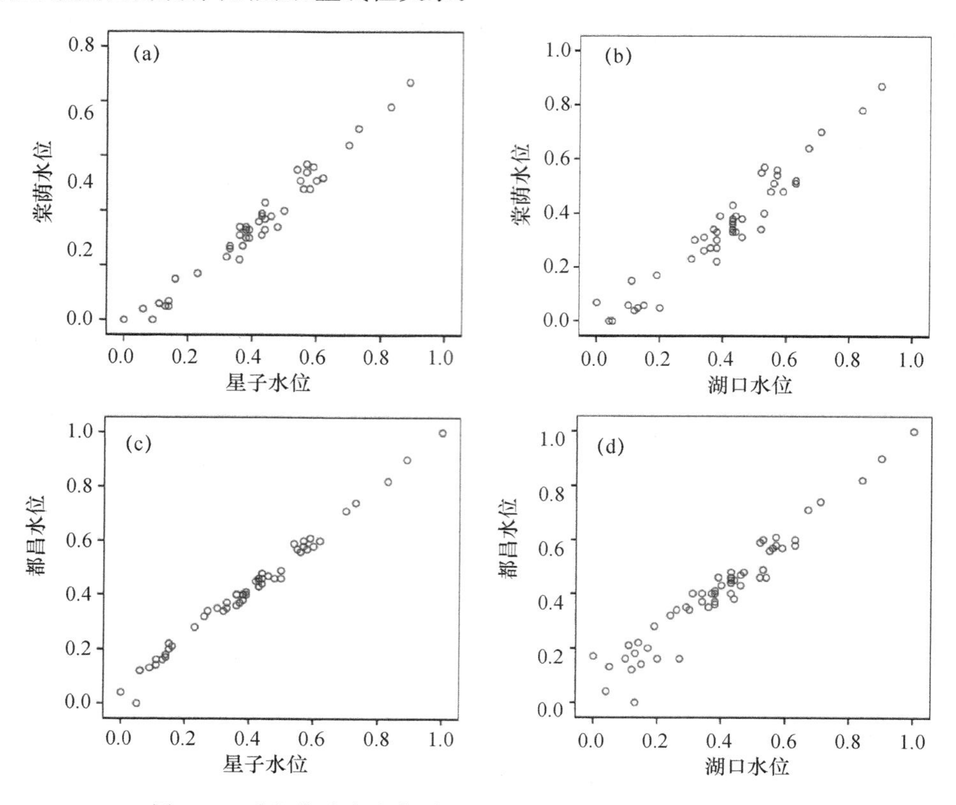

图4-15　鄱阳湖内湖棠荫、都昌与外湖星子、湖口站水位散点图

将标准化后的数据利用式(4-2)，计算鄱阳湖棠荫、都昌、星子和湖口四站水位的相关系数，结果见表4-9。从表4-9中可以看出，棠荫与星子和湖口两站的相关系数分别为0.984和0.964；都昌与星子和湖口两站的相关系数分别为0.993和0.968；都通过了0.01的显著性水平检验。可以看出，主湖区与入江水道水位相关系数较大，表明线性相关性很好。

(2)主湖区与入江水道水位关系模型

选用都昌站水位代表主湖区水位，星子站水位代表入江水道湖区水位，进行主湖区与入江水道水位关系线性模拟。从前文的分析知，鄱阳湖水位受到五河径流量和长江干流的双重影响。即，春季增水时湖泊水位是由于五河径流量的逐渐增大而增大，这时候，主湖区水位增高引起入江水道水位相应增高；随着时间推移，5月份之后长江干流进入汛期，流量增加，水位升高，7月份进入主汛期之后，干流流量和水位都增加到一定程度，对鄱阳湖湖口出流顶托作用加强，使湖内水位壅高，各湖区水位相差不大。这时候，入江水道水位增高而引起主湖区水位增大，7—9月水位居高不下；9月份之后，长江干流流量减小，水位降低，对鄱阳湖顶托作用减小，湖水大量外泄。随着鄱阳湖水量不断流出，湖内水量也越来越少，水位逐渐下降，这时候，入江水道水位降低使主湖区水位随之降低(图 4-12)。

运用 SPSS 软件进行线性回归分析，得到回归方程：

$$y=1.048x-0.041 \tag{4-3}$$

式中，y 表示星子站水位，x 表示都昌站水位。回归方程的拟合度为 0.987。方差分析结果是：回归平方和为 2.427，剩余平方和为 0.032，通过了 $F_{\alpha=0.01}$ 的显著性检验，回归效果见图 4-16。注意，这里回归方程中的自变量和因变量的值是标准化值，需要利用式(4-2)还原为原始值才是星子站的水位值。预测效果见表 4-10。

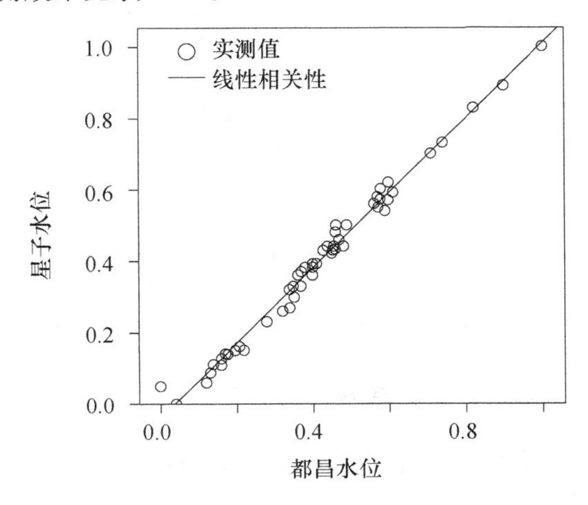

图 4-16　星子水位线性回归拟合效果

表 4-10　星子站年平均水位预测效果一览表

年份	原始值(m)	预测值(m)	残差(m)	相对误差(%)	年份	原始值(m)	预测值(m)	残差(m)	相对误差(%)
1954	16.10	16.12	0.03	0.16	1983	15.34	15.28	−0.05	−0.35
1955	13.57	13.66	0.09	0.69	1984	13.52	13.57	0.05	0.36
1956	12.75	12.98	0.23	1.79	1985	13.20	13.07	−0.12	−0.94
1957	12.71	12.87	0.16	1.29	1986	12.21	12.22	0.02	0.12
1958	12.93	13.04	0.11	0.86	1987	13.20	13.27	0.07	0.51
1959	12.25	12.31	0.06	0.48	1988	13.30	13.29	−0.01	−0.09
1960	12.25	12.44	0.18	1.51	1989	14.37	14.23	−0.14	−0.98
1961	13.48	13.42	−0.06	−0.45	1990	13.73	13.54	−0.19	−1.39
1962	13.55	13.67	0.12	0.88	1991	13.83	13.72	−0.11	−0.82
1963	12.07	12.05	−0.02	−0.18	1992	13.33	13.32	−0.01	−0.04
1964	14.27	14.14	−0.13	−0.91	1993	14.07	14.06	−0.01	−0.05
1965	13.04	13.03	0.00	−0.02	1994	13.57	13.48	−0.09	−0.67
1966	12.61	12.72	0.10	0.83	1995	14.08	14.01	−0.06	−0.46
1967	13.21	13.14	−0.07	−0.52	1996	13.45	13.50	0.04	0.32
1968	13.28	13.18	−0.10	−0.75	1997	13.05	13.11	0.07	0.53
1969	13.49	13.56	0.07	0.52	1998	15.59	15.63	0.04	0.27
1970	14.22	14.27	0.06	0.41	1999	14.12	14.22	0.10	0.72

续表

年份	原始值(m)	预测值(m)	残差(m)	相对误差(%)	年份	原始值(m)	预测值(m)	残差(m)	相对误差(%)
1971	12.18	12.20	0.01	0.09	2000	13.53	13.55	0.02	0.16
1972	12.03	12.14	0.11	0.92	2001	12.99	13.00	0.02	0.13
1973	14.86	14.89	0.03	0.20	2002	13.99	14.19	0.20	1.43
1974	13.17	13.28	0.11	0.86	2003	13.50	13.42	−0.08	−0.62
1975	14.75	14.76	0.01	0.07	2004	12.15	12.13	−0.02	−0.13
1976	13.30	13.29	−0.01	−0.06	2005	13.27	13.28	0.01	0.06
1977	13.49	13.52	0.03	0.24	2006	11.55	11.56	0.01	0.09
1978	11.96	11.97	0.01	0.06	2007	11.81	11.92	0.11	0.95
1979	12.29	12.38	0.09	0.76	2009	11.79	11.37	−0.42	−3.55
1980	14.15	14.15	0.00	0.00	2010	13.82	13.57	−0.24	−1.77
1981	13.64	13.61	−0.02	−0.17	平均值	13.36	13.37	0.01	0.04
1982	14.19	14.10	−0.09	−0.65	标准差	0.96	0.96	0.11	

4.4.3　湖口站水位的影响因素及其预测模型

对湖口站水位波动起伏变化起决定性作用的是五河径流量的多少、湖内水位的高低、湖口流量的大小和长江对鄱阳湖湖口的顶托作用的大小。

4.4.3.1　五河六站径流量对湖口水位的影响

可以通过相关性分析来说明五河六站径流量对湖口站水位的影响。

利用式(4-1)将五河六站径流量和湖口站水位数值进行标准化，然后绘制成散点图4-17a。从图4-17a中可以看出，湖口站水位与五河六站径流量有一定相关性，散点图有一定的规律性，说明湖口水位受到五河六站径流量的影响。

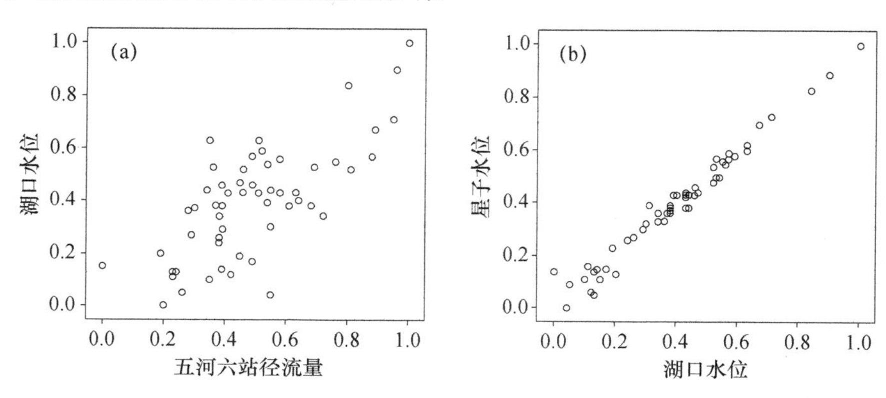

图4-17　湖口水位与五河六站径流散点图

将标准化后的数据利用式(4-2)，计算鄱阳湖五河六站径流与湖口站水位的相关系数，结果见表4-9。从表4-9中可以看出，湖口站水位与五河六站径流量的相关系数为0.727，通过了0.01的显著性水平检验。可以看出，湖口站水位与五河六站径流成正相关关系。即在其他因素不变的情况下，五河径流量越大，湖口站水位越高；反之亦然。

4.4.3.2　主湖区水位对湖口水位的影响

从散点图 4-15b,d 可以看出,鄱阳湖主湖区棠荫站和都昌站水位与湖口水位的相关关系很好,说明主湖区水位对湖口水位有一定的影响。再看图 4-17b,发现星子站与湖口水位关系也呈很好的相关关系。从表 4-9 中可以看出,湖口与都昌、棠荫、星子的相关系数分别为 0.968、0.964、0.985,相关系数较大,说明相关性好。从相关系数可以看出,湖口的水位与主湖区和入江水道湖区水位都呈正相关关系。即在其他因素不变的情况下,主湖区与入江水道湖区水位越高,湖口的水位就越高;反之亦然。

4.4.3.3　长江干流水位对湖口水位的影响

长江干流对湖口出流的顶托作用主要是通过提高湖口的水位,使入江水道水位增大,增加水的势能,进而使鄱阳湖水外泄困难,部分湖水暂时储存在湖盆内,实现湖泊的调蓄功能;有时会出现江水倒灌鄱阳湖的现象,实现鄱阳湖对长江干流洪水的调蓄。因此,分析鄱阳湖与长江水交换作用,就必须分析长江干流水位对湖口水位的影响。

从散点图 4-14d 可以看出,九江站水位与湖口站水位线性关系很好,规律性强。从表4-9中可以看出,九江与湖口水位相关系数为 0.495,相关系数不大,说明相关性不强。因此,湖口水位虽然受到长江干流的很大影响,但是与湖口水位相关性强的因素还是主湖区水位和五河径流量。

4.4.3.4　湖口水位与流量的关系

(1)年平均水位—流量关系

从年平均水位和流量来看(图 4-18),湖口站水位与流量在丰水年、枯水年呈现正相关关系,在平水年相关性不大。湖口的丰水年,如 1954 年、1970 年、1973 年、1975 年、1983 年、1998 年等,湖口水位高流量大。湖口的枯水年,如 1963 年,1971 年等,湖口水位低流量小。但在湖口站径流量处于平水年份,出现了水位与流量不一致的现象。如 1972 年是湖口站年平均水位最低的年份,水位只有 10.96 m,可是流量却显示出该年不是最枯水年;再如 2006 年,湖口流量属于平水年,可是该年的年均水位很低,只有 11.16 m,而且比枯水年 2004 年还要低(图4-18)。出现这种现象,可能与长江干流顶托湖口出流有关,造成湖口水位高流量小;长江水位低,则诱导出湖流量增大,造成湖口水位低流量大的异常现象(戴志军 等,2010;赵军凯 等,2011a)。

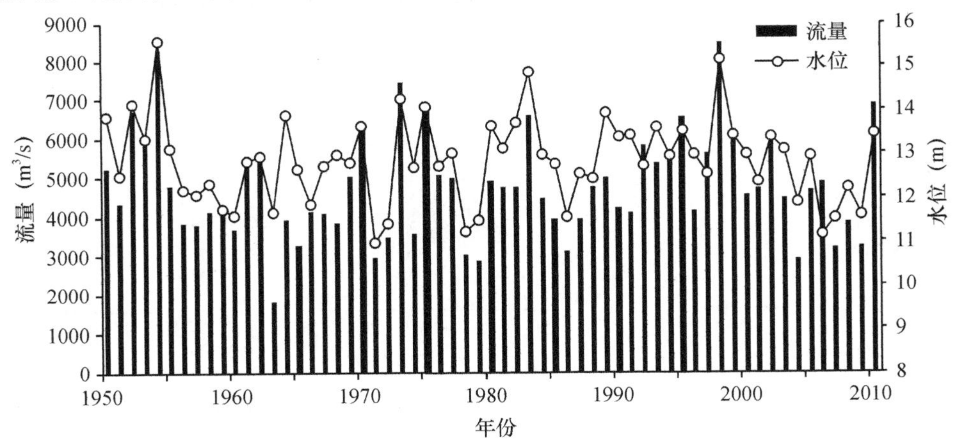

图 4-18　1950—2010 年湖口站年平均水位和流量年际变化过程

(2)月平均水位-流量关系

从图 4-19 中可以看出:湖口高水位月(5—10 月)与大流量月(3—8 月)不完全一致;7—10 月出现高水位低流量现象。鄱阳湖流域主汛期 4—6 月是湖口流量最大的三个月,水位随着流量增加而增加,但 6 月份并未达到最高值;7 月份之后湖口流量突然减少,同时,湖口水位却持续高水位一段时间,高水位一直持续到 10 月份。这种现象,说明影响湖口水位的主要因素不仅仅是鄱阳湖五河径流量、湖内水位、湖口流量,还有其他因素如长江干流,而且长江干流对湖口水位影响很大。它是通过顶托湖口湖水泄流,才造成湖口站水位增高,因此,会出现高水位低流量现象。

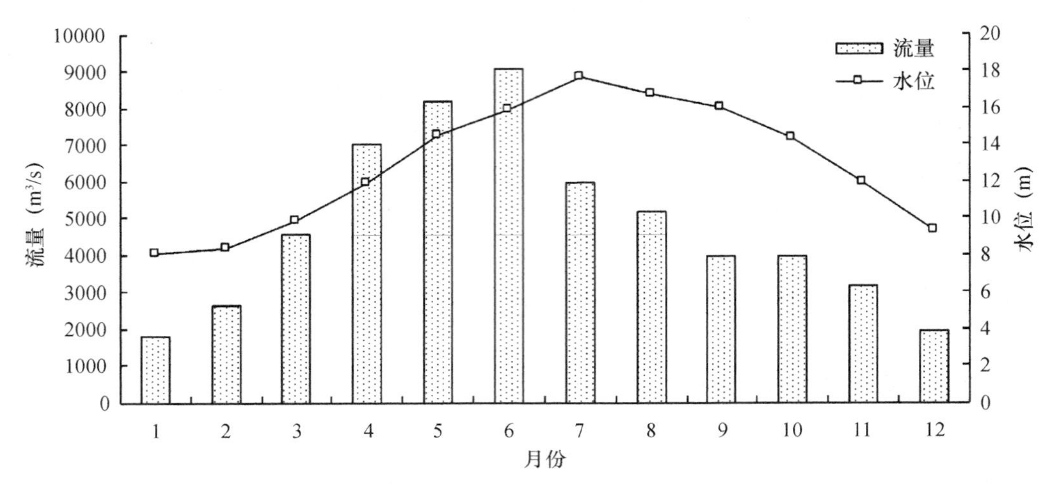

图 4-19　湖口站多年月平均水位和流量年内变化过程

(3)湖口站水位、流量观测值统计规律性

图 4-20a 是湖口站日平均水位流量散点图,从图中看日平均水位流量有一定的相关性,但是没有统计规律性。图 4-20b 是湖口站 1950—2010 年月平均水位流量散点图,从图中看月平均水位流量有一定的相关性,但是相关性太弱,以至于水位较大时流量就没有规律可循了。图 4-20c 是 1950—2010 年平均水位和流量散点图,从图中可以看出年平均水位流量有一定的线性相关,但是相关性不强。从上面日平均、月平均和年平均水位流量散点图分析可知,湖口站的水位与流量的相关性不强,很难找出定量的关系。

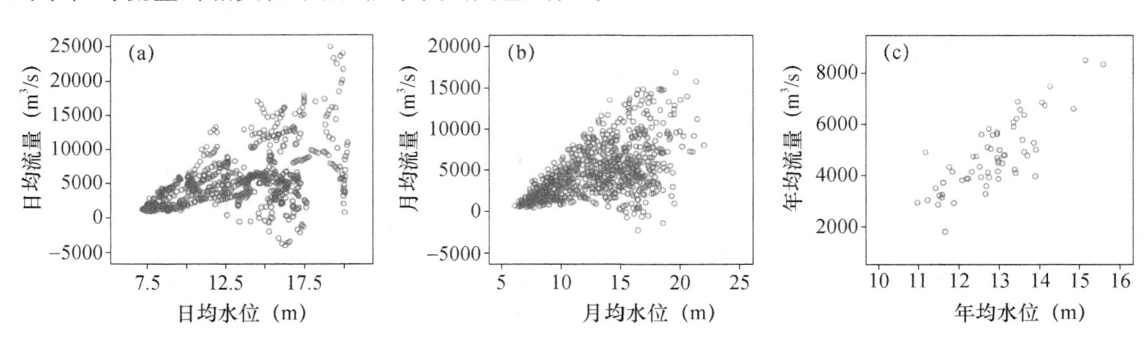

图 4-20　湖口站日、月、年平均水位—流量散点关系

从上面分析可以看出，湖口站水位和流量关系为：在一定程度上年平均水位受到流量变化的影响；日平均水位和月平均水位与对应平均流量关系规律性不强。

4.4.3.5　湖口站水位模型

湖口站水位主要受到五河径流量、湖内水位和长江干流的影响。五河径流量对湖口水位的影响是通过湖内水位变化来实现的。因此，可以用鄱阳湖内水位与长江干流九江站水位来拟合湖口水位。选用鄱阳湖主湖区与湖口水位相关性强的都昌水位站、入江水道湖区的星子站及长江干流九江站，进行多元线性回归分析，获得湖口水位模型。

(1)多元线性回归方法

在多要素的地理系统中，多个(多于两个)要素之间也存在着相关影响、相互关联的情况。这时，就需要用多元地理回归模型来分析了(徐建华，2002)。假设某一因变量 y 受 k 个自变量 $x_1, x_2, \cdots, x_k$ 的影响，其 n 组观测值为 $y_\alpha, x_{1\alpha}, x_{2\alpha}, \cdots, x_{k\alpha}, \alpha=1,2,\cdots,n$。那么，多元线性回归模型的结构形式为：

$$y_\alpha=\beta_0+\beta_1 x_{1\alpha}+\beta_2 x_{2\alpha}+\cdots+\beta_k x_{k\alpha}+\varepsilon_\alpha \tag{4-4}$$

在式(4-4)中，$\beta_0, \beta_1, \beta_2, \cdots, \beta_k$ 为待定参数，ε_α 为随机变量。如果 $b_0, b_1, b_2, \cdots, b_k$ 分别为 $\beta_0, \beta_1, \beta_2, \cdots, \beta_k$ 的拟合值，则回归方程为：

$$\hat{y}=b_0+b_1 x_1+b_2 x_2+\cdots+b_k x_k \tag{4-5}$$

在式(4-5)中，b_0 为常数，$b_1, b_2, \cdots, b_k$ 称为偏回归系数。偏回归系数 $b_i(i=1,2,\cdots,k)$ 的意义是，当其他自变量 $x_j(j\neq i)$ 都固定时，自变量 x_i 每变化一个单位而使因变量 y 平均改变的数值。

根据最小二乘法原理(沈恒范，1995)，可以计算出 $\beta_i(i=1,2,\cdots,k)$ 的估计值 $b_i(i=1,2,\cdots,k)$，以及常数项 b_0 的值，于是式(4-5)就可以确定了。

多元线性回归模型的显著性检验。构造统计量：

$$F=\frac{U/k}{Q/(n-k-1)} \tag{4-6}$$

其中，

$$U=\sum_{\alpha=1}^{n}(\hat{y}_\alpha-\bar{y})^2 \tag{4-7}$$

$$Q=\sum_{\alpha=1}^{n}(y_\alpha-\hat{y}_\alpha)^2 \tag{4-8}$$

式中，F 为统计量，U 为回归平方和，Q 为剩余平方和，$\bar{y}$ 为 $y_1, y_2, \cdots, y_n$ 的平均值，其余变量意义同前。统计量 F 服从自由度为 k 和 $(n-k-1)$ 的 F 分布。

(2)多元回归分析结果

利用 1956—2010 年的月平均水位，利用 SPSS 软件，进行多元回归分析。得到方程：

$$y=0.286x_1-0.659x_2+1.342x_3+0.125 \tag{4-9}$$

式中，y 表示湖口水位，x_1 表示九江站水位，x_2 表示都昌站水位，x_3 表示星子站水位。方程的拟合度为 0.995。方差分析结果为，回归平方和 7116，剩余平方和 35，通过了 $F_{\alpha=0.01}$ 的显著性检验。残差绝对值的平均值为 0.01 m，最大值只有 0.20 m；2009 年相对误差平均值为 0.09%，2010 年为－0.03%，2009 年最大值为 2.05%，2010 年为－1.71%。可见此模型预测效果非较好，预测效果见表 4-11。

表 4-11　湖口站月平均水位预测效果

2009年					2010年				
月份	原始值(m)	预测值(m)	残差(m)	相对误差(%)	月份	原始值(m)	预测值(m)	残差(m)	相对误差(%)
1	7.67	7.62	−0.05	−0.65	1	7.72	7.68	−0.04	−0.46
2	7.7	7.63	−0.07	−0.93	2	8.97	8.82	−0.15	−1.71
3	11.23	11.20	−0.03	−0.24	3	10.55	10.61	0.06	0.56
4	11.19	11.10	−0.09	−0.79	4	13.15	13.23	0.08	0.58
5	13.71	13.77	0.06	0.43	5	15.68	15.72	0.04	0.23
6	14.71	14.72	0.01	0.06	6	17.77	17.70	−0.07	−0.40
7	15.74	15.75	0.01	0.08	7	19.67	19.54	−0.13	−0.65
8	16.58	16.57	−0.01	−0.06	8	18.25	18.15	−0.10	−0.56
9	14.31	14.37	0.06	0.44	9	16.67	16.64	−0.03	−0.19
10	9.66	9.86	0.20	2.05	10	13.87	13.92	0.05	0.37
11	8.57	8.66	0.09	1.09	11	9.99	10.15	0.16	1.57
12	7.83	7.84	0.01	0.17	12	9.08	9.11	0.03	0.31
平均值	11.58	11.59	0.01	0.09	平均值	13.45	13.44	−0.01	−0.03
标准差	3.32	3.33	0.08		标准差	4.14	4.10	0.09	

由上面分析可知，湖口水位一方面受到鄱阳湖水位的影响，一方面受到长江干流顶托作用的影响。具体地说，湖口水位与鄱阳湖星子、都昌和长江干流九江站水位相关关系很好，通过多元分析建立了湖口站水位预测数学模型。此模型预测精度较高，尤其是对月平均水位的预测误差非常小，在研究和工程计算中具有实用价值。

4.5　鄱阳湖与长江水交换过程定量研究

对鄱阳湖与长江水交换规律的探讨，我们首先运用水量平衡的方法来计算鄱阳湖与长江水交换量的基本规律。

4.5.1　鄱阳湖水量平衡方程

鄱阳湖与长江水交换过程受五河径流量的多寡、湖泊水位的变化以及长江干流对湖口的顶托作用等多种因素的影响和制约，具体水量交换过程变数较大，非常复杂。如果以年为单位考查湖泊与长江水交换时，则从宏观上符合水量平衡的原理。根据鄱阳湖水系的具体情况，在某一时段内，有下面的水量平衡方程式：

$$R_{fp}+R_{bp}+R_{upi}+P_p-E_p-R_{ho}-R_{upo}=\Delta W_p \tag{4-10}$$

式中，R_{fp} 表示鄱阳湖流域五河地表入湖径流量，R_{bp} 表示长江倒灌入湖径流量，R_{upi} 表示鄱阳湖区地下水流入量，P_p 表示鄱阳湖区降水量，E_p 表示鄱阳湖区蒸发量，R_{ho} 表示鄱阳湖湖口地表出湖径流量，R_{upo} 表示鄱阳湖区地下水流出量，ΔW_p 表示一段时间内鄱阳湖蓄水变化量。在这里研究水量平衡时，以年为时间单位。由于地下径流流动缓慢，正常情况下地下径流一般处于稳定状态，流入和流出量相差不大，即 $R_{ui}-R_{uo}=0$（地下径流变化情况忽略不计）。湖区降水

量 P_p 与湖区蒸发量 E_p 之差，为湖区的地表径流量。一般来讲，在某一年内，湖区的时段末期与初期蓄水变化量不大，忽略不计，认为 $\Delta W_p=0$。则式(4-10)可以修改为：

$$R_{fp}+R_{bp}+R_{ap}=R_{ho} \tag{4-11}$$

式中，R_{ap} 表示鄱阳湖区地表径流流入量，其余变量意义同前。根据4.3.5节知，长江倒灌鄱阳湖水量多年平均为 $23.1\times10^8\ m^3$，仅占湖口多年平均径流量的1.53%。因此，计算鄱阳湖与长江水交换量时，忽略 R_{bp} 不计。由4.1.1节可知，R_{ap} 的多年平均量约占鄱阳湖入湖总径流量的10%。根据鄱阳湖区水量平衡方程式(4-11)可知：R_{ho} 是鄱阳湖对长江的补给水量。

4.5.2　不同径流频率下鄱阳湖对长江干流补水规律

水文学中经常用理论频率曲线来预测水文事件，以方便工程之用。我国河流水文资料配合较好的理论频率曲线有皮尔逊(K. Pearson)III 型曲线，斯·恩·克里茨基—门·虎·闵克里曲线，而最为通用的是皮尔逊 III 型曲线(以下简称 PIII 曲线)(丁兰璋 等，1987)。

利用湖口站61年(1950—2010年)的年径流资料作为样本进行计算，估计总体的频率。采用矩法估计 PIII 型理论曲线的参数，通过适线法(采用 $C_s=1.5C_v$)来确定湖口站年径流序列的理论频率曲线(方法见参考文献(吴明官 等，2001；李文华 等，2008))，并绘出 PIII 理论曲线图(林莺 等，2002；吴明官 等，2001)(图4-21)。由图可以看出，PIII 曲线和实际计算的经验样本点吻合较好。查图4-21得到不同频率下湖口的年径流量：频率为5%、50%、75%和95%时，即特大丰水年、平水年、中等干旱年和特大干旱年鄱阳湖补给长江的水量分别为 $2300\times10^8\ m^3$、$1440\times10^8\ m^3$、$1175\times10^8\ m^3$ 和 $930\times10^8\ m^3$。

4.5.3　鄱阳湖与长江水交换强度的量化研究

当某一湖泊为河流流域内的通江湖泊，湖泊有自己的水系，湖泊水系属于干流的支流水系，这种情况下，河、湖水交换是湖泊对干流调蓄功能的重要体现，也是河湖关系的重要方面。河湖水交换表现形式有地表径流和地下径流的交换，地下径流量相对较小，也更为复杂，本书主要讨论地表径流量的交换。

4.5.3.1　河湖水量交换定量研究方法

流域内湖泊对干流可以起到调蓄、滞洪、分洪、削峰、错峰和水量补充等作用。当某一湖泊为河流流域内的通江湖泊，湖泊又有自己的水系，则湖泊水系属于干流的支流水系，因此河、湖关系异常复杂(图4-22a)。一方面，湖泊承纳自己水系的洪水经调蓄后汇入干流；另一方面，湖泊直接吞吐干流的洪水对干流径流起到调蓄作用。

4.5.3.2　河湖水量交换系数

在不同的水平年份，河湖水交换的过程是不同的。水向低处流这是自然规律，因此发生河湖水交换的根本原因是河湖存在水位差，更为直观地表现出来的却是水流的方向和交换水量的多少。所以可以用单位时间内水由河流入湖里的量与由湖流进河里的量的比值来度量，即河湖水交换系数来表示河湖水交换的强度。显然河湖水交换强度是一个相对的量，多年平均处于相对稳定的状态。河湖水交换作用的稳定状态应该为多年平均水平，此时江湖水交换强度处于最小水平。当河湖水交换状态偏离稳定状态时，不论是湖对干流的补水量大于多年平均水平，还是湖容纳干流洪水量多于多年平均水平，江湖水交换强度都增大。

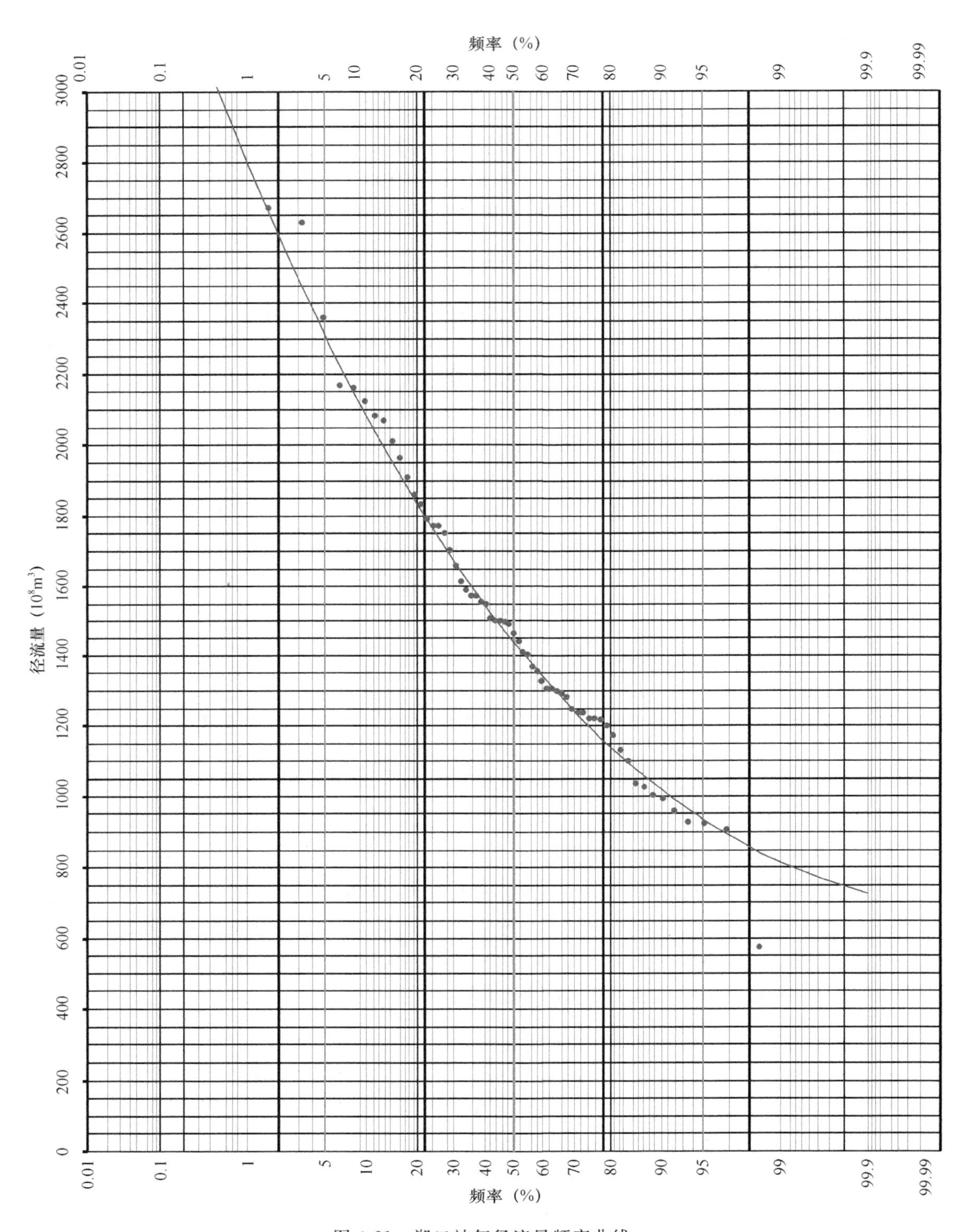

图 4-21　湖口站年径流量频率曲线

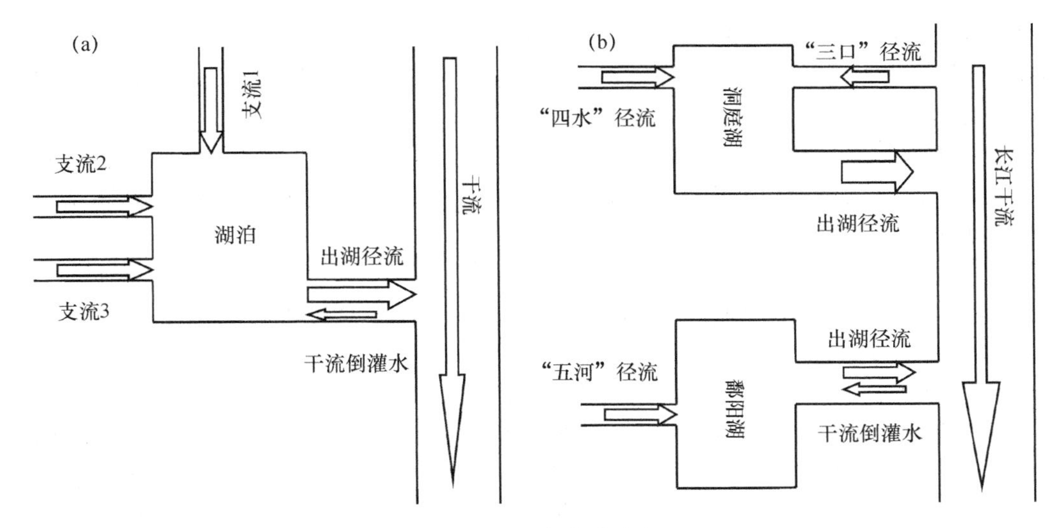

图 4-22　河湖关系示意

我们把某一时段内由支流汇入湖泊的径流量与湖泊泄入干流的径流量的比值称为河湖水交换系数,用来表示河湖水交换的激烈程度,量化河湖水交换的特征(赵军凯 等,2013)。

显然,河湖水交换系数是一个无量纲数。当出入湖径流量为多年平均水平时,河湖水交换处于相对稳定状态;大于出湖径流量时,则表示湖泊对干流的补水作用大于多年平均水平;小于出湖径流量时,结果反之。同时河湖水交换系数反映了河湖水量交换过程的激烈程度。

4.5.3.3　河湖水量交换系数公式的推导

设 I 表示湖泊与干流水量交换系数,R_i 表示某一时段内支流水系汇入湖泊的径流量,R_o 表示相应时段内出湖的径流量。则有:

$$I=\frac{R_i}{R_o}q-0.5 \tag{4-12}$$

式中,q 为调整系数,$q=\overline{R}_o/\overline{R}_i$,$\overline{R}_i$ 为 R_i 的多年平均值,$\overline{R}_o$ 为 R_o 的多年平均值。I 值就随 R_i 和 R_o 的变化而改变(赵军凯 等,2011b,2013)。

对公式(4-12)的说明如下。

(1)物理意义

当 $I=0.5$ 时,表示湖泊的调节作用接近多年平均水平,河湖水交换处于稳定状态;当 $I>0.5$ 且远离时,表示河湖水交换偏离稳定状态趋于激烈,湖泊水系对干流补水作用较强,I 越大表明湖泊对干流作用强度越大,河湖水交换强度越大;当 $I<0.5$ 且远离时,表示河湖水交换偏离稳定状态趋于激烈,干流对湖泊的反作用较强,说明湖泊分干流洪水的能力较强,I 越小表明湖泊分蓄干流洪水的能力越强,河湖水交换强度也越大。

(2)河湖水交换系数 I 取值说明

河湖水交换系数 I 只表示河湖水交换的激烈程度,即河湖水交换强度,不表示特定时段内河湖水交换量的多少。例如,在某一时段内,当 $I=0.8$ 时,表示河湖水交换的强度较大,湖泊对干流补水作用较稳定状态大,湖泊对干流补水量不一定就比稳定状态多,只是 R_i 与 R_o 的比值较 $\overline{R}_i/\overline{R}_o$ 大。

河湖水交换系数 I 值的大小,还可以表示湖泊水系对干流补水作用的大小。当 I($I>$

0.5)值越大,河湖水交换状态偏离平衡状态越远,湖泊对干流补水作用就越大;当 $I(I<0.5)$ 值越小,河湖水交换状态偏离平衡状态也越远,湖泊对干流补水作用就越小,相反,湖泊对干流的分洪作用却越大。

计算河湖水交换系数 I 时,当 R_i 与 R_o 选定了时段,$\overline{R}_i$ 与 $\overline{R}_o$ 必须选相应时段内径流量的多年平均值。这里的时段根据实际情况而定,可以是汛期、枯季、年或年代等时段,只要符合水文学研究的实际意义都可以。

(3)公式适用范围说明

式(4-12)的适用范围:某河流域内有通江湖泊,湖泊又有自己的水系,湖泊小水系属于干流大水系,是干流的支流水系(图 4-22a)。

(4)河湖水交换系数 I 对河湖相互作用的指示意义

根据河湖水交换的实际意义,河湖水交换处于稳定状态是一种动态平衡状态,此时的水交换系数 I 值应该在接近于 0.5 的一个区间内变动,而且,河湖水交换偏离稳定状态趋于激烈是指水交换系数 I 值不在该区间。因此,本书定义:当 $I<0.45$ 时,为"湖分洪"状态;$0.45\leqslant I\leqslant 0.55$ 时,为"稳定"状态;$I>0.55$ 时,为"湖补河"状态。

4.5.3.4 鄱阳湖与长江水交换系数公式推导

对鄱阳湖来说,五河来水量的多寡直接影响到湖泊补给长江水量的多少,但湖口有时会发生江水倒灌入湖的现象,江水倒灌的现象表明江湖水交换的另一面(图 4-22b)。因此,我们需要考虑长江水倒灌对江湖水交换系数产生的影响。

设 I_p 表示鄱阳湖与长江水交换系数,R_j 表示五河入湖年水量,R_h 表示湖口站出湖年水量,T_i 表示第 i 年江水倒灌的天数,t_i 为湖口站长江水倒灌系数,I_{pc} 是 t_i 归一化的结果,$t_{\min}$ 为 t_i 的最小值,$t_{\max}$ 为 t_i 的最大值,$i=1,2,3\cdots n$,n 为统计的年数。

湖口站长江水倒灌系数(t_i)是反映鄱阳湖容纳长江洪水能力的量。我们一般认为某年长江水倒灌天数多,长江对湖泊作用强烈,则该年长江水倒灌系数 t_i 就大;反之相反。t_i 可以用量化的方法表示,用第 i 年长江水倒灌的天数 T_i 除以统计 n 年内长江水倒灌天数的平均值。计算公式为:

$$t_i = T_i / \frac{1}{n}\sum_{i=1}^{n} T_i \tag{4-13}$$

可以看出,对于统计总年数 n 固定的情况下,当 T_i 较大时,t_i 也较大,反之相反。t_i 总是大于等于 0,但可能会大于 1,这就需要把 t_i 标准化,化为[0,1]之间的数。计算公式如下:

$$I_{pc}=\frac{t_i-t_{\min}}{t_{\max}-t_{\min}} \tag{4-14}$$

然后,根据河湖水交换系数计算式(4-12)的推导原理得到式(4-15);再把长江倒灌鄱阳湖的作用考虑进去,可以得到式(4-16)。

$$I_{pz}=\frac{R_j}{R_h}q_p-0.5 \tag{4-15}$$

$$I_p=r_1 I_{pz}+r_2 I_{pc} \tag{4-16}$$

$$\begin{cases} I_p = r_1\left(\dfrac{R_{pi}}{R_{ho}}q_p-0.5\right)+r_2\left(\dfrac{t_i-t_{\min}}{t_{\max}-t_{\min}}\right) \\ t_i = T_i/\dfrac{1}{n}\displaystyle\sum_{i=1}^{n}T_i \end{cases} \quad (r_1=0.95, r_2=0.05, i=1,2,3,\cdots,n) \tag{4-17}$$

式中，I_p表示长江干流与鄱阳湖水量交换系数，I_{pz}和I_{pc}分别表示鄱阳湖水系五河与湖口站年径流对比关系所反映的江湖水交换作用和长江水倒灌所反映的江湖水交换作用，r_1、r_2为平衡系数。显然，I_{pz}是鄱阳湖与长江水交换系数的主要部分，I_{pc}是次要部分。因此，需要分别赋予I_{pz}和I_{pc}权重系数r_1和r_2来平衡，使I_p的取值更合理，于是有式(4-17)成立。对r_1和r_2的取值有以下三个方面的要求。①r_1、r_2应该尽可能准确地反映鄱阳湖与长江水交换作用两个方面之间的平衡关系。这一点也是首要的，即r_1和r_2取值应该建立在大量观测和实验基础之上，还应该让$r_1 \gg r_2$。②使$I_p=0.5$时，还能反映江湖水交换的多年平均状况。③尽可能使I_p的值标准化，即让$I_p \in [0,1]$。为了达到上述目标，本书利用 1955—2009 年实测资料实验得出它们的经验值，$r_1=0.95$，$r_2=0.05$。于是，得到鄱阳湖与长江水交换系数I_p的计算公式(由于鄱阳湖区产水量较少，故忽略不计)。

式(4-17)的物理意义：$I_p=0.5$，表示鄱阳湖与长江水交换处于稳定状态。$I_p<0.5$表示鄱阳湖对长江补给作用较弱，I_p越小表明湖泊容纳长江水的调蓄作用越强烈；$I_p>0.5$表示鄱阳湖对长江补给作用较强，I_p越大表示湖泊对长江的补给作用越强，或者长江水倒灌强度越大。

4.5.3.5　鄱阳湖与长江干流水交换系数公式的应用

(1)I_p计算结果与径流丰枯的关系

利用式(4-17)计算鄱阳湖与长江水交换系数，计算结果见表 4-12。再利用式(3-8)计算 1953—2011 年鄱阳湖五河水系和长江干流汉口站的径流距平百分率，结果见表 4-12。

表 4-12　鄱阳湖与长江干流水交换系数及径流距平

年份	I_p	径流距平(%)		年份	I_p	径流距平(%)		年份	I_p	径流距平(%)		年份	I_p	径流距平(%)	
		五河	汉口			五河	汉口			五河	汉口			五河	汉口
1953	0.53	37	−3	1968	0.63	−6	14	1983	0.45	32	23	1998	0.38	62	29
1954	0.34	50	44	1969	0.54	14	−4	1984	0.51	−3	1	1999	0.36	15	8
1955	0.36	−11	1	1970	0.50	36	7	1985	0.49	−16	−3	2000	0.45	−6	6
1956	0.49	−18	−4	1971	0.45	−39	−11	1986	0.46	−35	−16	2001	0.51	3	−8
1957	0.48	−20	−7	1972	0.50	−24	−20	1987	0.45	−20	−3	2002	0.54	34	12
1958	0.54	−10	−2	1973	0.50	58	9	1988	0.44	−7	−6	2003	0.37	−18	6
1959	0.55	−3	−16	1974	0.42	−28	1	1989	0.44	0	13	2004	0.44	−40	−3
1960	0.53	−17	−14	1975	0.55	53	6	1990	0.49	−9	4	2005	0.50	0	6
1961	0.57	28	0	1976	0.56	16	−5	1991	0.41	−21	5	2006	0.51	10	−24
1962	0.57	28	5	1977	0.47	4	1	1992	0.54	31	−7	2007	0.53	−29	−9
1963	0.48	−63	−4	1978	0.56	−31	−19	1993	0.42	9	7	2008	0.56	−12	−4
1964	0.55	−12	25	1979	0.55	−35	−13	1994	0.50	23	−8	2009	0.48	−30	−11
1965	0.53	−28	5	1980	0.49	3	11	1995	0.42	31	3	2010	0.52	53	6
1966	0.51	−10	−12	1981	0.53	4	−2	1996	0.46	−13	4	2011	0.43	−38	−23
1967	0.43	−19	2	1982	0.54	6	9	1997	0.57	30	−11	均值	0.49	0	0

从表 4-12 可以看出：I_p的多年平均值为 0.49，处于河湖水交换的稳定状态，这与河湖水交换系数的定义相一致；1968 年I_p取得最大值 0.63，说明该年河湖水交换较为激烈，主要表现为江水倒灌，倒灌系数为 0.23，属于“湖补河”状态，该年五河和汉口径流距平百分率分别为−6%和 14%，分别是平水年和偏丰水年(图 4-23 和图 4-24)；1961、1962 和 1997 年I_p取得次大值 0.57，

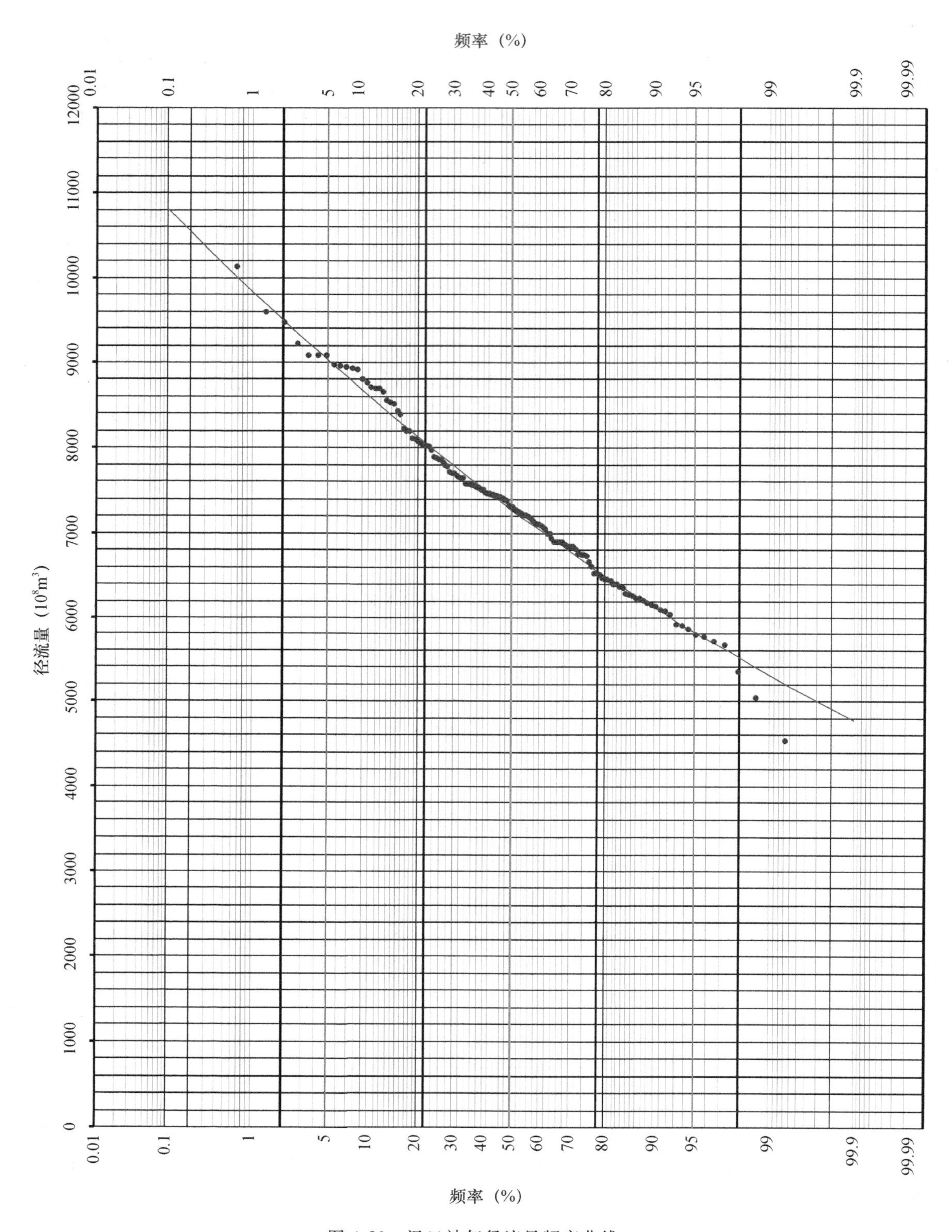

图 4-23　汉口站年径流量频率曲线

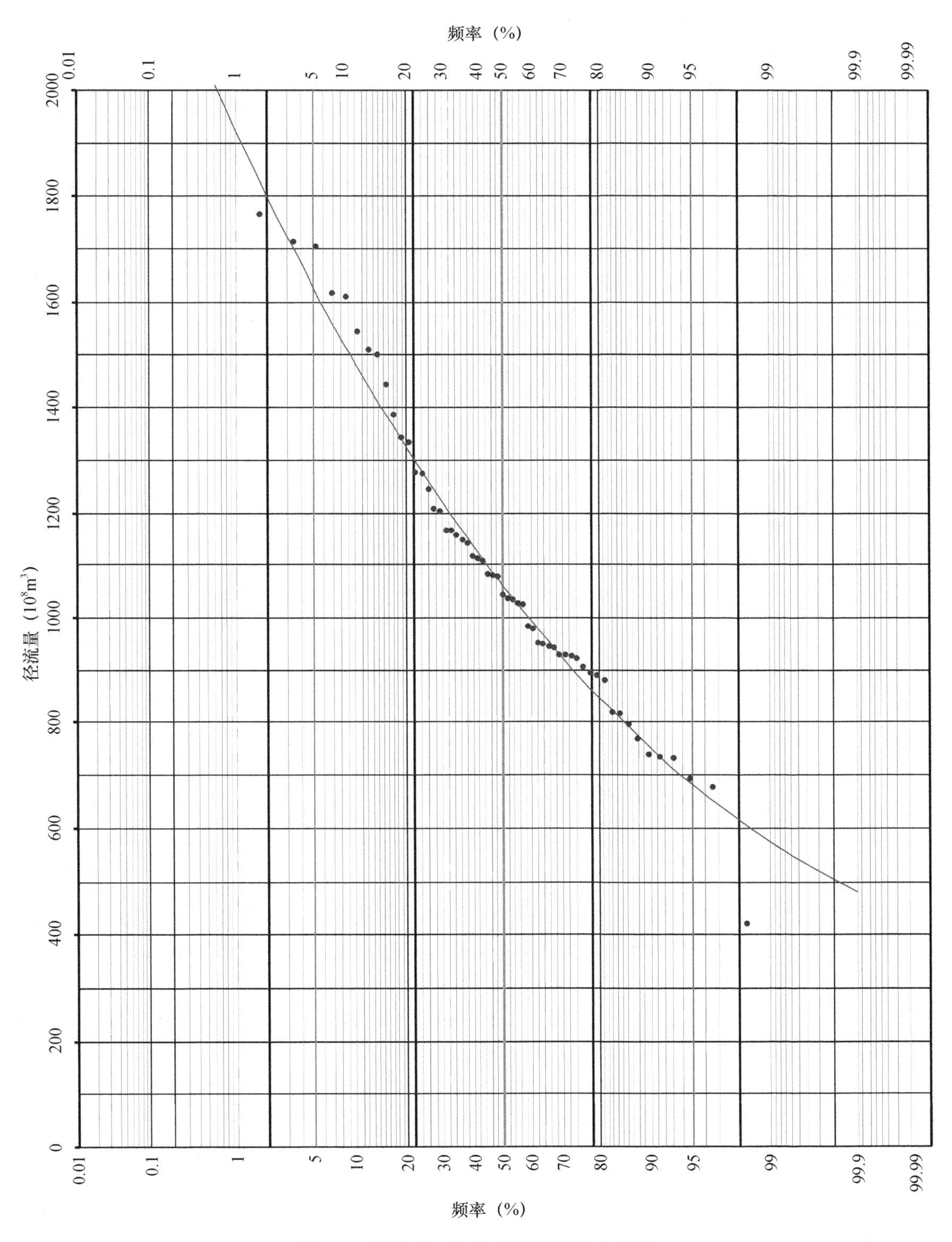

图 4-24　鄱阳湖五河年总径流量频率曲线

说明这三年河湖水交换强度较大，鄱阳湖对干流补水作用较明显，都属于“湖补河”状态，与之相应，五河的径流距平百分率分别为28%、28%和30%，都是丰水年（图4-24），汉口径流距平百分率分别为0、5%和－11%，是平水年和偏枯水年（图4-23）；1954年I_p取得最小值0.34，说明该年河湖水交换激烈，强度也大，主要表现为鄱阳湖分洪调蓄作用较强，属于“湖分洪”状态，与之相应，该年五河和汉口径流距平百分率为50%和44%，都是特大洪水年；1955年和1999年I_p取得次小值0.36，说明这两年河湖水交换较为激烈，都属于“湖分洪”状态，五河径流距平百分率分别为－11%和15%，前者是偏枯水年，后者是偏丰水年（图4-24），汉口径流距平百分率分别为1%和8%，都是平水年（图4-23）。这表明：I_p取值较大时，河湖水交换较为激烈，属于“湖补河”状态，鄱阳湖对干流补水作用较为明显，此时，干流汉口径流平水或枯水状态居多，而五河径流为丰水较多；但是也有例外，如1968年五河和汉口径流分别是平水年和偏丰水年，出现这种情况，主要原因是河湖水交换系数I_p是一个比值；I_p取值较小时，河湖水交换也处于激烈状态，属于“湖分洪”状态，鄱阳湖对干流分洪作用较为明显，或者说发生江水倒灌现象，此时，干流汉口径流丰水或平水状态居多。

表4-13是1953—2011年在不同河湖水交换状态下鄱阳湖水系及长江干流径流的丰枯年数统计。可以看出：长江干流与鄱阳湖水交换处于“湖补河”状态时，五河径流丰水年数较枯水年数多，汉口则是平水年数较丰水年数多；处于“湖分洪”状态时，五河径流枯水年数较丰水年数多，汉口的平水年数较多；处于稳定状态时，汉口径流平水年数较多。

表4-13　1953—2011年不同河湖水交换状态下鄱阳湖水系及长江干流径流的丰枯年数统计

河湖水交换状态	湖补河 ($I>0.55$)		稳定 ($0.45\leqslant I\leqslant 0.55$)		湖分洪 ($I<0.45$)	
水系或水文站	五河	汉口	五河	汉口	五河	汉口
丰水年(a)	4	1	10	4	4	3
平水年(a)	1	4	13	25	3	10
枯水年(a)	2	2	15	9	7	1

(2)I_p与径流的相关性探讨

长江干流与鄱阳湖水交换系数I_p是入湖五河和出湖湖口站径流量的比值，反映了入出湖径流量的对比关系。从图4-25可以看出：I_p与五河和湖口径流的散点图都呈现乱码，没有较好的相关性；与汉口径流的散点图稍微有序，有不明显的负相关关系。I_p与五河径流呈正相关，与湖口径流呈负相关，相关系数都很小，分别为0.071和－0.175，都没有通过显著性水平检验；I_p与倒灌系数呈不明显的正相关，相关系数为0.118，也没有通过显著性水平检验；I_p与汉口径流的呈负相关，相关性并不大，相关系数为－0.304，通过了显著性水平检验。从上面的探讨可知，I_p与汉口径流量相关性较好，汉口径流量的大小直接导致河(干流)湖水位差的变化，成为河湖水量交换激烈的主控因素，而五河径流量下泄需通过鄱阳湖调节后才汇入干流，其与I_p的相关性也是自然的。

(3)I_p的年际变化分析

从前面的探讨可知，I_p的大小及变化是鄱阳湖水系和长江干流径流综合作用的结果，换句话说，I_p的年际变化可以直接反映鄱阳湖与长江干流相互作用的过程。

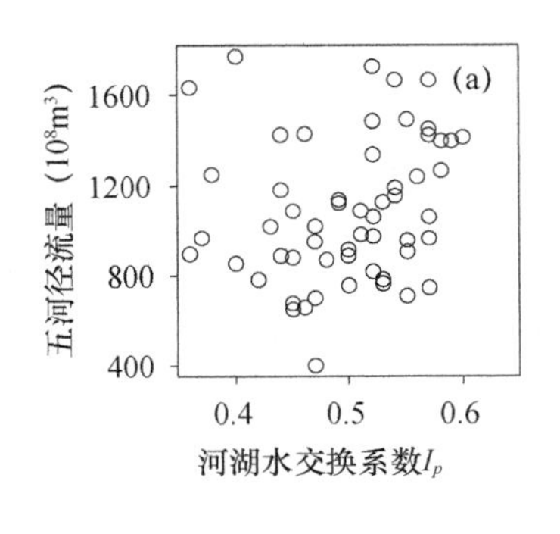

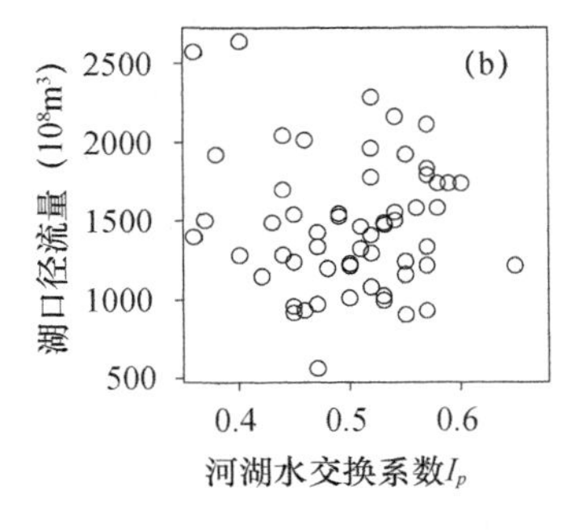

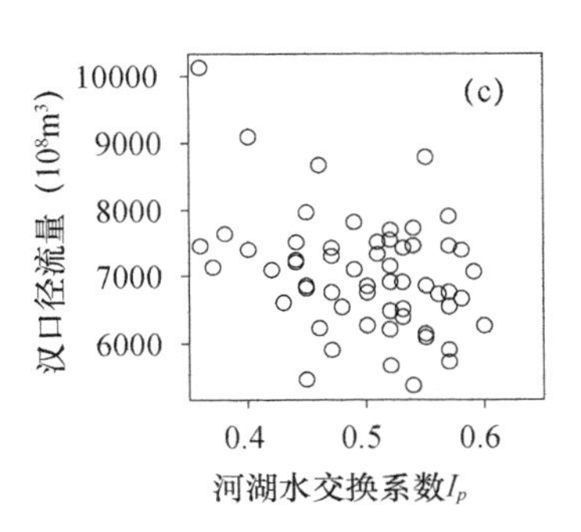

图 4-25　I_p与径流关系散点关系

从图 4-26 可以看出：近 60 多年来 I_p的变化具有波动性，以 0.5 为中心上下波动；20 世纪 50 年代中后期至 80 年代中期波动性起伏较小，20 世纪 50 年代前期和 90 年代至 2005 年波动起伏较大；I_p围绕其中心值的波动方向与汉口径流的波动大致相反，但其长期波动的阶段性却与汉口径流大体相似；近 60 多年来 I_p的年际变化没有明显趋势性，与之相应，近半个世纪以来，鄱阳湖流域五河总径流没有明显的趋势性变化（霍雨 等，2011；孙鹏 等，2010）。说明长江干流与鄱阳湖关系在缓慢的演变过程中处于稳定状态，没有发生明显的、较大的改变。

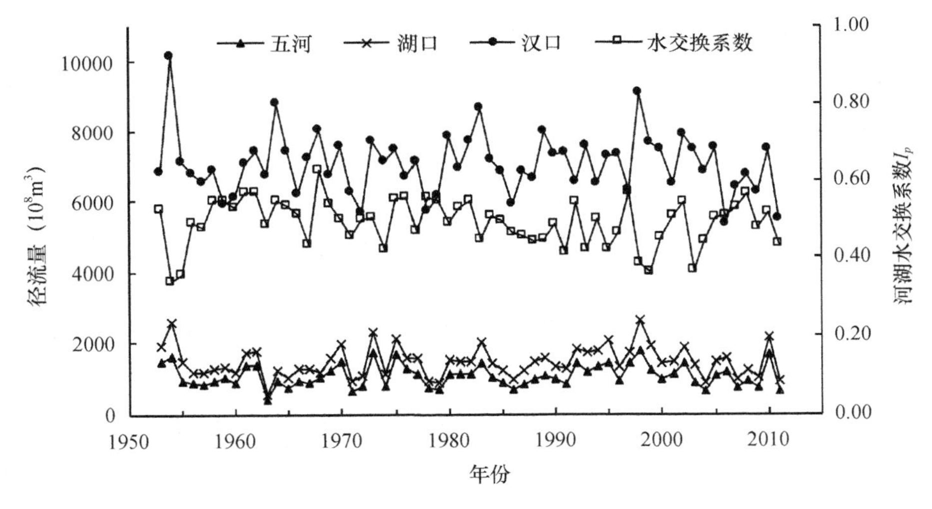

图 4-26　I_p、鄱阳湖水系和汉口径流的年际变化

(4)典型年份 I_p的指示性

选取同样的丰枯水代表年进行研究，结果表明（表 4-12）：1978 年 I_p＝0.56，勉强属于“湖补河”状态，与“稳定”状态相比稍微激烈一点，该年五河和汉口径流距平百分率分别为－31％和－19％，分别是枯水年和偏枯水年，江水倒灌 15 d；2006 年 I_p＝0.51，属于典型的“稳定”状态，该年五河和汉口径流距平百分率分别为 10％和－24％，五河是平水年，汉口是枯水年，鄱阳湖对长江补水作用明显；1954 年 I_p＝0.34，属于典型的“湖分洪”状态，该年五河和汉口径流距平百分率分别为 50％和 44％，都是特大洪水年，河湖水交换过程激烈，鄱阳湖发挥了分洪调蓄作用；1998 年 I_p＝0.38，也属于典型的“湖分洪”状态，该年五河和汉口径流距平百分率分别为 62％和 29％，都是典型的洪水年，河湖水交换过程也激烈，鄱阳湖对干流分洪调蓄作用较

强。可知：典型年份 I_p 表示的河湖水交换状态与实际情况相符合。1978 年长江干流对湖口出流顶托作用大，江水倒灌作用较强；2006 年无江水倒灌现象，表明鄱阳湖在长江干流枯水条件下对干流起到了水量补充的作用，补水量达到 $1564\times10^8\ m^3$，比多年平均多 5%。1954 年和 1998 年，鄱阳湖对长江洪水的调蓄作用强烈，河湖相互作用强度较大。

4.6 三峡水库运行对鄱阳湖与长江水交换过程的影响分析

4.6.1 江湖水交换过程对比分析

从湖口站多年平均径流量的变化看，三峡水库运行之后 21 世纪前 10 年平均径流量与以前各年代相比没有发生明显的变化(表 4-5)。从径流的年内分配来看，三峡水库运行后的 21 世纪前 10 年与以前各年代相比枯季所占比例增加，水库蓄水月(9 月和 10 月)径流量占年径流量比例较 20 世纪 90 年代有所增加(表 4-5)。也就是说水库蓄水的月份，鄱阳湖湖口出湖径流量在年内分配比例增加。

从湖口长江水倒灌鄱阳湖现象来看，年际变化无规律可循；但是，年代际间倒灌现象发生了规律性变化，21 世纪前 10 年是鄱阳湖流域五河少水年组，与同样情况下五河少水年组20 世纪 80 年代和 60 年代相比，21 世纪前 10 年江水倒灌年数、总天数和总水量都减少了(表 4-7)。说明 2000 年之后，江水倒灌鄱阳湖的频率、总天数和总水量比三峡水库运行之前减少了。

4.6.2 三峡水库不同的运行时段对比分析

4.6.2.1 三峡水库二期蓄水的影响

从表 4-14 可以看出，汉口站径流量在三峡水库蓄水的 9 月和 10 月，2006—2009 年年内分配比例为 12%和 7.1%；与多年平均相比分别减少了 0.8%和 3.6%；与 2003—2006 年相比分别减少 1.6%和 2.2%。这说明三峡水库蓄水不但改变了宜昌站径流的年内分配，而且改变了汉口站径流的年内分配比例。

表 4-14 不同时期鄱阳湖五河、汉口和湖口站径流量的年内分配比例 单位：%

	时间段/年份	1月	2月	3月	4月	5月	6月	7月	8月	9月	10月	11月	12月	年径流($10^8\ m^3$)
五河总径流	1950—1989 年	3.0	4.6	8.9	14.5	18.4	19.5	10.6	6.0	4.5	3.8	3.4	2.9	1070
	1990—2002 年	4.0	4.7	8.9	12.9	13.0	18.0	12.1	8.8	5.8	4.1	4.0	3.7	1257
	2003—2005 年	4.5	8.1	8.9	12.0	22.8	17.4	6.8	5.4	5.6	2.8	3.4	2.3	912
	2006—2009 年	2.7	3.8	9.3	12.7	15.2	22.3	10.6	7.7	6.1	2.9	3.9	3.0	927
	2010 年	2.3	5.0	13.1	13.4	13.2	21.8	13.6	6.8	3.0	2.5	1.6	3.6	1141
汉口径流	1950—1989 年	3.0	2.7	3.9	6.0	9.6	11.0	15.6	13.9	12.8	10.7	6.6	4.1	7125
	1990—2002 年	3.5	3.3	4.7	6.1	8.8	11.2	17.2	14.8	11.5	8.9	5.9	4.1	7282
	2003—2005 年	4.0	3.9	5.0	5.5	9.4	11.5	15.3	13.0	13.6	9.3	5.6	4.0	7261
	2006—2009 年	4.0	3.8	6.1	6.7	9.1	11.3	14.6	14.6	12.0	7.1	6.5	4.3	6192
	2010 年	3.5	3.3	4.0	6.7	9.3	12.6	17.2	14.5	12.2	7.7	4.6	4.4	7449

续表

	时间段/年份	1月	2月	3月	4月	5月	6月	7月	8月	9月	10月	11月	12月	年径流（10^8 m^3）
湖口径流	1950—1989 年	2.8	4.0	8.0	12.2	15.7	16.5	10.4	8.4	5.8	7.2	5.8	3.1	1464
	1990—2002 年	3.9	4.4	7.7	11.6	11.7	13.2	11.8	11.0	9.2	6.5	4.9	4.1	1732
	2003—2005 年	4.8	6.9	9.1	10.8	15.4	14.1	6.9	8.1	7.5	8.1	4.9	3.5	1266
	2006—2009 年	3.6	3.7	9.4	13.4	11.6	17.2	9.4	9.2	7.4	6.5	4.2	4.2	1201
	2010 年	2.0	5.0	9.2	12.8	16.2	16.0	11.8	9.4	4.9	6.6	2.4	3.6	2170

从表 4-14 还可以看出，湖口站径流量在三峡水库蓄水的 9 月和 10 月，2006—2009 年年内分配比例为 7.4%和 6.5%；与多年平均相比 9 月增加 1.6%，10 月减少了 0.7%；与 2003—2006 年比分别减少 0.1%和 1.6%。而同时期，五河总径流量 2006—2009 年 9 月和 10 月径流年内分配比例分别为 6.1%和 2.9%；与多年平均相比 9 月份增加 1.6%，10 月减少了 0.9%；与 2003—2009 年相比分别增加了 0.5%和 0.1%，说明在三峡水库二期蓄水期间对湖口径流量变化没有太大的影响，即对鄱阳湖和长江的水交换过程影响较小。

4.6.2.2 三峡水库三期蓄水的影响

2010 年是长江流域的丰水年。在三峡蓄水期间，汉口站的 9 月和 10 月径流量年内分配比例为 12.2%和 7.7%，与多年平均相比分别减少了 0.6%和 3.0%；与 2006—2009 年相比分别增加了 0.2%和 0.6%（表 4-14），说明水库蓄水期间，不但改变了宜昌径流而且改变了汉口站径流的年内分配，使汉口 2010 年 9 月和 10 月年内分配比多年平均还少。

从表 4-14 还可以看出，2010 年湖口站 9 月和 10 月径流量的年内分配比例分别为 4.9%和 6.6%，与多年平均比分别减少了 0.9%和 0.6%；与 2006—2009 年相比 9 月份减少了 2.5%，10 月份增加了 0.1%。同时期，2010 年五河总径流量 9 月和 10 月年内分配比例分别为 3.0%和 2.5%，与多年平均相比分别减少 1.5%和 1.3%；与 2006—2009 年相比分别减少 0.5%和 0.4%。可以看出，2010 年 9 月和 10 月湖口站径流量年内分配比例与五河变化不同步，比五河减少的幅度小了，甚至变成增加了，说明湖口站在这两个月径流量增多了。

我们知道，影响湖口径流量的主要因素有五河径流量、鄱阳湖水位和长江干流水位和径流量。2010 年 9 月和 10 月湖口径流量变化与五河径流量变化不同步了，长江干流汉口站来水量又减少了，说明长江干流流量小水位低，对湖口顶托作用减少，才是湖口站出湖流量增大的真正原因。

鄱阳湖与长江 2010 年水交换系数 $I_p=0.52$，江湖相互作用强度处于稳定状态，与该年长江干流没有发生江水倒灌现象是相对应的。主要由于该年长江来水量处于多年平均状态，对鄱阳湖顶托作用小，而五河流域来水量又较多，则该年鄱阳湖对长江补水量较大。

本章小结

本章利用 1950—2010 年水文资料，分析了鄱阳湖水位的变化特征、影响鄱阳湖水位变化的主要因素及其关系、主湖区与入江水道水位关系、湖口站水位变化的规律及其影响因素、湖口径流变化的规律、长江水倒灌鄱阳湖的规律。同时，还利用水量平衡原理计算了长江干流与鄱阳湖水交换量、并推导出长江干流与鄱阳湖水交换强度的量化公式，以此方法计算了鄱阳湖与长江干流水交换系数，并对其应用进行了简单研究。最后对比分析了三峡水库运行前后鄱阳湖与长江干流水交换及其变化的规律。

（1）鄱阳湖水位既受到五河六站径流的控制，同时又受到长江干流水位的影响；但与长江干流（九江站）水位相关性较强。

（2）湖口站水位主要受五河总径流量、湖内水位、长江干流水位和径流量的影响，尤其与九江站水位及流量相关性较好。湖口站的水位—流量之间的关系统计规律性较差。利用五河径流量、鄱阳湖水位和长江干流水位（九江站水位）建立了湖口站水位多元回归模型（$y=0.286x_1-0.659x_2+1.342x_3+0.125$），预测效果好。

（3）鄱阳湖与长江干流水交换规律

1950—2010 年湖口站径流有微弱的增加趋势；年际变化有多水年组和少水年组相间分布的特点，20 世纪 50 年代多水期，60 年代少水期，70 年代多水期，80 年代少水期，90 年代多水期，2000—2009 年为少水期。

湖口站多年平均径流量在三峡水库运行前后没有发生明显的变化；可是径流量的年内分配在 21 世纪前 10 年与以前各年代相比枯季所占比例增加，水库蓄水月 10 月份径流年内分配比例较 20 世纪 90 年代有所增加，增加了 0.7%。

在三峡水库二期蓄水阶段（2006—2009 年）对湖口径流变化影响较小；2010 年 9 月和 10 月湖口径流量增加，其原因是长江干流流量小水位低，对湖口顶托作用减少，迫使鄱阳湖内水出湖。

湖口长江水倒灌鄱阳湖现象，年际变化无规律可循；但是，年代际间倒灌发生了规律性变化。江水倒灌入湖的年数、总天数和总水量有年代际波动，一多一少相间分布。从倒灌年数、总天数和总水量来说，20 世纪 50 年代、70 年代和 90 年代是相对较少的年代；20 世纪 60 年代、80 年代和 21 世纪前 10 年是相对较多的年代。20 世纪 90 年代和 21 世纪前 10 年与同样枯水年组 20 世纪 80 年代和 60 年代相比，江水倒灌年数、总天数和总水量都在减少。

（4）利用水量平衡原理计算了长江干流与鄱阳湖水交换量的规律。频率为 5%、50%、75%和 95%时，湖口年径流量分别为 2300×10^8 m^3、1440×10^8 m^3、1175×10^8 m^{3}和 930×10^8 m^3。

（5）提出了河湖水量交换系数的概念：某一时段内由支流汇入湖泊的径流量与湖泊泄入干流的径流量的比值。河湖水交换系数是一个无量纲数，可以用它来表示河湖水交换过程的激烈程度。

根据水量平衡的基本原理推导出了河湖水交换系数计算的经验公式，并定义：当 $I<0.45$ 时，为“湖分洪”状态；$0.45\leqslant I\leqslant 0.55$ 时，为“稳定”状态；$I>0.55$ 时，为“湖补河”状态，作为表示河湖水交换过程激烈程度的阶段性特征。

长江干流与鄱阳湖水交换研究结果表明：河湖水交换系数 I_p 与五河径流呈正相关，与湖口径流呈负相关，相关系数分别为 0.071 和 −0.175，都没有通过显著性水平检验；河湖水交换系数 I_p 与汉口径流的呈负相关，相关系数为 −0.304，通过了显著性水平检验。长江干流与鄱阳湖水交换处于“湖补河”状态时，五河径流丰水年数较枯水年数多，汉口则是平水年数较丰水年数多；处于“湖分洪”状态时，五河径流枯水年数较丰水年数多，汉口的平水年数较多；处于稳定状态时，汉口径流平水年数较多。近 60 多年来 I_p 的年际变化没有明显趋势性，表明河湖关系目前没有明显变化，河湖系统演化比较健康。典型年份 2006 年 $I_p=0.51$，属于典型的“稳定”状态，该年五河和汉口径流距平百分率分别为 10%和－24%，五河是平水年，汉口是枯水年，鄱阳湖对长江补水作用明显；1998 年 $I_p=0.38$，也属于典型的“湖分洪”状态，该年五河和汉口径流距平百分率分别为 62%和 29%，都是洪水年，河湖水交换过程激烈，鄱阳湖对干流分洪调蓄作用较强。

第5章 特殊水文年鄱阳湖与长江干流水交换过程

5.1 长江干流径流特殊水文年份

宜昌、汉口和大通水文站是长江中下游干流三个关键性节点水文站(图 1-1),径流量分别代表了长江上游、中游和入海径流量。本章统计了宜昌、汉口和大通 1950—2010 年的径流量资料,确定 1954 年和 1998 年为全流域性洪水年,1972 年、1978 年和 2006 年全流域性枯水年(图 5-1)。

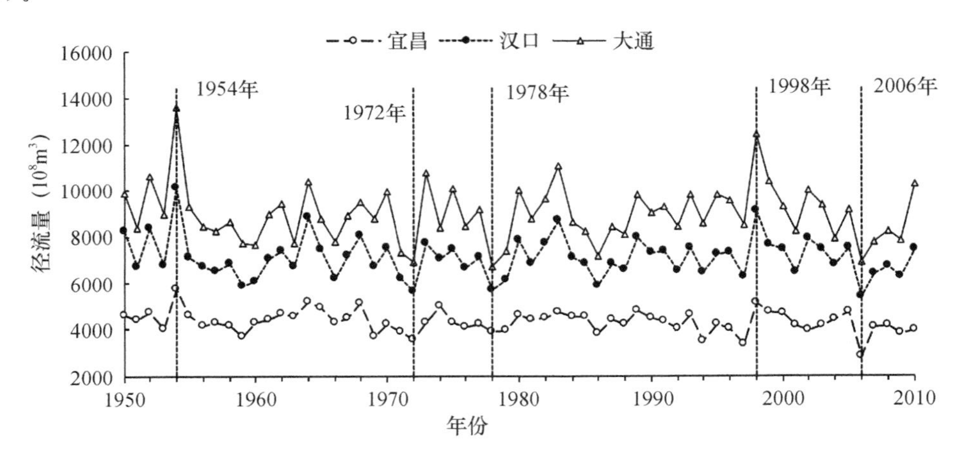

图 5-1 1950—2010 年宜昌、汉口和大通站年径流变化过程

表 5-1 长江干流特殊水文年份宜昌、汉口和大通径流量 单位:10^8 m^3

年份	全年			汛期			枯季		
	宜昌	汉口	大通	宜昌	汉口	大通	宜昌	汉口	大通
1954 年	5752	10131	13593	4742	7707	10273	1010	2424	3320
1972 年	3568	5665	6969	2737	3887	4598	831	1777	2371
1978 年	3901	5712	6759	3103	4249	4803	798	1463	1956
1998 年	5128	9084	12442	4397	6906	8811	731	2178	3631
2006 年	2837	5354	6918	1970	3418	4435	867	1936	2483
多年平均	4321	7103	8946	3412	5183	6333	909	1920	2613

从表 5-1 和图 5-1 可以看出,1954 年和 1998 年宜昌、汉口和大通三站年径流量都大于多年平均值,其中 1954 年径流量三站都是历年最大值,分别为 5752×10^8 m^3、10131×10^8 m^{3}和

$13593\times10^8\ m^3$。1972年、1978年和2006年三站径流量都少于多年平均值，2006年宜昌和汉口站径流量是历年最小值，分别为$2837\times10^8\ m^3$和$5354\times10^8\ m^3$，1978年大通站径流量是历年最小值，为$6759\times10^8\ m^3$。

5.2　典型枯水年江湖水交换过程

水资源是社会经济发展的物质基础和前提保障。我国668座城市中有400多座缺水（张基尧，2004），已被联合国列为世界13个贫水国家之一（赵军凯 等，2009；楚泽涵 等，2000）。由于干旱导致河川径流减少带来水资源安全问题已给人们予以警示。2006年夏长江流域上游发生大旱，重庆8月水位创历史最低纪录，随即9月30日武汉出现了1864年有记录以来的最低水位；大通水文站8月出现不足$2.0\times10^4\ m^3/s$的流量；特别是在10月9日天文大潮期间，河口区咸水上溯，上海市陈行水库引水区氯离子超标；9—10月又恰逢三峡水库二期蓄水；等等，自然和人为因素叠加直接威胁着城市供水安全（陈吉余 等，2009）。因此，枯水年长江中游通江湖泊与干流水交换过程、湖泊对干流水量补充作用备受关注。

5.2.1　典型枯水年径流特征

自1950年至2010年长江全流域性枯水年有1972年、1978年和2006年，其中1978年是长江中下游历年最枯水的年份（表5-1和图5-1）。在此，选用1978年代表三峡大坝建造之前的典型枯水年，与三峡大坝建造后的2006年进行江湖水交换过程对比研究。

5.2.1.1　1978年和2006年典型枯水年

（1）径流量偏低

从宜昌、汉口和大通水文站的年径流过程线可以看出，1978年和2006年这两年发生了新中国成立以来长江全流域性的枯水，尤其是2006年三站年径流量都达到最低值（图5-1），比多年平均值分别少$1484\times10^8\ m^3$、$1749\times10^8\ m^3$和$2028\times10^8\ m^3$（表5-1）。

（2）径流距平百分率分析

可以进一步用距平百分率来分析长江中下游径流变化情况。利用式（4-18）计算宜昌、汉口和大通三站1978年和2006年的径流距平百分率，并根据4.5.3节的径流丰枯等级判别标准来判断这两年的径流丰枯等级。计算结果见表5-2。从全年来看，1978和2006年三站年径流距平百分率都为负值，其中2006年宜昌站的负距平达最大值，达到－34.3%（图5-2，表5-2）；从汛期来看，三站负距平都大于1978年，尤其是宜昌站负距平达到最大值为－42.3%；从枯季来看，汉口站距平百分率为正值，其他两站都是负距平，且值都小于1978年。

（3）丰枯等级分析

径流量的变化具有极强的随机性，同时又有其确定性的规律可循。为方便定量分析，根据水利部信息中心新编制的水文预报规范，对径流丰枯等级划分标准规定，按径流量的距平百分率划分为5个级别，即枯水、偏枯、平水、偏丰和丰水（胡兴林，2002）。计算方法见4.5.3节式（4-18）。

根据径流距平百分率的结果，按径流丰枯等级划分标准判断，结果只有1978年上游（宜昌站）属于平水年，其他各站无论1978年还是2006年都是枯水年（表5-2）。可以发现1978年中下游干流径流特征是"全年枯水，枯季更枯"，而2006年则是"汛期特枯，枯季不枯"（Dai，et al，2008）。

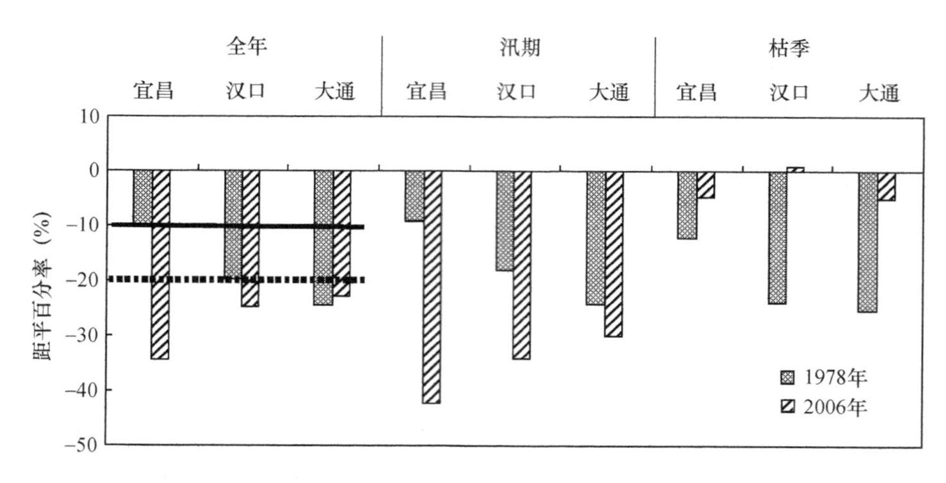

图 5-2　1978 年和 2006 年宜昌、汉口和大通水文站不同时期径流距平百分率
（图中 −10%和 −20%处的实线和虚线表示枯水等级划分标准）

表 5-2　1978 年和 2006 年宜昌、汉口和大通水文站径流距平百分率及丰枯等级

水文站	宜昌				汉口				大通			
项目 年份	距平百分率(%)	丰枯等级	经验频率(%)	重现期(a)	距平百分率(%)	丰枯等级	经验频率(%)	重现期(a)	距平百分率(%)	丰枯等级	经验频率(%)	重现期(a)
1954 年	33	丰水	1.54	65	43	丰水	0.69	145	52	丰水	1.61	62
1978 年	−10	平水	90.0	10	−20	偏枯	96.6	29	−25	枯水	98.4	62
1998 年	19	偏丰	11.5	9	28	丰水	3.45	29	39	丰水	3.23	31
2006 年	−34	枯水	99.2	130	−25	枯水	97.9	48	−23	枯水	96.8	31

注：宜昌、汉口和大通站径流经验频率计算时分别利用 1882—2010 年、1865—2010 年和 1950—2010 年的年径流资料（水利电力部水文局，1982）。

(4)经验频率分析

据径流序列的经验频率和重现期计算结果，表明 1978 年和 2006 年各站径流经验频率都在 90%以上，其中 2006 年宜昌站径流重现期达 129 年，属百年不遇特大枯水年(表 5-2)。

综上所述，1978 年和 2006 年是 1950—2010 年长江流域典型的枯水年。

5.2.1.2　枯水年长江干流径流特征

图 5-3 是宜昌、汉口和大通站不同时期径流量与多年平均值的比值变化，其中图 5-3a 和图 5-3b 是分别表示 1978 年和 2006 年三站不同时期径流量与多年平均值的百分比，而图 5-3c是表示三站各比较时期 1978 年的径流量和 2006 年对应时期径流量百分比的变化。从图 5-3a 中可以看出，1978 年全年、汛期和枯季径流量占多年平均值的比例在宜昌、汉口和大通站依次减少；枯季比例最低，三站分别为 87.9%、76.1%和 74.9%。从图 5-3b 中可以看出，2006 年全年和汛期径流量占多年平均值的比例在宜昌、汉口和大通依次增加；枯季所占比例则先增加后减少，而且所占比例大于全年和汛期的比例，三站分别为 95.4%、100.7%和 95.1%。由图 5-3a，b分析可知，1978 年枯季水量占多年平均值的比例比 2006 年少，从汛期来看 1978 年比 2006 年所占比例多些。从图 5-3c 中看得就更加清楚，汛期径流量 2006 年占 1978 年的比例三站都少于 100%，可是枯季径流量 2006 年占 1978 年的比例三站都高于 100%，尤其是汉

口站达到 132.4%。可见,1978 年和 2006 年同样都是长江流域典型枯水年,可是枯季的枯水程度不同。

再从图 5-4 看,1978 年和 2006 年大通站全年径流量分别是 6759×10^8 m^3 和 6918×10^8 m^3,相差 159×10^8 m^3 水量。对汛期来说,大通站 2006 年径流量比 1978 年减少 378×10^8 m^3,尤其宜昌站 2006 年汛期径流量仅是 1978 年的 63.5%(图 5-3c)。而宜昌、汉口和大通三站 2006 年枯季径流量分别比 1978 年的多 65×10^8 m^3,473×10^8 m^3 和 527×10^8 m^3,分别增加 8.6%,32.4%和 26.9%(表 5-1、图 5-3c 和图 5-4c)。

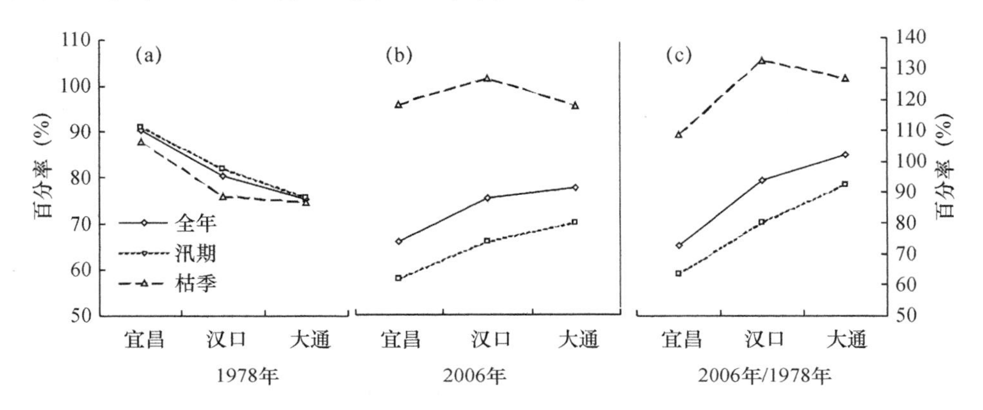

图 5-3　宜昌、汉口、大通站径流量典型枯水年之间及与多年平均值百分比变化

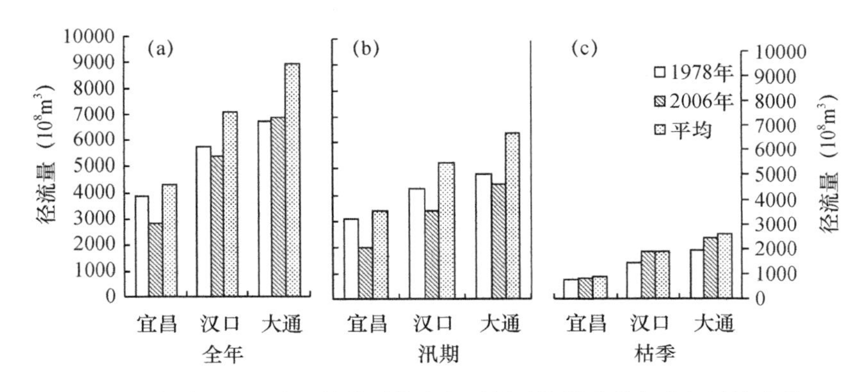

图 5-4　宜昌、汉口、大通站典型枯水年不同时期径流量与多年平均比较

由此可见,两个枯水年径流特征相比有较大的不同:从全年来看,1978 年比 2006 年更枯;但汛期 2006 年更枯;枯季 1978 年更枯。

5.2.2　典型枯水年出湖流量特征

下面通过典型枯水年 1978 和 2006 年洞庭湖和鄱阳湖流域入江控制水文站的水位和流量特征来说明其对长江水量补充效果。

1978 和 2006 年同样都是典型枯水年,可是两年洞庭湖和鄱阳湖补给长江水量特点不同。首先,从图 5-5a 可以看出:1978 年城陵矶站 6 月份的水位 25.58 m 和流量 15400 m^3/s 分别高于多年平均水位 27.61 m 和多年平均流量 14450 m^3/s。2006 年枯季 1—4 月水位高于 1978 年水位,甚至高于多年平均水位,然而汛期 7—10 月水位低于 1978 年同时期水位;2006 年 2—

4 月和 12 月流量大于 1978 年同期流量，3 月流量 7650 m^3/s 甚至大于多年平均值 5580 m^3/s。

其次，从图 5-5b 可以看出：1978 年湖口站水位、流量除 1 月外其余各月都低多年平均值。2006 年 2—5 月水位高于 1978 年相应各月水位值，可是 6—11 月低于 1978 年相应各月水位值；2006 年 2—12 月流量大于 1978 年各月流量值，3—8 月和 12 月甚至大于各月流量的多年平均值。

第三，较为有趣的是湖口站在 2006 年 5—8 月（汛期期间）各月水位小于相应月份多年平均值，而出湖流量却大于各月多年平均值（图 5-5b）。这是因为，湖口站的水位一方面受到鄱阳湖流域五河和湖区来水量的影响，另一方面，还受长江干流径流顶托的影响。2006 年长江中上游发生了罕见的枯水干旱事件造成长江干流流量小、水位低，对鄱阳湖的顶托作用减小，使湖口站水位降低，同时湖口出水阻力减小，流量增大。经研究，2006 年鄱阳湖流域属平水年（赵军凯 等，2011a），这也是该年湖口出湖径流量接近多年平均值的原因之一。

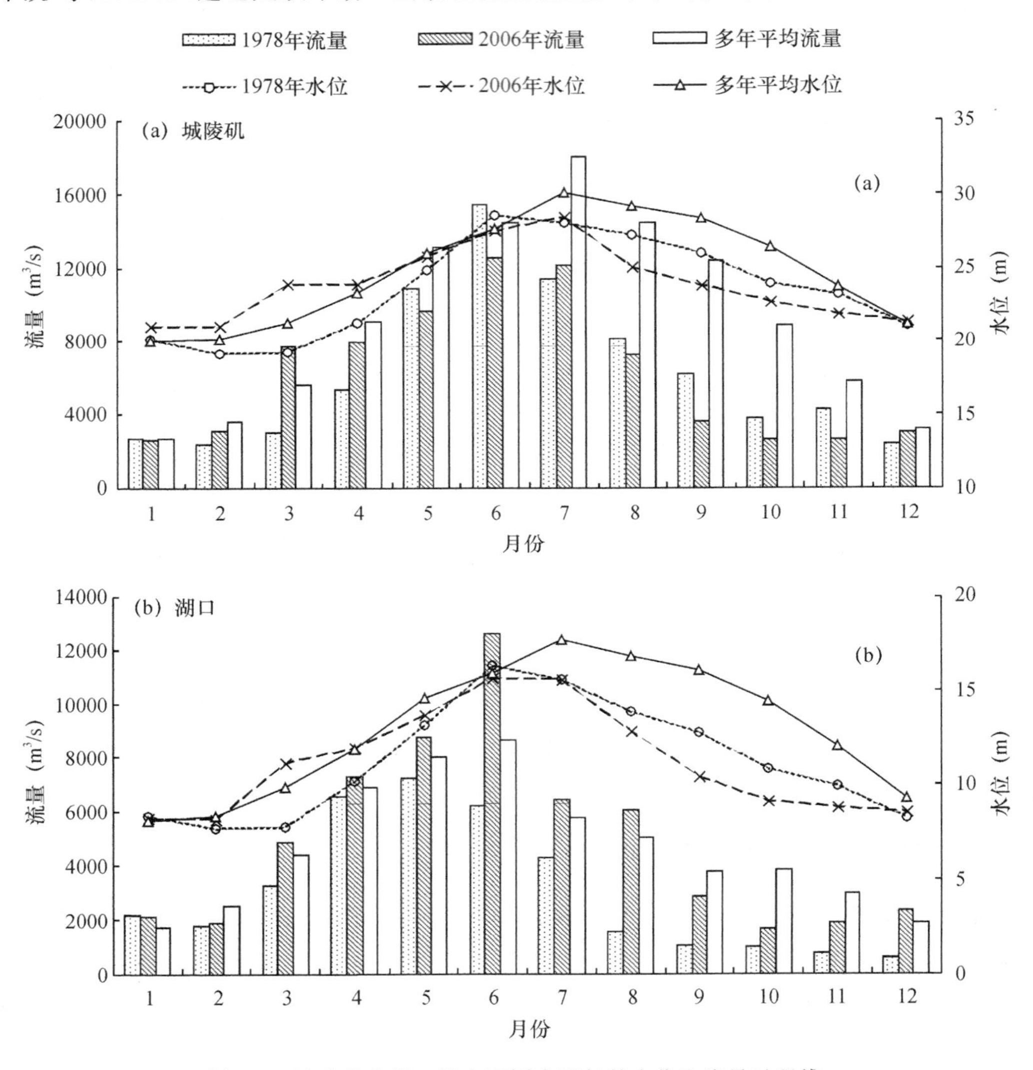

图 5-5 城陵矶和湖口站在不同水平年份水位和流量过程线

5.2.3　枯水年枯季湖泊对长江干流水量补充作用

长江中下游的湖泊和众多的支流是中下游径流量的重要组成。从多年平均(1950—2015年)来看洞庭湖(城陵矶年径流量 $2846\times10^8\ m^3$)和鄱阳湖(湖口年径流量 $1507\times10^8\ m^3$)径流量约占长江大通站年径流量($8931\times10^8\ m^3$)的 48.71%,其中鄱阳湖流域径流量占 16.87%(水利部长江水利委员会,2018)。1978 年和 2006 年特枯水文年份,长江中下游的湖泊相继发生干旱,湖泊对干流水量调控起到积极作用。因此,枯水年鄱阳湖流域径流量对长江水量的补充作用不可低估。

5.2.3.1　最枯月份平均流量变化幅度分析

当长江干流进入枯水季节时,宜昌站和大通站流量出现迅速减少(图 5-6 和表 5-3)。以洪季末端月 10 月流量为参照值,宜昌站多年 10 月平均流量为 19315 m^3/s,2 月平均流量仅为 3950 m^3/s。2 月与 10 月份流量相比,减少幅度达 80%。同样,大通站流量亦出现类似变化。然而,控制两湖泊的城陵矶和湖口站同期流量的减少幅度相对要小(图 5-6),城陵矶站流量最小月份(12 月)平均流量与 10 月份相比,减少幅度为 52%。湖口站流量最小月份(12 月)平均流量与 10 月份相比,减少幅度达 58%(戴志军 等,2010)。

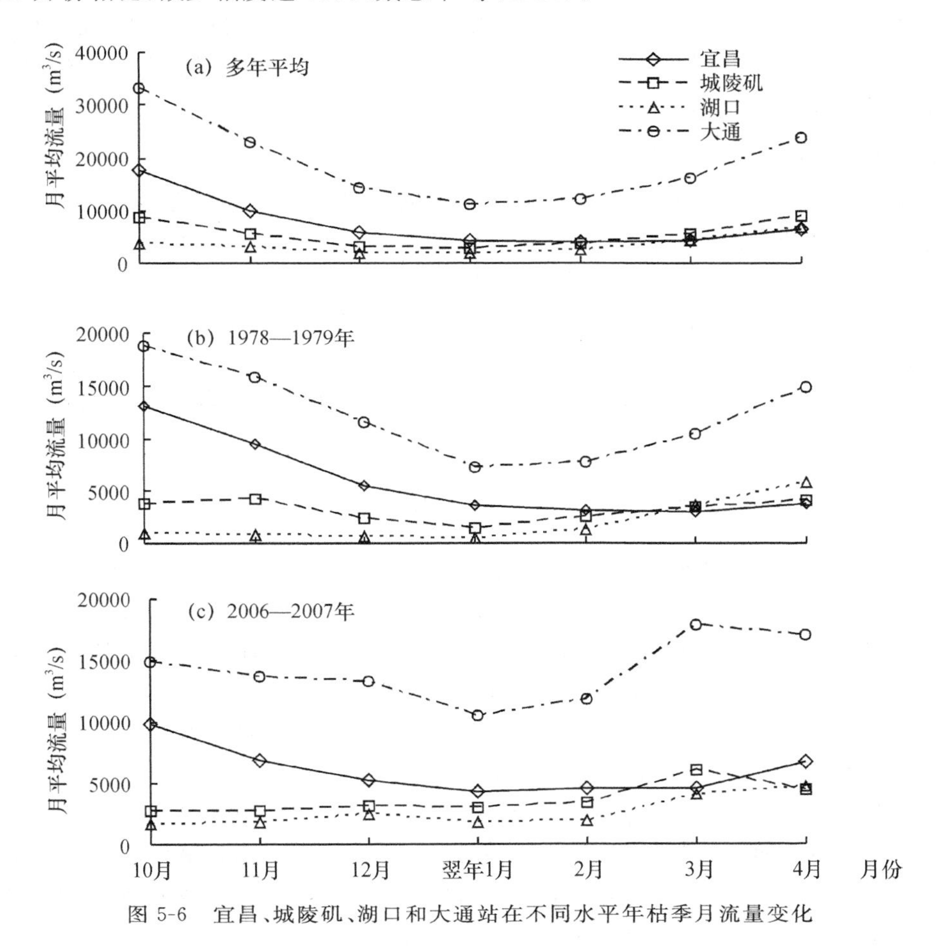

图 5-6　宜昌、城陵矶、湖口和大通站在不同水平年枯季月流量变化

表 5-3　长江中下游重要水文站多年月平均流量(10 月—翌年 4 月)　　单位:m^3/s

站位＼月份	10 月	11 月	12 月	1 月	2 月	3 月	4 月
宜昌	19315	10381	6929	4323	3972	4487	6700
城陵矶	5879	4729	2845	3154	4259	6668	7311
湖口	3844	2159	1641	2916	3620	5114	6890
大通	32799	22608	14079	10874	11668	15807	24020

5.2.3.2　枯季平均流量变化幅度分析

以多年枯季(11 月至次年 4 月)6 个月平均流量与洪季末段月 10 月平均流量相比(图 5-6),能显示出两湖枯季增补干流水量的贡献率。宜昌站多年 10 月平均流量为 19315 m^3/s,多年枯季 6 个月平均流量为 6132 m^3/s,流量减值达到 69%。大通站多年平均 10 月流量为 32799 m^3/s,多年枯季 6 个月平均流量为 16509 m^3/s,流量减值达到 50%。而城陵矶站多年 10 月平均流量为 5879 m^3/s,多年枯季 6 个月平均流量为 4828 m^3/s,流量减值仅为 19%,湖口站多年 10 月平均流量为 3844 m^3/s,多年枯季 6 个月的平均流量为 3723 m^3/s,流量减少幅度仅为 3%,尤其到次年 1 月份以后随着长江上游来水量继续减少,在干流水位不断下降情况下,两湖水流持续外泄增补干流,使干流流量加大。由此可见,在典型枯水年长江中游湖泊对干流水量补充作用明显(戴志军 等,2010)。

5.2.3.3　特枯年份两湖对长江干流补水作用显著

在 1978 年和 2006 年这两个特枯年份里,明显看出进入枯水季节之后洞庭湖和鄱阳湖出湖控制水文站城陵矶和湖口站的月平均流量与多年平均状况相比增大。1978—1979 水文年和 2006—2007 水文年的春季 3 月份出湖流量增大较快,超过多年平均的增大幅度(图 5-6)。尤其在 2006—2007 水文年的 3 月份平均流量增幅非常大,城陵矶和湖口流量增幅分别达到 176.6%和 207.4%,而多年平均流量增幅分别为 155.7%和 175.5%,比多年平均增幅分别大了 20.8%和 33.8%。可以看出洞庭湖和鄱阳湖对长江干流水量补充作用在枯水年份更加显著,尤其是鄱阳湖表现更加明显。

5.2.4　特枯年"胁迫效应"

由于湖泊与干流水流常常出现相互顶托而导致出湖水位与流量过程线存在不一致性,通常表现为同一水位值对应的出湖流量有大有小,水位与流量过程线呈现绳套形状。在平水年和洪水年份,即使进入枯水季节 11 月份,干流水位还可能较高,对湖泊形成壅水,造成出湖水位高而流量低的现象,水位与流量过程线呈现绳套形状。例如,2005 年为平水年,11 月份城陵矶站的日水位与流量曲线,呈典型的绳套形状(图 5-7)。但是 2006 年和 1978 年同时期呈现简单的变化关系,这是由于典型枯水年枯水季节干流水位持续低于湖面水位(如 2006 年 11 月鄱阳湖湖内都昌站和湖口站平均水位分别为 9.77m 和 8.75m,水位差比多年平均增大了 204%;再如 2006 年 11 月陵矶站和长江干流螺山站水位都下降,但是与多年平均比,城陵矶站水位下降幅度为 8.6%,而螺山站水位下降幅度为 10.1%),从而造成江湖水位差增大,胁迫湖内水流出补给长江干流。此现象称为"胁迫效应"(Dai,et al,2008)。

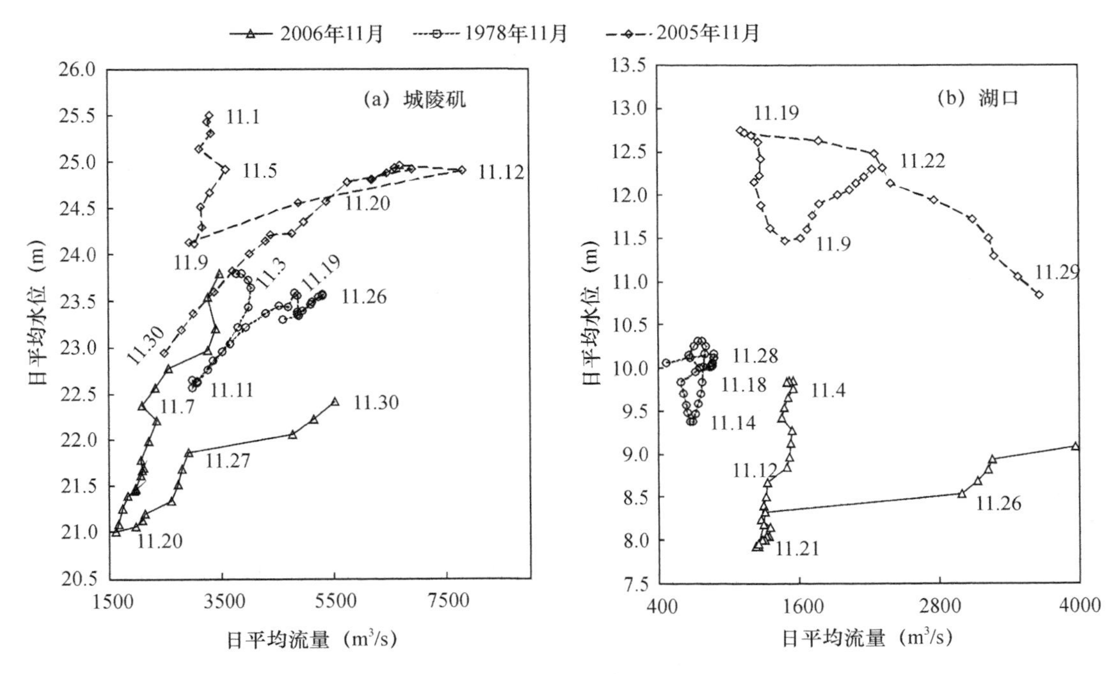

图 5-7　城陵矶和湖口水文站 11 月水位流量曲线

（图中的数字是发生相应水位、流量的日期(月．日)）

5.2.5　典型枯水年洞庭湖与鄱阳湖江湖水交换对比分析

分别利用 4.5.3 节中的式(4-12)和 4.9.1 节中式(4-17)计算不同水平年份洞庭湖和鄱阳湖江湖水交换系数 I_d 和 I_p，计算结果见表 5-4。

表 5-4　不同水平年洞庭湖和鄱阳湖与长江水交换量及强度统计

项目/年份	洞庭湖				鄱阳湖			
	城陵矶站出湖水量(10^8 m^3)	三口入湖水量(10^8 m^3)	洞庭湖补给干流水量(10^8 m^3)	洞庭湖与长江水交换系数(I_d)	湖口站出湖水量(10^8 m^3)	五河入湖水量(10^8 m^3)	湖口江水倒灌天数(d)	鄱阳湖与长江水交换系数(I_p)
1954 年	5248	2187	3061	0.51	2581	1633	0	0.34
1978 年	1990	613	1377	0.50	947	726	15	0.56
1998 年	3994	1021	2973	0.41	2650	1713	0	0.38
2006 年	1962	183	1779	0.80	1564	1206	0	0.51
多年平均	2882	893	1992	0.51	1494	1089	12.32	0.49

注：表中数据径流量数据来源于文献(赵军凯，2011a)，江湖水交换系数来源于文献(赵军凯 等，2013)。

从表 5-4 可以看出，2006 年 I_d＝0.80，表明洞庭湖与长江水交换作用异常强烈，湖泊对长江补水作用明显；1978 年 I_d＝0.50，处于多年平均水平，相对于长江全流域枯水的年份，1978 年洞庭湖对长江干流水量补给状态已经起到较大水量补充作用。2006 年洞庭湖补给长江水量明显，这个分析结果解释了该年在长江上游宜昌站径流量极小的情况下，汉口站枯季径流量却多于平水年的异常现象(表 5-1)。

多年平均是江湖水交换相对稳定的状态(理论上 $I_p=0.50$)。枯水年 1978 年江水倒灌 15 d,$I_p=0.56$,表明长江对湖口出流顶托作用大,江水倒灌作用较强。枯水年 2006 年($I_p=0.51$),该年江水无倒灌现象,鄱阳湖对长江干流的补水作用接近多年平均水平(表 5-4)。可见,在枯水年份鄱阳湖对长江的补水作用比较明显,显示了长江中游通江湖泊对长江干流水量补充的巨大作用,对中下游城市用水的保障起了重要作用。

5.2.6 三峡水库运行前后枯水年江湖水交换作用对比分析

5.2.6.1 江湖水交换强度

1978 年洞庭湖和鄱阳湖与长江的水交换系数分别为 0.50 和 0.56,洞庭湖与干流水交换处于稳定状态,鄱阳湖江水倒灌作用较强(表 5-4),该年长江干流水量小,两湖流域来水量也小于多年平均水平。2006 年洞庭湖和鄱阳湖与长江水交换系数分别为 0.80 和 0.51(表 5-4),洞庭湖对干流是强补给状态,鄱阳湖补给作用接近多年平均状态。这与当年的径流特征遥相呼应,尤其在枯季汉口站的径流距平百分率为正值(图 5-2),说明洞庭湖对长江补水作用强烈。

5.2.6.2 江湖水交换绝对数量

与多年平均值相比,1978 年洞庭湖区,四水(湘江、资江、沅江和澧水)来水量减少 28%,三口(新江口、太平口和藕池口)的来水量减少 31%,城陵矶站出湖水量也减少了 31%;而鄱阳湖流域,湖口站出湖水量减少 38%。2006 年四水来水量接近多年平均值,三口的来水量与多年平均值相比减少了 80%,四水的来水量占城陵矶出湖水量的绝对优势;鄱阳湖湖口站出湖水量接近多年平均值 1564×10^8 m³(表 5-5)。

从洞庭湖城陵矶出湖径流组成结构来看(表 5-5),1978 年四水径流量占出湖水量的 60%,而 2006 年四水来水量占绝对优势(75%);从鄱阳湖径流量来看,2006 年湖口站出湖径流量比多年平均值还多 70×10^8 m³。经过计算,洞庭湖和鄱阳湖 1978 年补给长江水量为分别为 1990×10^8 m³和 947×10^8 m³,分别约占同期大通径流量的 29%和 14%;2006 年补给长江水量分别为 1962×10^8 m³和 1564×10^8 m³,分别约占同期大通径流量的 28%和 23%。因此,2006 年洞庭湖和鄱阳湖对长江径流补给作用比 1978 年大,尤其是鄱阳湖 2006 年对长江补水量比 1978 年多了 617×10^8 m³的水量,相当于黄河一年入海径流量。

表 5-5　不同水平年份洞庭湖和鄱阳湖流域径流量对比

项目 年份	四水			四(三)口			城陵矶		湖口	
	径流量(10^8 m³)	与多年平均比(%)	占出湖径流量的比例(%)	径流量(10^8 m³)	与多年平均比(%)	占出湖径流量的比例(%)	径流量(10^8 m³)	占多年平均的比例(%)	径流量(10^8 m³)	与多年平均比(%)
1954 年	2539	+54	48.4	2330	+161	44.4	5248	+82.1	2581	+72.8
1978 年	1190	−28	60	613	−31	31	1990	−31	947	−38
1998 年	2200	+33.4	55.1	1046	+17	26.2	3994	+38.5	2650	+77.4
2006 年	1471	−11	75	183	−80	9	1962	−32	1564	+5
多年平均	1649		57	893		31	2882		1494	

5.2.7 原因分析

5.2.7.1 自然因素

首先是气候因素的影响。河流是气候的“镜子”，降水量、蒸发量和气温等因素影响着地表径流的多寡。长江流域沙坪坝(重庆)、宜昌、武汉、岳阳、南昌气象站实测降雨量与多年平均值相比，1978 年分别减少 39.2 mm、116.9 mm、452.6 mm、510.6 mm、497.3 mm，2006 年分别减少 254.2 mm、214.4 mm、175.2 mm、375.9 mm、56.7 mm。1978 年和 2006 年降水量距平百分率都为负值(图 5-8)。1978 年长江上游降水量接近多年平均值，中游湖区降水量特别少，又加上气温较高，气温距平值都为正值，可能蒸发量较大，气候干旱少雨。1978 年洞庭湖三口入湖水量接近平水年，与长江水交换系数为 0.50，鄱阳湖出现长江水倒灌，水交换系数为 0.56。2006 年上游降水量特少，中游两湖流域的降水量比 1978 年多，尤其是鄱阳湖流域降水量接近多年平均值；气温却比 1978 年更高(图 5-8)，说明潜在蒸发量较大，干旱程度相对于 1978 年更甚。长江全流域气候较 1978 年更干旱，长江水位更低，中游洞庭湖和鄱阳湖都出现江湖水位差增大的现象，迫使两湖水量外出，呈现“胁迫效应”，鄱阳湖湖口出湖径流量增大(图 5-5b)；造成洞庭湖与长江水交换系数为 0.80，鄱阳湖为 0.51，该年两湖对长江补充水量较多。

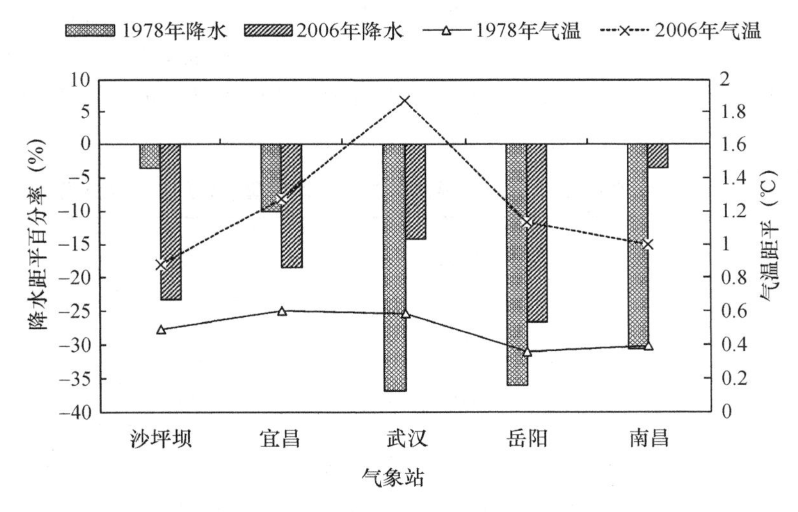

图 5-8　长江流域典型枯水年气候要素距平

其次是河道演变的影响。河道演变、河床的冲刷和淤积会引起河底高程的变化，河底高程的变化必然会引起水位的变化，水位一旦发生变化，江湖水位差就会变化，从而影响江湖水交换的过程。例如，荆江 1967—1972 年的裁弯取直，造成荆江河道冲刷，荆江水位下降，三口分流比减少，三口河道淤积、水位抬高，进一步减少三口分流比(卢金友，1996；韩其为 等，1999a，1999b)。城陵矶站监测资料显示，该河段河床自 20 世纪 50 年代到 90 年代时冲时淤，但总的趋势是淤积，河底高程逐渐抬高，而同时段荆江则处于冲刷状态，造成江湖汇流处深泓线交汇点下移 1200 m(段文忠 等，1993，2001；罗敏逊 等，1998)。三峡建库以后，江湖关系重新调整，很多学者对此进行了研究，认为水库蓄水后长江干流含沙量大幅度降低，荆江处于冲刷状态；三口河道总体淤积，但河槽可能冲刷变深；李义天、许全喜等学者认为目前江湖水位差变化不大,预测近期内三口分流比不会减少,荆江河段水位下降有限(李义天 等,2009;许全喜 等,2009)。典型枯水年 1978 年处于荆江裁弯后的江湖关系调整期,2006 年处于三峡水库运行后荆江河道调整期,这些河道演变势必影响江湖水交换过程。

5.2.7.2 人类活动的影响

众所周知,三峡大坝是当今世界最大的混凝土重力大坝,防洪库容 220×10^8 m^3,三峡水库的运行将改变长江中下游水资源的时空分布规律,因此,对它的影响单独加以阐述。

三峡建库蓄水,蓄混排清,减少了长江干流中下游径流的含沙量,对下游河道产生冲刷,使河道水位降低,继而江湖关系将重新调整(潘庆燊,2001;李茂田 等,2004;高俊峰 等,2001),使同流量下江湖水位差发生变化,从而对江湖水交换产生影响。

水库蓄水时,长江中下游径流量减少。2006 年长江上游发生百年不遇的特大枯水,适逢三峡水库二期蓄水。据统计,在三峡蓄水期间大通站入海总径流量与 2005 年同期相比减少了约 600×10^8 m^3,三峡所蓄水量占其中的 18%(陈吉余 等,2009)。三峡水库放水发电时,增大了枯季的径流量。自 2006 年 12 月到翌年 4 月,宜昌流量稳定保持在 4000 m^3/s 以上(Zhao, et al,2010),与宜昌同期多年月平均流量相当。从表 5-6 和图 5-6 看,2006 特枯年宜昌站 10 月平均流量为 9795 m^3/s,由于三峡蓄水而该月流量明显小于多年同期流量。而特枯的 2006 年枯季各月份三峡又加大了下泄流量,使翌年 1 月平均流量为枯季各月的最小流量也达到 4260 m^3/s,比该月多年平均 3950 m^3/s 多 310 m^3/s(表 5-5 和表 5-6)。这说明,三峡水库在 2006 年里蓄水和放水对长江中下游干流水位和流量产生明显的时间和空间上的影响,从而对江湖水交换过程产生负面或正面双向影响。

表 5-6 2006 年长江中下游重要水文站月平均流量(10 月—翌年 4 月) 单位:m^3/s

站位＼月份	10 月	11 月	12 月	1 月	2 月	3 月	4 月
宜昌	9795	6784	5222	4260	4559	4612	6725
城陵矶	2618	2645	3301	3043	3462	5917	4369
湖口	1639	1741	2378	1737	1913	3966	4740
大通	14958	13654	13336	10512	11777	17872	17096

长江流域的毁林开荒,植树造林,荒山绿化,支流水库大坝的建造,以及围湖造田和退田还湖等人类活动,都或多或少改变了河川径流的含沙量,影响着江湖水沙交换的过程。据不完全统计,长江流域兴建了 46000 多座水坝,7000 多座涵闸(邹振华 等,2007),湖南四水流域先后兴建了 13318 座大中小型水库(李景保 等,2005),水库拦截了部分泥沙,减少了下游径流的含沙量,对河道产生冲刷。1951—1998 年长江中游河段历经了调弦建闸堵口,下荆江人工裁弯取直和葛洲坝截流发电等水利工程的建设,江湖关系因此而发生了 3 次大的调整,对洞庭湖入江径流组成和结构,以及湖盆冲淤演变产生了深刻的影响(李景保 等,2005)。据统计,1949—1979 年洞庭湖区共围垦洲滩 1659 km^2,围垦后,垸外湖盆加快了泥沙淤积(李景保 等,2008)。自新中国成立至 20 世纪 80 年代后期,鄱阳湖区共围垦湖泊面积 1467 km^2(鄱阳湖围垦课题组,1987),1998 年之前,鄱阳湖区有大小圩堤 564 座(闵骞,2004);1998 年底两湖实施退田还湖工程以来湖泊面积稍有扩大等,所有这些人类活动都会对鄱阳湖和洞庭湖与长江水沙交换过程产生影响。

5.3 典型丰水年江湖水交换过程

江河湖泊的特大丰水年往往伴随着洪水和涝灾，对工农业生产和人们生活造成灾难性的后果，对社会经济产生重大损失，甚至危及人们的生命安全，对自然生态系统也产生严重的破坏作用。因此，分析通江湖泊典型丰水年江湖水交换过程有着非常重要的意义。

5.3.1 典型丰水年径流特征

首先要确定长江流域的典型丰水年份，然后分析该年径流有何特征，对江湖水量交换有着怎样的影响。

5.3.1.1 1954 年和 1998 年是典型丰水年

(1)径流量偏高

从年径流过程线可以看出，1954 年和 1998 年这两年发生了新中国成立以来长江全流域性的大洪水，尤其是 1954 年三站年径流量都达到最高值(图 5-1)，比多年平均值分别多1431×10^8 m^3、3028×10^8 m^3和 4647×10^8 m^3(表 5-1)。

(2)径流距平百分率分析

从距平百分率来分析长江中下游径流量变化情况。利用式(4-18)计算宜昌、汉口和大通三站 1954 年和 1998 年的径流量距平百分率，并根据 4.5.3 节的径流丰枯等级判别标准来判断这两年的径流丰枯等级。计算结果见表 5-2。1954 年和 1998 年三站年径流量距平百分率都为正值，其中 1954 年大通站的正距平最大，达到 52%(图 5-9、表 5-2)。从汛期来看，1954 年三站正距平都大于 1998 年，尤其是大通站正距平最大为 61.8%；从枯季来看，洪水年 1998 年宜昌站径流量竟然出现负距平，而下游大通站 1998 年距平百分率比 1954 年还要大。

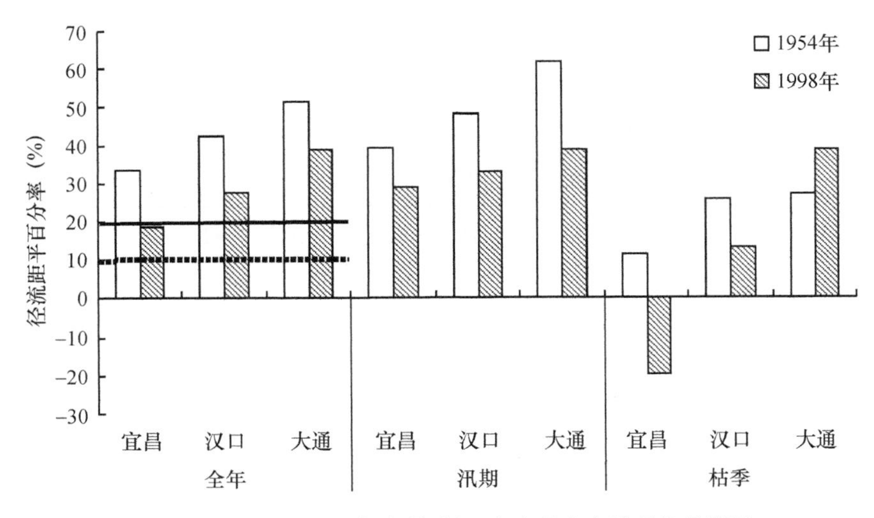

图 5-9　1954 和 1998 年宜昌、汉口和大通水文站径流量距平

(图中 10%和 20%处的虚线和实线表示丰水等级划分标准)

(3)丰枯等级分析

根据前面计算宜昌、汉口和大通水文站在 1954 年和 1998 年径流量距平百分率的结果和

4.5.3 节河川径流量丰枯等级划分标准判断，只有 1998 年宜昌站属于偏丰年，其他各站无论 1954 年还是 1998 年都是丰水年(表 5-2)。

(4)经验频率分析

径流量序列的经验频率和重现期计算结果表明：在 1954 年和 1998 年，除了 1998 年宜昌站径流量经验频率为 11.5%以外，其余各站都小于 5%；其中 1954 年汉口站为 0.69%，径流量重现期达 145a，属百年不遇特大丰水年(表 5-2)。

可知，1954 年和 1998 年是 1950—2010 年长江流域典型的丰水年。

5.3.1.2 典型丰水年长江干流径流特征

从全年径流量来看，宜昌、汉口和大通三站 1954 年径流量比 1998 年都多，三站分别多 624×10^8 m^3，1057×10^8 m^3 和 1151×10^8 m^3(表 5-1 和图 5-10)；1954 年三站径流量距平百分率都大于 1998 年，其中汉口站比 1998 年多得最多，多了 15%(表 5-2 和图 5-9)。从汛期径流量来看，宜昌、汉口和大通三站径流量变化规律和全年一样(表 5-1 和图 5-10)，1954 年三站径流量距平百分率都大于 1998 年，其中大通站比 1998 年多得最多，多了 23%(图 5-9)。从枯季径流量来看，宜昌、汉口和大通三站径流量变化较为复杂(表 5-1 和图 5-10)，其中 1998 宜昌径流量比多年平均值少 178×10^8 m^3，负距平百分率为 −19.5%(图 5-9 和图 5-10)；然而大通站 1998 年枯季径流量比 1954 年的多，径流量距平百分率比 1954 年多 12%(图 5-9)。由此可见，长江干流 1954 年全年和汛期径流量比 1998 年大，而 1998 年枯季径流量上游则小于 1954 年，中下游大于 1954 年。

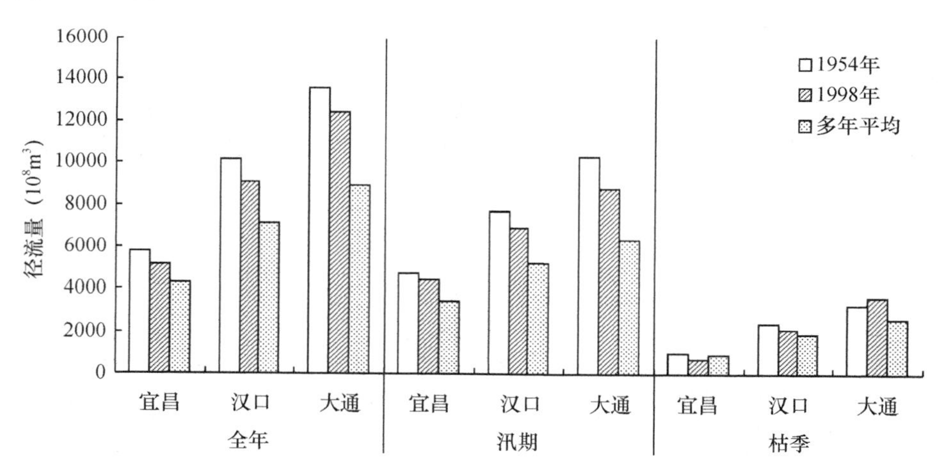

图 5-10 宜昌、汉口和大通站典型丰水年径流量与多年平均比较

5.3.2 典型丰水年出湖径流量特征

从图 5-11a 可以看出：1954 年城陵矶站 4—12 月份的流量都高于相应月份多年平均值，并且都比 1998 年相应月份流量大，而枯季 1—3 月水位和流量都低于 1998 年。1998 年枯季 1—3 月水位和流量都高于多年均值。在 6—9 月的汛期 1998 年流量小于 1954 年，而 7—9 月水位却高于 1954 年，从而出现比 1954 年更大的险情。

从图 5-11b 可以看出：1954 年湖口站全年各月水位、流量都高于多年均值；汛期 5—8 月流量比 1998 年多。1998 年枯季 1—4 月水位和流量都高于 1954 年，汛期 7—8 月份水位高于

1954 年而流量却少于 1954 年，汛期末端 10 月水位低于 1954 年而流量多于 1954 年。尤其是枯季 11—12 月 1998 年水位和流量低于多年平均值。

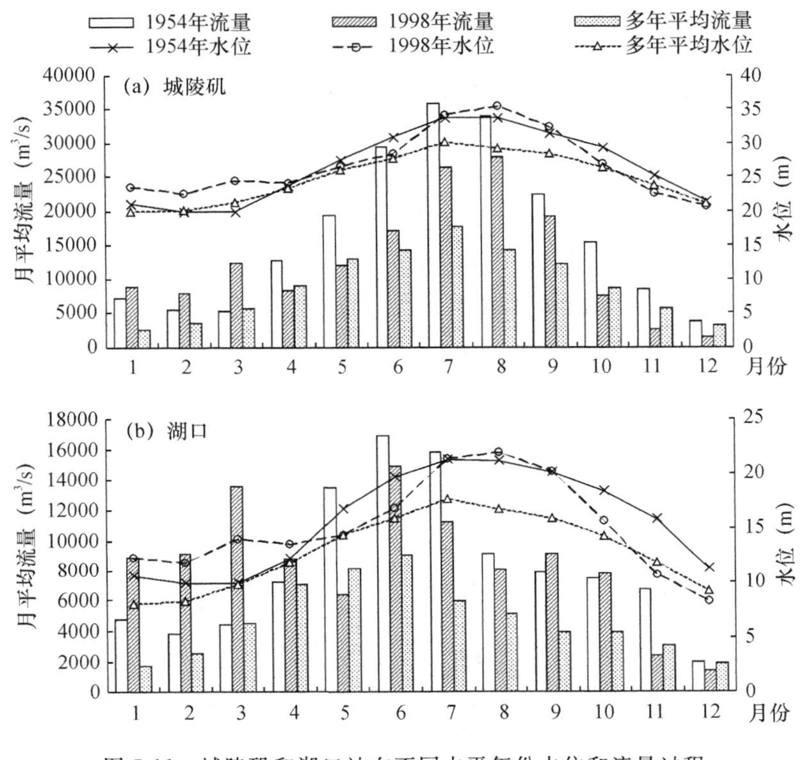

图 5-11　城陵矶和湖口站在不同水平年份水位和流量过程

1998 年长江干流主汛期 7—8 月份城陵矶和湖口站都出现了水位高于 1954 年而流量低于 1954 年的情况。由前文分析可知，出现这种情况的原因可能是城陵矶和湖口站水位的变化受到两方面的影响。一方面受到湖泊流域水系和湖区来水量的影响，另一方面，还受长江干流顶托作用的影响。因此，1998 年主汛期当长江干流出现高水位时，两湖出湖流量受到干流顶托作用，造成水位壅高而流量不大的特殊现象。

5.3.3　典型丰水年湖泊对干流水量补充作用

从全年来看(表 5-4)，丰水年 1954 年城陵矶和湖口站对长江干流补充水量分别为 5248×10^8 m³ 和 2581×10^8 m³，分别比多年平均值多了 82.1% 和 72.8%；1998 年城陵矶和湖口站对长江干流补充水量分别为 3994×10^8 m³ 和 2650×10^8 m³，分别比多年平均值多 38.5% 和 77.4%。可以看出 1954 年洞庭湖对长江补充水量比 1998 年多 1254×10^8 m³，而 1998 年鄱阳湖对长江补充水量比 1954 年多 69×10^8 m³。从图 5-12 可以看出，长江干流流量经过中游洞庭湖和鄱阳湖水量补充后，下游大通站流量过程线在 4 月份之后陡然增大，尤其在两湖流域水系的主汛期 4—6 月份，大通站流量与宜昌站相比增大明显。这对中下游防洪态势和水资源利用带来了很大的挑战。

从汛期来看(图 5-9 和图 5-10)，丰水年洞庭湖和鄱阳湖对长江干流的补水量占全年比例较大。1954 年汛期 5—10 月城陵矶和湖口站径流量分别为 4155×10^8 m³ 和 1873×10^8 m³，分别占全年的79.2%和72.6%；1998年汛期5—10月城陵矶和湖口站径流量分别为2920×10^8 m^3和1517×10^8 m^3，分别占全年的73.1%和57.2%。可见，丰水年洞庭湖和鄱阳湖对长江干流水量补充的作用主要集中在汛期。

从枯季来看，1998年宜昌径流量较少，甚至少于多年平均值，距平百分率为−19.5%，经过中游水量补充到下游大通站径流量大于多年平均值，距平百分率为39.0%，结果比1954年还多311×10^8 m^3的水量，约多9.4%（图5-9、图5-10）。出现这种现象，显然是长江中游湖泊补水作用造成的。城陵矶和湖口站1998年枯季1—4月径流量较大，分别比1954年多183.9×10^8 m^3和523.3×10^8 m^3的水量，约多了23.1%和99.1%，尤其鄱阳湖湖口站3月份径流量增加最明显（图5-11）。可以看出在1998年枯季鄱阳湖对长江水量补充作用较大。再看图5-12c，1998年3月宜昌流量过程线较平直，而同期城陵矶和湖口流量过程线升高明显，造成大通站该月流量过程线相应抬升。由此可见，丰水年枯季洞庭湖和鄱阳湖对长江干流水量补充作用也不可忽视，尤其是鄱阳湖所起的作用。

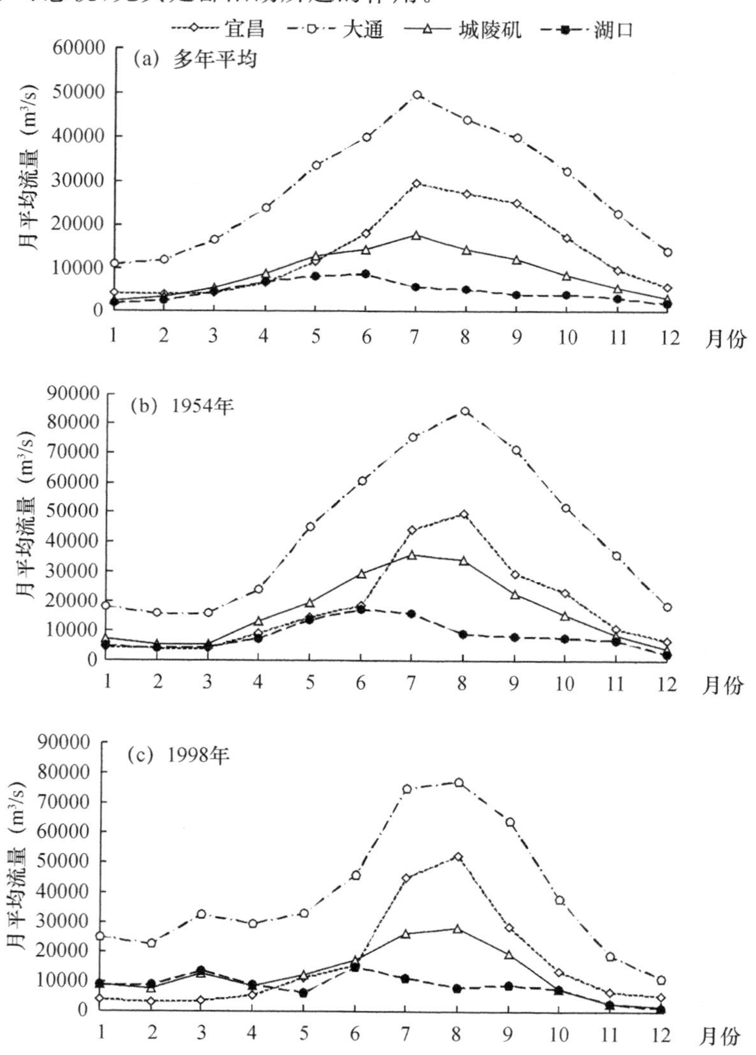

图5-12　宜昌、大通、城陵矶和湖口站典型丰水年月流量与多年平均变化过程

5.3.4　典型丰水年江湖水交换作用量化分析

从表 5-4 可以看出，对洞庭湖来说典型丰水年 1954 年和 1998 年 I_d 值分别为 0.51 和 0.41，说明丰水年洞庭湖对长江洪水有一定容纳调节作用。对鄱阳湖来说，丰水年 1954 年和 1998 年 I_p 值分别为 0.34 和 0.38，表明丰水年鄱阳湖对长江洪水的调蓄作用较强烈。洞庭湖和鄱阳湖水交换系数表明，丰水年 1954 年和 1998 年中，两湖分蓄了长江的洪水，对干流起到了分洪、削峰、错峰和滞洪的作用，尤其是 1954 年这种作用更加明显。可以比较出，洞庭湖在特大丰水年 1954 年对长江洪水容蓄能力大于鄱阳湖，而在特大丰水年 1998 年对长江洪水容蓄能力小于鄱阳湖。这与洞庭湖和鄱阳湖区洲滩湿地围垦造成分洪能力下降是分不开的。据记载，1825 年，洞庭湖水面为 6300 km^2，到了 1949 年就只有 4700 km^2，随着进一步的泥沙淤积和围湖造田，洞庭湖水面加剧萎缩，失去了中国第一大淡水湖的桂冠，至 1977 年湖面减少到不足 2700 km^2（同期鄱阳湖面积为 3500 km^2）（王孝忠，1999；徐国弟，1999）。与此同时，不断扩展的洲滩，为湖区发展芦苇提供了条件，洞庭湖芦苇面积以每年 20 km^2 的速度扩展（1978—1995 年平均）（周宏春 等，2002），大大减小了洞庭湖的调蓄能力。

5.3.5　典型丰水年江湖水交换作用对比分析

5.3.5.1　江湖水交换强度

1954 年洞庭湖和鄱阳湖与长江的水交换系数分别为 0.51 和 0.34，鄱阳湖与长江水交换作用较强（表 5-4），该年长江干流和两湖流域径流量都大，充分发挥了湖泊的分洪调蓄作用。1998 年洞庭湖和鄱阳湖与长江水交换系数分别为 0.41 和 0.38（表 5-4），洞庭湖和鄱阳湖与长江水交换作用较强。1998 年鄱阳湖对长江的分洪作用与洞庭湖相比稍强，但与 1954 年相比分洪作用略小。据研究，1954 年长江中下游湖泊湿地堤防多处溃口分洪，分蓄洪水总量高达 1023×10^8 m^3；1998 年主要是湖区洲滩民垸溃决，仅分蓄洪水 100×10^8 m^3 多（周宏春 等，2002）。可以看出，1998 年长江流域的洪水，鄱阳湖对长江水量的调蓄作用都比洞庭湖略大。这与洞庭湖区围垦作用是分不开的。

5.3.5.2　江湖水交换量

与多年平均值相比，1954 年洞庭湖区和四水来水量增加 54.0%，四口（当年调弦口未封闭）的来水量增加 161%，城陵矶站出湖水量增加 82.1%；在鄱阳湖流域，湖口站出湖水量增加 72.8%。1998 年，与多年平均值相比，四水来水量增加 33.4%，三口的来水量增加 17.1%，四水的来水量占城陵矶出湖水量的一半稍多；鄱阳湖湖口站出湖水量增加 77.4%，比 1954 年径流量还要多 131×10^8 m^3（表 5-5）。

从洞庭湖城陵矶出湖径流结构组成来看（表 5-5），1954 年四水径流量占出湖水量的 48.4%，而 1998 年四水来水量占 55.1%；从鄱阳湖径流量来看，1998 年湖口站出湖径流量多于 1954 年。经过计算，洞庭湖和鄱阳湖 1954 年补给长江水量为分别为 5248×10^8 m^3 和 2481×10^8 m^3，分别约占同期大通径流量的 38.6% 和 19.0%；1998 年补给长江水量分别为 3994×10^8 m^3 和 2650×10^8 m^3，分别约占同期大通径流量的 32.1% 和 21.3%。由此可见，丰水年 1954 年和 1998 年洞庭湖和鄱阳湖对长江径流量补给作用较大，但是 1998 年洞庭湖分蓄长江干流洪水的能力减小。相反，鄱阳湖成为现代中国最大的淡水湖，对长江的调蓄能力相对增大。在对长江干流水量补充方面，鄱阳湖 1998 年对干流水量贡献率大于 1954 年。

本章小结

本章利用 1950—2010 年水文资料，分析了长江干流典型枯水年与丰水年长江中下游通江湖泊与干流水交换过程，以及洞庭湖与鄱阳湖在枯水年和丰水年对长江水量的调蓄作用。主要结论如下。

(1)典型枯水年江湖水交换过程

1)1978 年洞庭湖和鄱阳湖与长江干流的水交换系数分别为 0.50 和 0.56，洞庭湖和鄱阳湖与长江水交换作用处于稳定状态，该年发生了长江干流水倒灌入鄱阳湖的现象。2006 年洞庭湖和鄱阳湖与长江干流水交换系数分别为 0.80 和 0.51，前者是湖对长江干流强补给状态，后者处于江湖相互作用稳定状态。

2)2006 年三峡水库运行使长江中下游干流径流量全年分配差值减小。尤其是增大了枯季径流量，使河槽水位上升，影响了江湖水交换的过程，对长江下游出现枯季不枯的现象有一定的贡献。

3)1978 年和 2006 年都是长江流域典型枯水年，中游通江湖泊对干流补水作用更明显，尤其是 2006 年鄱阳湖对长江干流补给水量为 $1564\times10^8\ m^3$，超过了平水年。

(2)典型丰水年江湖水交换过程

1)1954 年洞庭湖和鄱阳湖与长江干流水交换系数分别为 0.51 和 0.34，洞庭湖和鄱阳湖与干流水交换作用较强，发挥了湖泊的分洪调蓄作用。1998 年洞庭湖和鄱阳湖与长江干流水交换系数分别为 0.41 和 0.38，洞庭湖和鄱阳湖对长江干流的起到分洪调蓄作用。

2)洞庭湖和鄱阳湖 1954 年补给长江干流水量为分别为 $5248\times10^8\ m^3$ 和 $2481\times10^8\ m^3$，分别约占同期大通径流量的 38.6% 和 19.0%；1998 年补给长江水量分别为 $3994\times10^8\ m^3$ 和 $2650\times10^8\ m^3$，分别约占同期大通径流量的 32.1% 和 21.3%。

(3)无论丰水年还是枯水年洞庭湖和鄱阳湖对长江干流调蓄作用都是非常重要的。丰水年，两湖对长江干流起到分洪、削峰等作用，减轻下游洪水压力；枯水年，两湖对长江干流起到水量补充作用，使得下游河道保持一定的流量。

第 6 章　洞庭湖、鄱阳湖与长江干流水交换规律比较

洞庭湖和鄱阳湖是长江中游两个大型通江湖泊，对长江干流水量的补充都起了重要的作用，对长江中下游径流量的调节及两岸地区的社会经济发展都有非常重要的作用，尤其是其对长江中下游洪水的调蓄作用更是其关键意义所在。洞庭湖和鄱阳湖能吞吐长江，洞庭湖被称为“长江之胃”“整治江河湖泊是长江中下游地区江河整治的重点”，因此，本章将对长江中下游洞庭湖和鄱阳湖与长江干流水交换特点和规律进行比较研究，以求为长江中下游地区江河治理提供参考价值。

6.1　洞庭湖、鄱阳湖入湖径流组成及特征比较

6.1.1　两湖入湖水系组成不同

洞庭湖入湖水系由三口(松滋口、太平口和藕池口)水系(图 2-1)和四水(湘江、资江、沅江和澧水)水系两部分组成(图 6-1)。四水水系属于长江的支流水系。三口水系则是由长江干流分流河道组成，水从长江干流流入洞庭湖(图 2-1)。洞庭湖汇集四水和三口水系的来水，经调蓄后由城陵矶注入长江干流。

鄱阳湖流域主要由五条大河(赣江、抚河、信江、饶河和修河)组成，称为五河水系，属于长江干流的支流水系(图 4-1)。五河来水量经鄱阳湖调蓄后由湖口站注入长江。

从水系组成上看，洞庭湖与长江干流的水交换更为复杂。洞庭湖通过三口水系接纳干流来水(图 2-1 和图 4-22)，汇合四水水系入湖之水，湖水从城陵矶吐入长江，通过三口水系进水、城陵矶出水的“吞吐长江”机制来完成与长江水交换。鄱阳湖则是汇集五河水系之水，又与长江干流倒灌入湖之水(倒灌的长江水不确定有，一年中只有部分时间发生江水倒灌，而不是每年都会发生)汇合，最后通过湖口进入长江干流，与长江水交换是由单口进出来完成。

6.1.2　两湖对长江洪水的调蓄作用分析

洞庭湖入湖的四水水系汛期(湘江、资江和沅江汛期为 3—8 月，澧水汛期为 4—9 月)为 3—8 月，径流量占全年的 74.7%；主汛期为 4—6 月，占全年径流量的 48.2%。三口水系汛期为 5—10 月，汛期径流量占全年的 97.3%；主汛期为 7—9 月，占全年径流量的 74.4%。洞庭湖对长江干流的主补水期(规定出湖城陵矶水文站月平均径流量年内分配比例大于等于 8%的连续月份称为通江湖泊对长江干流的主补水期)4—10 月城陵矶站径流量占全年的 84.1%

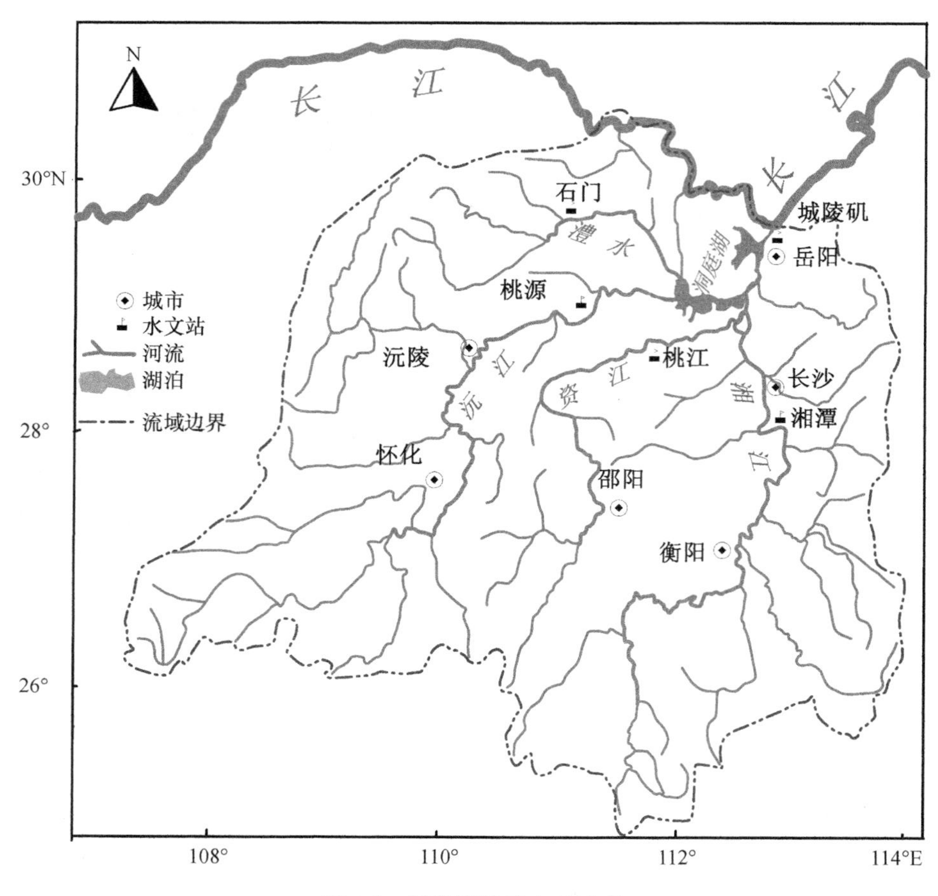

图 6-1　洞庭湖流域水系示意

(图 6-2)。可以看出,洞庭湖通过三口分长江干流洪水的时间集中在 7—9 月,洞庭湖补给干流水量的时间集中在 4—10 月;洞庭湖对三口和四水水系汛期洪水进行了调蓄,延长并推迟了洪水出湖的时间,实现了对长江干流分洪、滞洪、削峰、错峰等调节作用。

鄱阳湖流域的五河水系汛期为 3—8 月,汛期径流量占全年的 76.7%,主汛期 4—6 月径流量占全年近 50%(图 4-5)。鄱阳湖对长江干流的主补水期(与五河水系汛期重合)为 3—8 月,径流量占全年的近 70%(图 4-7)。湖口站径流量年内分配比例 9 月为 6.8%,10 月为 7.0%,比例已经下降。我们发现,鄱阳湖与长江干流的汛期 5—10 月重合了 4 个月,与长江主汛期 7—9 月恰好错开,造成鄱阳湖的滞洪、削峰、错峰等良好的径流调节作用。

由此可见,洞庭湖对长江干流主补水期为 4—10 月,鄱阳湖对干流主补水期为 3—8 月。长江中游湖泊对干流的主补水期与长江汛期相比时间提前,尤其是鄱阳湖流域提前 2 个月,对长江干流枯季水量补充具有较大意义。

综上所述,洞庭湖和鄱阳湖流域的径流组成和特征,决定了两湖对长江干流具有良好的径流调节作用,对减轻长江流域洪水灾害和抗旱灌溉具有重要的意义,同时对长江中下游地区社会经济发展具有深远的意义。

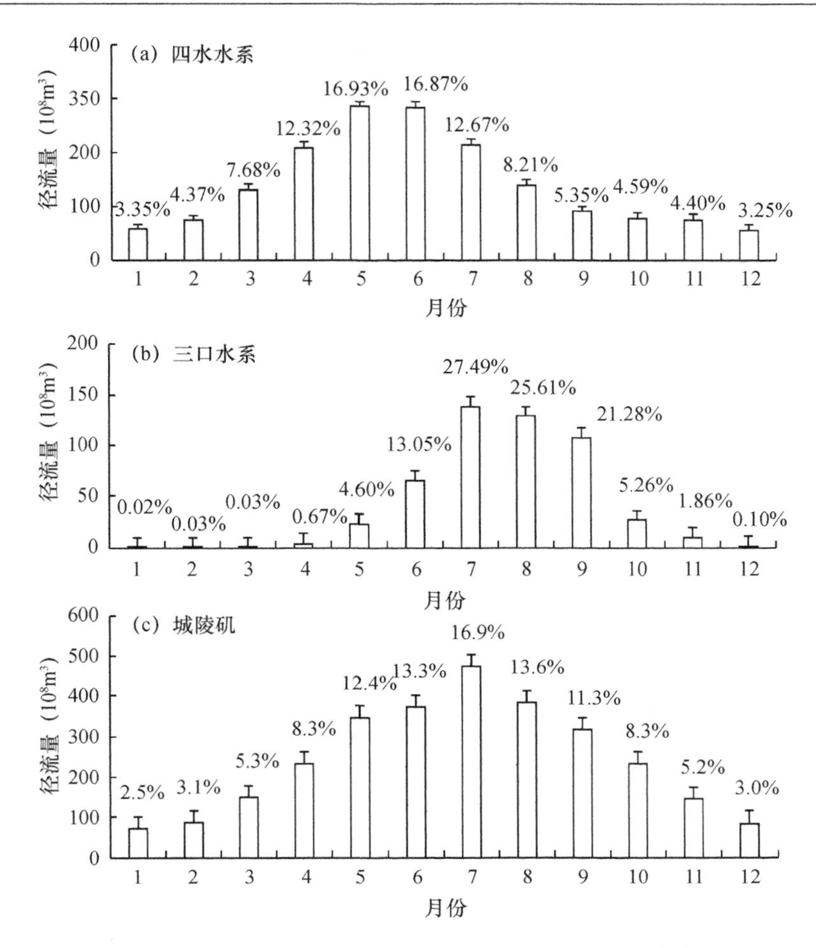

图 6-2　洞庭湖水系及城陵矶多年月平均径流量及年内分配

6.2　洞庭湖、鄱阳湖与长江干流水交换规律的异同

6.2.1　相同点

6.2.1.1　水交换过程受到干流顶托作用

洞庭湖和鄱阳湖与长江干流水交换过程受到长江与湖泊水位差的影响。江湖水位差是影响江湖相互作用的能量因素，控制着江湖相互作用的过程。水位差越大，能量越大，促使水交换就越容易发生，江湖相互作用过程就越激烈。

两个湖泊都属于长江干流的支流湖泊，与干流发生水交换的过程都受到长江干流顶托作用影响，湖泊出湖水流的大小取决于长江干流与湖泊水量的大小和相互作用对比关系。即当湖泊蓄水量较大时，若遇到干流洪水，干流顶托湖泊出湖水流的作用较大，这时出湖流量受影响而减小；当湖泊水位较低，若遇到干流枯水，干流顶托湖泊出湖水流的作用不大，这时出湖水流阻力减小，反而流量可能较大，如当宜昌流量为 60000 m^3/s 特大流量级时，洞庭湖城陵矶流量为 9380 m^3/s（1973—1980 年）和 4810 m^3/s（1981—1985 年），而当宜昌流量为 30000 m^3/s

中流量级时，相应时期洞庭湖城陵矶流量为 14700 m^3/s（1973—1980 年）和 13380 m^3/s（1981—1985 年）（赵军凯，2011a）。湖口站径流量也有同样的规律（赵军凯，2011a）。可见，长江干流对两湖出流的顶托作用对江湖水交换过程影响明显。

6.2.1.2　三峡水库运行使两湖与长江水交换特点发生了变化

三峡水库运行之后的 2003—2009 年这一阶段与 1998—2002 年相比洞庭湖三口分流量减小了 220×10^8 m^3，分流比约减少了 3.6%。城陵矶径流量 2003—2009 年与 1998—2002 年相比减少 798×10^8 m^3。同时，长江干流水流对洞庭湖顶托作用更明显了。三峡水库运行后 2003—2010 年湖口站年枯季径流量与以前各年代相比所占比例增加，水库蓄水月（10 月份）径流量占年径流量比例较 20 世纪 90 年代有所增加，增加了 0.7%。

6.2.1.3　枯水年两湖对长江干流的补水作用明显

枯水年两个湖泊对长江干流补水作用明显，尤其在枯水季节更显著。以典型枯水年 1978 年和 2006 年为例。当长江干流进入枯水季节时，宜昌站和大通站流量出现迅速减少（图 5-6 和表 5-3），长江干流水位下降迅速，江湖水位差增大形成“胁迫效应”，而控制两湖泊的城陵矶和湖口站同期流量的减少幅度相对要小（图 5-6），使 2006 年大通站的流量全年没有低于 10000 m^3/s。

6.2.1.4　丰水年两湖对干流的分洪调蓄作用显著

丰水年两湖对长江干流起到分洪、削峰等径流量调节作用，减轻长江干流下游洪水压力。以典型丰水年 1954 年和 1998 年为例。1954 年洞庭湖和鄱阳湖与长江干流水交换系数分别为 0.51 和 0.34，洞庭湖和鄱阳湖与干流水交换作用较强，发挥了湖泊的分洪调蓄作用。

6.2.2　不同点

6.2.2.1　江湖水交换量变化趋势不同

20 世纪 50 年代以来，洞庭湖无论三口分流量还是城陵矶出湖径流量都有明显的减少趋势（图 6-3）；而鄱阳湖流域五河年总径流量和湖口站的年径流量变化过程可以看出（图 4-11 和 4-18），湖口出湖年径流量没有明显的趋势。

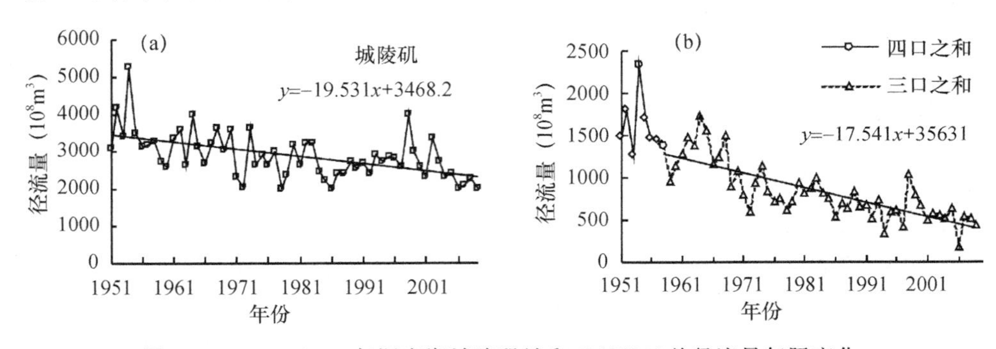

图 6-3　1951—2000 年洞庭湖城陵矶站和三（四）口总径流量年际变化

6.2.2.2　江湖水交换过程变化的特点不同

20 世纪 50 年代以来，洞庭湖三口分流量逐渐减少，枯水季节断流的天数逐渐增多，其中藕池口分流量减小最明显。长江干流对城陵矶出流顶托作用在干流高流量时表现明显，中、低流量时不显著（赵军凯，2011a）。

鄱阳湖湖口站径流量的年际变化有多水年组和少水年组相间分布的特点，20世纪50年代为多水期，60年代为少水期，70年代为多水期，80年代为少水期，90年代为多水期，2000—2009年为少水期。江水倒灌鄱阳湖的年数、总天数和总水量有年代际波动，多与少相间分布。

6.2.2.3 两湖对干流水量调蓄存在时空差异

洞庭湖位于长江中游上段，鄱阳湖位于长江中下游交界处，它们对长江干流的径流量调节存在空间上有先后顺序。洞庭湖在长江荆江河段对长江水量进行调蓄，江水在河道内运行一段时间到达长江九江河段，径流量经过了长江河道调节，然后鄱阳湖对长江径流量进行了再次调节。而在时间上两湖对长江水量的调节也有差异，洞庭湖对干流的主补水期为4—10月，鄱阳湖对干流的主补水期为3—8月。可见两湖对长江干流补水存在着时空差异，使干流得到的补水时间更长，既增加了枯季干流的水量，又可以分蓄干流汛期洪水，减轻了洪水对干流的威胁，对长江中下游地区社会经济发展具有重要的意义。

6.3 两湖对长江干流补水量理论值

根据不同径流频率洞庭湖与长江水交换量的计算成果和不同径流频率鄱阳湖对长江干流补水量的计算成果，计算出当长江干流在不同径流频率条件下，遭遇两湖水系各径流频率时对长江干流的补水量，结果见表6-1。从表6-1可以看出，当长江干流、洞庭湖流域和鄱阳湖流域都经历5%的丰水年时，两湖共补给干流5491×10^8 m^{3}水量；当三者都经历50%的平水年时，两湖共补给干流3843×10^8 m^{3}水量；当三者都经历75%的枯水年时，两湖共补给干流3336×10^8 m^{3}水量；当三者都经历95%的特枯水年时，两湖共补给干流2803×10^8 m^{3}水量。

表6-1 洞庭湖和鄱阳湖对长江干流补水量理论值

长江干流径流频率(%)	洞庭湖		鄱阳湖		两湖年补给长江干流水量(10^8 m^3)
	四水径流频率(%)	城陵矶年径流量(10^8 m^3)	湖口站径流频率(%)	湖口站年径流量(10^8 m^3)	
5	5	3191	5	2300	5491
		3191	50	1440	4631
		3191	75	1175	4366
		3191	95	930	4121
	50	2528	5	2300	4828
		2528	50	1440	3968
		2528	75	1175	3703
		2528	95	930	3458
	75	2329	5	2300	4629
		2329	50	1440	3769
		2329	75	1175	3504
		2329	95	930	3259
	95	2108	5	2300	4408
		2108	50	1440	3548
		2108	75	1175	3283
		2108	95	930	3038

续表

长江干流径流频率(%)	洞庭湖		鄱阳湖		两湖年补给长江干流水量(10^8 m^3)
	四水径流频率(%)	城陵矶年径流量(10^8 m^3)	湖口站径流频率(%)	湖口站年径流量(10^8 m^3)	
50	5	3066	5	2300	5366
		3066	50	1440	4506
		3066	75	1175	4241
		3066	95	930	3996
	50	2403	5	2300	4703
		2403	50	1440	3843
		2403	75	1175	3578
		2403	95	930	3333
	75	2204	5	2300	4504
		2204	50	1440	3644
		2204	75	1175	3379
		2204	95	930	3134
	95	1983	5	2300	4283
		1983	50	1440	3423
		1983	75	1175	3158
		1983	95	930	2913
75	5	3023	5	2300	5323
		3023	50	1440	4463
		3023	75	1175	4198
		3023	95	930	3953
	50	2360	5	2300	4660
		2360	50	1440	3800
		2360	75	1175	3535
		2360	95	930	3290
	75	2161	5	2300	4461
		2161	50	1440	3601
		2161	75	1175	3336
		2161	95	930	3091
	95	1940	5	2300	4240
		1940	50	1440	3380
		1940	75	1175	3115
		1940	95	930	2870

续表

长江干流径流频率(%)	洞庭湖		鄱阳湖		两湖年补给长江干流水量(10^8 m^3)
	四水径流频率(%)	城陵矶年径流量(10^8 m^3)	湖口站径流频率(%)	湖口站年径流量(10^8 m^3)	
95	5	2956	5	2300	5256
		2956	50	1440	4396
		2956	75	1175	4131
		2956	95	930	3886
	50	2293	5	2300	4593
		2293	50	1440	3733
		2293	75	1175	3468
		2293	95	930	3223
	75	2094	5	2300	4394
		2094	50	1440	3534
		2094	75	1175	3269
		2094	95	930	3024
	95	1873	5	2300	4173
		1873	50	1440	3313
		1873	75	1175	3048
		1873	95	930	2803

本章小结

本章在对洞庭湖和鄱阳湖水系组成、径流结构组成、两湖与长江干流水交换机制以及对干流主补水期分析的基础上，对比分析两湖与长江干流水量交换过程及其变化规律等的异同点。

(1)相同点

1)水交换过程都受到干流顶托作用

洞庭湖和鄱阳湖都是长江的大型通江湖泊。江湖水交换过程受到长江与湖泊水位差的影响。江湖水位差是影响江湖相互作用的能量因素，控制着江湖相互作用的过程。水位差越大，能量越大，促使水交换就越容易发生，江湖相互作用过程就越激烈。

2)三峡水库运行使两湖与干流水交换过程发生了变化

城陵矶径流量 2003—2009 年与 1998—2002 年相比有所减少，同时，长江干流水流对洞庭湖顶托作用更明显了。三峡水库运行后 21 世纪前 10 年湖口站年径流量与以前各年代相比枯季所占比例增加，水库蓄水月 10 月份径流量占年径流量比例较 20 世纪 90 年代有所增加，增加了 0.7%。

3)枯水年湖泊对干流的补水作用明显。

4)丰水年湖泊对干流的分洪调蓄作用显著。

(2)不同点

1)江湖水交换量变化趋势不同

20 世纪 50 年代以来,洞庭湖无论三口分流量还是城陵矶出湖径流量都有明显的减少趋势(三口分流量减少幅度达 65%,城陵矶径流量回归方程斜率为－19.53);而鄱阳湖湖口站的径流量没有明显变化趋势。

2)江湖水交换过程变化的特点不同

20 世纪 50 年代以来,洞庭湖三口分流量逐渐减少,枯水季节断流的天数逐渐增多,其中藕池口分流量最明显。长江干流对城陵矶出流顶托作用在干流高流量时表现明显,中、低流量时不显著。

鄱阳湖湖口站径流的年际变化有多水年组和少水年组相间分布的特点,20 世纪 50 年代为多水期,60 年代为少水期,70 年代为多水期,80 年代为少水期,90 年代为多水期,2000—2009 年为少水期。江水倒灌鄱阳湖的年数、总天数和总水量有年代际波动,多与少相间分布。

3)两湖对干流水量调蓄存在时空差异

洞庭湖位于长江中游上段,鄱阳湖位于长江中下游交界处,它们对长江干流的径流量调节存在空间上有先后顺序。洞庭湖对干流的主补水期为 4—10 月,鄱阳湖对干流的主补水期为 3—8 月。

参考文献

安申义，2001. 长江螺山站高水位流量关系和城陵矶(莲花塘)控制水位的研究[J]. 水利水电技术，32(11)：1-6.

卞鸿翔，龚循礼，1985. 洞庭湖区围垦问题的初步研究[J]. 地理学报，40(2)：131-141.

蔡其华，2007. 健康长江与洞庭湖治理[J]. 人民长江，38(6)：1-2.

蔡其华，2010. 三峡工程防洪作用与2010年防洪调度实践[J]. 中国水利，23：22-26.

蔡述，周新宇，1996. 人类活动对长江中游湿地生态系统的冲击[J]. 地理科学，16(2)：129-136.

曹勇，陈吉余，张二凤，等，2006. 三峡水库初期蓄水对长江口淡水资源的影响[J]. 水科学进展，17(4)：554-558.

岑仲勉，1957. 黄河变迁史[M]. 上海：人民出版社.

长江水利委员会，2005. 维护健康长江，促进人水和谐研究报告[R]. 武汉：长江水利委员会.

长江水文局，2006. 洞庭湖与鄱阳湖的泥沙淤积继续减少[J]. 水利水电快报，18：13.

陈成忠，林振山，2010. 从国内学术论文看1992年以来长江中下游河湖湿地研究进展[J]. 湿地科学，8(2)：193-203.

陈吉余，何青，2009. 2006年长江特枯水情对上海淡水资源安全的影响[M]. 北京：海洋出版社.

陈建国，周文浩，孙高虎，等，2008. 黄河小浪底水库初期运用与下游河道冲淤的响应[J]. 泥沙研究，5：1-8.

陈进，黄薇，2005. 通江湖泊对长江中下游防洪的作用[J]. 中国水利水电科学研究院学报，3(1)：11-15.

陈雷，2010. 关于几个重大水利问题的思考——在全国水利规划计划工作会议上的讲话[J]. 中国水利，4：1-7.

陈雷. 全面贯彻中央重大决策部署努力开创水利改革发展新局面——在全国水利厅局长会议上的讲话[R/OL]. http://www.mwr.gov.cn/slzx/slyw/201401/t20140105_546787.html，2014-1-4.

陈萍，王兴玲，陈晓玲，2012. 基于栅格的鄱阳湖生态经济区洪灾脆弱性评价[J]. 地理科学，32(8)：958-964.

陈显维，许全喜，陈泽方，2008. 三峡水库蓄水以来进出库水沙特性分析[J]. 人民长江(8)：1-3.

陈莹，许有鹏，尹义星，等，2008. 长江干流日径流序列的多重分形特征[J]. 地理研究，27(4)：819-828.

程根伟，陈桂蓉，2007. 试验三峡水库生态调度，促进长江水沙科学管理[J]. 水利学报(增刊)：526-530.

程时长，王仕刚，2002. 鄱阳湖现代冲淤动态分析[J]. 江西水利科技，28(2)：125-128.

楚泽涵，封锡强，李艳丽，2000. 水资源问题应引起关注[J]. 古地理学报，2(4)：84-85.

崔国韬，左其亭，李宗礼，等，2012. 河湖水系连通功能及适应性分析[J]. 水电能源科学(2)：1-5.

崔丽娟，2004. 鄱阳湖湿地生态系统服务功能价值评估研究[J]. 生态学杂志，23(4)：47-51.

戴仕宝，杨世伦，赵华云，等，2005. 三峡水库蓄水运用初期长江中下游河道冲淤响应[J]. 泥沙研究，5：35-39.

戴仕宝，杨世伦，2006a. 近50年来长江水资源特征变化分析[J]. 自然资源学报，21(4)：501-505.

戴仕宝，杨世伦，李鹏，2006b. 长江干流河道对流域输沙的调节作用[J]. 地理学报，61(5)：461-470.

戴仕宝，杨世伦，郜昂，等，2007. 近50年来中国主要河流人海泥沙变化[J]. 泥沙研究，2：49-58.

戴雪，万荣荣，杨桂山，等，2014. 鄱阳湖水文节律变化及其与江湖水量交换的关系[J]. 地理科学，34(12)：1488-1496.

戴志军，李九发，赵军凯，等，2010. 特枯2006年长江中下游径流特征及江湖库径流调节过程[J]. 地理科学，

30(4):577-581.

邓育仁,丁晶,1989. 长江上游河流年径流序列相依性的研究[J]. 地理科学,9(3):204-212.

邓育仁,丁晶,杨荣富,1990. 中国主要河流年径流序列随机变化基本规律的初步研究[J]. 水科学进展,1(1):13-21.

丁晶,邓育仁,1988. 随机水文学[M]. 成都:成都科技大学出版社:33-142.

丁兰璋,赵秉栋,1987. 水文学与水资源基础[M]. 开封:河南大学出版社:91-110.

董力三,2002. 洞庭湖区气候及江湖关系历史变迁的探讨[J]. 长沙电力学院学报,17(4):86-89.

董耀华,惠晓晓,蔺秋生,2008. 长江干流河道水沙特性与变化趋势初步分析[J]. 长江科学院院报(2):16- 20.

窦明,崔国韬,左其亭,等,2011. 河湖水系连通的特征分析[J]. 中国水利,16:17-19.

段德寅,陈耀湘,张国君,1999. 厄尔尼诺和大气环流异常与1998年洞庭湖区洪涝的关系[J]. 湖南农业大学学报,25(3):221-224.

段文忠,1993. 下荆江裁弯与城陵矶水位抬高的关系[J]. 泥沙研究,1:39-50.

段文忠,郑亚慧,刘建军,2001. 长江城陵矶—螺山河段水位抬高及原因分析[J]. 水利学报,2:29-34.

沈恒范,1995. 概率论与数理统计教程[M]. 北京:高等教育出版社.

方春明,钟正琴,2001. 洞庭湖容积减小对洞庭湖和长江洪水位的影响[J]. 水利学报,11:70-74.

方春明,毛继新,陈绪坚,2007. 三峡工程蓄水运用后荆江三口分流河道冲淤变化模拟[J]. 中国水利水电科学研究院学报,5(3):181-185.

冯明义,1995. 江汉湖群调蓄功能研究[J]. 四川师范学院学报(自然科学版),1(4):327-331.

傅春,刘文标,2007. 三峡工程对长江中下游鄱阳湖区防洪态势的影响分析[J]. 中国防汛抗旱,3:18-21.

符淙斌,王强,1992. 气候突变的定义和检测方法[J]. 大气科学,16(4):482-493.

府仁寿,虞志英,金缪,等,2003. 长江水沙变化发展趋势[J]. 水利学报,11:21-29.

高俊峰,张琛,姜加虎,等,2001. 洞庭湖的冲淤变化和空间分布[J]. 地理学报,56(3):269-277.

耿雷华,陈霁巍,刘恒,等,2005. 国际河流开发给中国的启示[J]. 水科学进展,16(2):295-299.

宫平,杨文俊,2009. 三峡水库建成后对长江中下游江湖水沙关系变化趋势初探Ⅱ. 江湖关系及槽蓄影响初步研究[J]. 水力发电学报,28(6):120-125.

顾中宇,2007. 鄱阳湖水文特征分析及水体形态特征的遥感提取[D]. 南昌:江西师范大学.

郭华,姜彤,王国杰,等,2006a. 1961—2003年间鄱阳湖流域气候变化趋势及突变分析[J]. 湖泊科学,18(5):443-451.

郭华,姜彤,王艳君,等,2006b. 1955—2002年气候因子对鄱阳湖流域径流系数的影响[J]. 气候变化研究进展,2(5):217-222.

郭华,姜彤,2008. 鄱阳湖流域洪峰流量和枯水流量变化趋势分析[J]. 自然灾害学报,17(3):75-80.

郭家力,郭生练,郭靖,等,2010. 鄱阳湖流域未来降水变化预测分析[J]. 长江科学院院报,27(8):20-24.

郭鹏,陈晓玲,刘影,2006. 鄱阳湖湖口、外洲、梅港三站水沙变化及趋势分析(1955—2001)[J]. 湖泊科学,18(5):458-463.

郭小虎,李义天,唐金武,等,2008. 三峡水库运用20 a后对草尾河航道的影响[J]. 武汉大学学报(工学版),42(1):82-87.

郭文献,夏自强,王远坤,等,2009. 三峡水库生态调度目标研究[J]. 水科学进展,20(4):554-559.

韩其为,1999a. 江湖流量分配变化导致长江中游新的洪水形势[J]. 泥沙研究,5:1-12.

韩其为,1999b. 周松鹤,三口分流河道的特性及演变规律[J]. 长江科学院院报,16(5):5-8.

韩其为,2010. 三峡蓄水有助改善“江湖关系”[N]. 中国能源报,2010-12-08(20).

韩其为,2014. 江湖关系变化的内在机理[J]. 长江科学院院报,31(6):104-112.

韩其为,何明民,1997. 三峡水库建成后长江中、下游河道演变的趋势[J]. 长江科学院院报,14(1):12-16.

韩其为,杨克诚,2000. 三峡水库建成后下荆江河型变化趋势的研究[J]. 泥沙研究,6(3):1-11.

贺晓英,贺缠生,2008. 北美五大湖保护管理对鄱阳湖发展之启示[J]. 生态学报,28(12):6235-6242.

胡昌华,张军波,夏军,等,1999. 基于 MATLAB 的系统分析与设计——小波分析[M]. 西安:西安电子科技大学出版社.

胡春华,1999. 历史时期鄱阳湖湖口长江倒灌分析[J]. 地理学报,54(1):77-82.

胡春宏,王延贵,2014. 三峡工程运行后泥沙问题与江湖关系变化[J]. 长江科学院院报,31(5):107-116.

胡大超,贾亚男,熊平生,2010. 鄱阳湖区洪水灾害与孕灾环境变化的关系问题研究[J]. 国土与自然资源研究,3:56-57.

胡茂林,吴志强,刘引兰,2010. 鄱阳湖湖口水位特性及其对水环境的影响[J]. 水生态学杂志,3(1):1-6.

湖南省国土委员会办公室,湖南省经济研究中心,1986. 洞庭湖区整治开发综合考察研究专题报告[Z].

胡清华,1986. 松门山矽砂矿的成因及其开发利用[J]. 江西师范大学学报(自然科学版),4:90-95.

胡向阳,张细兵,黄悦,2010. 三峡工程蓄水后长江中下游来水来沙变化规律研究[J]. 长江科学院院报,27(6):4-9.

胡兴林,2000. 甘肃省主要河流径流时空分布规律及演变趋势分析[J]. 地球科学进展,15(5):516-521.

胡振鹏,傅静,2018. 长江与鄱阳湖水文关系及其演变的定量分析[J]. 水利学报,49(5):570-579.

黄嘉佑,李黄,1984. 气象中的谱分析[M]. 北京:气象出版社.

黄群,姜加虎,2005. 近 50 年来洞庭湖区的内湖变化[J]. 湖泊科学,17(3):202-206.

黄旭初,朱宏富,1983. 从构造因素讨论鄱阳湖的形成与演变[J]. 江西师范大学学报(自然科学版),1:126-133.

黄锡荃,1993. 水文学[M]. 北京:高等教育出版社.

黄颖,黄成涛,郑力,等,2009. 长江中游瓦口子水道河床演变分析[J]. 泥沙研究,5:41-46.

黄悦,董耀华,2008. 三峡工程对长江中下游河道采砂影响及对策[J]. 人民长江,39(1):3-6.

黄振平,2003. 水文统计学[M]. 南京:河海大学出版社:108-125.

黄忠恕,1983. 波谱分析方法及其在水文气象学中的应用[M]. 北京:气象出版社:1-202.

霍小光,2019. 习近平乘船考察长江[EB/OL]. http://www.xinhuanet.com/2018-04/25/c_1122741011_2.htm. 2019-2-25.

霍雨,王腊春,陈晓玲,等,2011. 1950 s 以来鄱阳湖流域降水变化趋势及其持续性特征[J]. 湖泊科学,23(3):454-462.

假冬冬,邵学军,王虹,等,2010. 三峡工程运用初期石首河弯河势演变三维数值模拟[J]. 水科学进展,21(1):43-49.

姜加虎,黄群,1996. 三峡工程对洞庭湖水位影响研究[J]. 长江流域资源与环境,5(4):367-374.

姜加虎,黄群,1997a. 三峡工程对鄱阳湖水位影响研究[J]. 自然资源学报,12(3):219-220.

姜加虎,黄群,1997b. 三峡工程对坝下长江流量影响研究[J]. 湖泊科学,9(2):105-111.

姜加虎,黄群,2004. 洞庭湖近几十年来湖盆变化及冲淤特征[J]. 湖泊科学,16(3):209-214.

姜加虎,黄群,2006. 洞庭湖淤积、围垦对湖区江湖洪水影响的模拟[J]. 长江流域资源与环境,15(5):584-587.

江凌,李义天,孙昭华,等,2010. 三峡工程蓄水后荆江沙质河段河床演变及对航道的影响[J]. 应用基础与工程科学学报,18(1):1-10.

姜彤,施雅风,2003. 气候变暖,长江水灾与可能损失[J]. 地球科学进展,18(2):277-284.

姜彤,苏布达,王艳君,等,2005. 四十年来长江流域气温降水与径流变化趋势[J]. 气候变化研究进展,1(2):65-68.

李栋梁,张佳丽,全建瑞,等,1998. 黄河上游径流量演变特征及成因研究[J]. 水科学进展,9(1):22-28.

李景保,常疆,吕殿青,等,2009. 三峡水库调度运行初期荆江与洞庭湖区的水文效应[J]. 地理学报,64(11):

1342-1352.

李景保，王克林，秦建新，等，2005. 洞庭湖年径流泥沙的演变特征及其动因[J]. 地理学报，60(3)：503-510.

李景保，杨燕，许树辉，2001. 洞庭湖区 1991—2000 年大洪涝灾害特点与成因分析[J]. 湖南师范大学自然科学学报，24(4)：90-94.

李景保，尹辉，卢承志，等，2008. 洞庭湖区的泥沙淤积效应[J]. 地理学报，63(5)：514-523.

李景保，周永强，欧朝敏，等，2013. 洞庭湖与长江水体交换能力演变及对三峡水库运行的响应[J]. 地理学报，68(1)：108-117.

李芬，甄霖，黄河清，等，2010. 鄱阳湖区农户生态补偿意愿影响因素实证研究[J]. 资源科学，32(5)：824-830.

李坤刚，2003. 我国洪旱灾害风险管理[J]. 中国水利，3(B)：47-48.

李茂田，于霞，陈中原，2004. 40 年来长江九江河段河道演变及其趋势预测[J]. 地理科学，24(1)：76-82.

李林，王振宇，秦宁生，等，2004. 长江上游径流量变化及其与影响因子关系分析[J]. 自然资源学报，19(6)：694-700.

李鹏，杨世伦，戴仕宝，等，2006. 近 10 年来长江口水下三角洲的冲淤变化——兼论三峡工程蓄水的影响[J]. 地理学报，62(7)：707-716.

李荣昉，吴敦银，刘明辉，等，2000. 1954 年型洪水长江湖口附近地区分洪量的探讨[J]. 江西师范大学学报(自然科学版)，5(2)：178 -182.

李世勤，闵骞，谭国良，等，2008. 鄱阳湖 2006 年枯水特征及其成因研究[J]. 水文，28(6)：73-76.

李爽，张祖陆，孙媛媛，2013. 基于 SWAT 模型的南四湖流域非点源氮磷污染模拟[J]. 湖泊科学，25(2)：236-242.

李文华，王晓鸿，鄢帮有，等，2008. 鄱阳湖生态环境保护和资源综合开发利用研究总报告[R]. 鄱阳湖生态经济区重大研究招标课题，9.

李晓东，曾光明，梁婕，等，2009. 基于层次分析法的洞庭湖健康评价[J]. 人民长江，40(14)：22-25.

李小平，2013. 湖泊学[M]. 北京：科学出版社.

李新国，江南，朱晓华，等，2006. 近三十年来太湖流域主要湖泊的水域变化研究[J]. 海洋湖沼通报(4)：17-24.

李学山，王翠平，1997. 荆江与洞庭湖水沙关系演变及对城螺河段水情影响分析[J]. 人民长江，28(8)：6-8.

李亚飞，2019.《瞭望》新闻周刊专访鄂竟平部长：开启水利改革发展新征程[EB/OL]. http://www.mwr.gov.cn/xw/slyw/201902/t20190225_1108367.html.

李义天，邓金运，孙昭华，等，2000. 泥沙淤积与洞庭湖调蓄量的变化[J]. 水利学报，31(12)：48-52.

李义天，郭小虎，唐金武，等，2008. 三峡水库蓄水后荆江三口分流比估算[J]. 天津大学学报，41(9)：1027-1034.

李义天，郭小虎，唐金武，等，2009. 三峡建库后荆江三口分流的变化[J]. 应用基础与工程科学学报，17(1)：21-31.

李义天，李荣，邓金运，2006. 长江中游泥沙输移规律及对防洪影响研究[J]. 泥沙研究，3：12-20.

李原园，郦建强，李宗礼，等，2011. 河湖水系连通研究的若干问题与挑战[J]. 资源科学，33(3)：386-391.

李运刚，何大明，叶长青，2008. 云南红河流域径流的时空分布变化规律[J]. 地理学报，63(1)：41-49.

李志红，2006. 聚焦黄河治理 60 周年(1949—2006)：河道演变[EB/OL]. http://www.ha.xinhuanet.com/xhzt/2006-10/23/content_8326495.htm，2006-10-23.

李宗礼，郝秀平，王中根，等，2011a. 河湖水系连通分类体系探讨[J]. 自然资源学报，26(11)：1975-1982.

李宗礼，李原园，王中根，等，2011b. 河湖水系连通研究：概念框架[J]. 自然资源学报，26(3)：513-522.

李宗礼，刘晓洁，田英，等，2011c. 南方河网地区河湖水系连通的实践与思考[J]. 资源科学，33(12)：2221-2225.

廖鸿志，沈华中，2010. 2010 年三峡水库防洪调度与经济效益初步分析[J]. 中国防汛抗旱，5：4-6.

廖小永,卢金友,黎礼刚,2007. 三峡水库蓄水运行后荆江河道特性变化研究[J]. 人民长江,38(11):88-91.
廖志丹,傅秀堂,刘俊义,2000. 长江中游防洪减灾若干问题及对策[J]. 人民长江,31(2):4-6.
林承坤,1987. 洞庭湖水沙特性与湖泊沉积[J]. 地理科学,7(1):10-18.
林承坤,高锡珍,1994. 水利工程修建后洞庭湖径流与泥沙的变化[J]. 湖泊科学,6 (1):33-39.
林承坤,许定庆,吴小根,2000. 洞庭湖的调节作用对荆江径流的影响[J]. 湖泊科学,12 (2):105-110.
林莺,李世才,2002. 水文频率曲线简捷计算和绘图技巧[J]. 水利水电技术,33(7):52-53.
林振山,邓自旺,1999. 子波气候诊断技术的研究[M]. 北京:气象出版社.
刘成,王兆印,隋觉义,2007. 我国主要入海河流水沙变化分析[J]. 水利学报,38(12):1444-1452.
刘东风,2010. 三峡工程蓄水以来安徽长江河势变化及崩岸情况[J]. 江淮水利科技,5:11-13.
刘红,何青,徐俊杰,等,2008. 特枯水情对长江中下游悬浮泥沙的影响[J]. 地理学报,63(1):50-64.
刘健,张奇,许崇育,等,2009. 近 50 年鄱阳湖流域径流变化特征研究[J]. 热带地理,29(3):213-224.
刘青,胡振鹏,2010. 鄱阳湖流域生态补偿机制初探[J]. 江西师范大学学报(自然科学版),34(5):547-550.
刘涛,曾祥利,曾军,2006. 实用小波分析入门[M]. 北京:国防工业出版社.
刘贤赵,李嘉竹,宿庆,等,2007. 基于集中度与集中期的径流年内分配研究[J]. 地理科学,27(6):791-795.
刘晓东,吴敦银,1999. 三峡工程对鄱阳湖汛期水位影响的初步分析[J]. 江西水利科技,25(2):71-75.
刘晓群,郝振纯,薛联青,等,2010. 基于洪水问题的洞庭湖湿地区域划分[J]. 河海大学学报(自然科学版),38(1):10-14.
刘新,何隆华,周驰,2008. 长江中下游近 30 年来湖泊的水域面积变化研究[J]. 华东师范大学学报(自然科学版),4:124-129.
刘影,蒋梅鑫,朱宏富,1996. 三峡工程对鄱阳湖区农田涝渍与土壤潜育化的影响研究[J]. 江西师范大学学报(自然科学版),20(4):376-379.
刘影,徐燕,1994. 三峡工程对鄱阳湖候鸟保护区的影响及对策探讨[J]. 江西师范大学学报(自然科学版),18(4):375-380.
刘中信,叶居新,2007. 江西湿地[M]. 北京:中国林业出版社:1-38.
龙振华,黄祥钊,丁雨恒,2009. 从洞庭湖生态环境问题看长江水资源开发管理对策[J]. 水利发展研究,3:13-18.
卢金友,1996. 荆江三口分流分沙变化规律研究[J]. 泥沙研究,4:54-61.
卢金友,罗敏逊,1997. 长江中游宜昌至城陵矶河段水位变化分析[J]. 人民长江,28(5):25-28.
卢金友,罗恒凯,1999. 长江与洞庭湖关系变化初步分析[J]. 人民长江,30(4):24-26.
卢金友,姚仕明,2018. 水库群联合作用下长江中下游江湖关系响应机制[J]. 水利学报,49(1):36-46.
卢纹岱,2002. SPSS for Windows 统计分析(第二版)[M]. 北京:电子工业出版社:207-224.
卢晓宁,邓伟,张树清,等,2006. 霍林河中游径流量序列的多时间尺度特征及其效应分析[J]. 自然资源学报,21(5):819-825.
罗敏逊,卢金友,1998. 荆江与洞庭湖汇流区演变分析[J]. 长江科学院院报,15(3):11-16.
罗小平,郑林,齐述华,等. 2008. 鄱阳湖与长江水沙通量变化特征分析[J]. 人民长江,39(6):12-14.
马逸麟,张然,诸葛春,等,2008. 江西长江河道演变及其对水患灾害形成的影响[J]. 地质灾害与环境保护,19(2):24-28.
马元旭,来红州,2005. 荆江与洞庭湖区近 50 年水沙变化的研究[J]. 水土保持研究,12(4):103-106.
马占东,高航,杨俊,等,2014. 基于多源数据融合的南四湖湿地生态系统服务功能价值评估[J]. 资源科学,36(4):840-847.
毛端谦,1992. 鄱阳湖区水旱灾害灾情分析[J]. 江西师范大学学报(自然科学版),16(3):234-240.
闵骞,1988. 鄱阳湖近期沉积趋势及防治[J]. 江西水利科技,1:61-63.
闵骞,1998. 1996 年江西省洪涝灾害的对策及启示[J]. 灾害学,13(1):45-49.

闵骞,2001. 鄱阳湖1998洪水特征,水文,21(3):55-58.

闵骞,2002. 20世纪90年代鄱阳湖洪水特征的分析[J]. 湖泊科学,14(4):323-330.

闵骞,2004. 鄱阳湖退田还湖及其对洪水的影响[J]. 湖泊科学,16(3):215-221.

闵骞,2007. 鄱阳湖区干旱的定量判别与变化特征[J]. 水资源研究,28(1):5-7.

闵骞,刘影,马定国,2006. 退田还湖对鄱阳湖洪水调控能力的影响[J]. 长江流域资源与环境,15(5):574-578.

闵骞,闵聃,2010. 鄱阳湖区干旱演变特征与水文防旱对策[J]. 水文,30(1):84-88.

闵骞,汪泽培,1992a. 鄱阳湖近500年较大洪水出现规律的初步分析[J]. 江西水利科技,18(1):76-83.

闵骞,江泽培,1992b. 近40年鄱阳湖水位变化趋势[J]. 江西水利科技,18(4):361-364.

闵骞,汪泽培,1994. 鄱阳湖近600年洪水规律的分析[J]. 湖泊科学,6(4):375-383.

闵骞,占腊生,2012. 1952—2011年鄱阳湖枯水变化分析[J]. 湖泊科学,24(5):675-678.

穆兴民,李靖,王飞,等,2003. 黄河天然径流量年际变化过程分析[J]. 干旱区资源与环境,17(2):1-5.

倪才英,曾珩,汪为青,2009. 鄱阳湖退田还湖生态补偿研究(Ⅰ)——湿地生态系统服务价值计算[J]. 江西师范大学学报(自然科学版),33(6):737-742.

倪才英,汪为青,曾珩,等,2010. 鄱阳湖退田还湖生态补偿研究(Ⅱ)——鄱阳湖双退区湿地生态补偿标准评估[J]. 江西师范大学学报(自然科学版),34(5):541-546.

潘庆燊,1997a. 长江中下游河道演变趋势及对策[J]. 人民长江,28(5):22-24.

潘庆燊,卢金友,胡向阳,1997b. 长江中游宜昌至城陵矶河段河道演变分析[J]. 长江科学院院报,14(3):19-22.

潘庆燊,2001. 长江中下游河道近50年变迁研究[J]. 长江科学院院报,18(5):18-22.

欧朝敏,李景保,余果,等,2011. 水沙过程变异下洞庭湖系统功能的连锁响应[J]. 地理科学,31(6):654-660.

欧阳履泰,1983. 试论下荆江河曲的发育与稳定[J]. 泥沙研究,4:1-12.

彭登楼,1996. 人类活动对长江中下游洪水特性影响分析[J]. 人民长江,27(4):15-17.

彭锐,黄河清,郑林,2009. 鄱阳湖区1959年至2005年降水过程的持续性特征与减灾对策[J]. 资源科学,31(5):731-742.

鄱阳湖围垦课题组,1987. 论鄱阳湖区的围垦[J]. 江西师范大学学报(自然科学版),2:69-77.

秦文凯,府仁寿,王崇浩,等,1998. 三峡建坝前后洞庭湖的淤积[J]. 清华大学学报(自然科学版),38(1):84-87.

沈国舫,2010. 三峡工程对生态和环境的影响[J]. 科学中国人,8:48-53.

沈恒范,1995. 概率论与数理统计教程[M]. 北京:高等教育出版社:276-304.

沈焕庭,张超,茅志昌,2000. 长江入河口区水沙通量变化规律[J]. 海洋与湖沼,31(3):288-294.

石国钰,许全喜,陈泽方,2002. 长江中下游河道冲淤与河床自动调整作用分析[J]. 山地学报,20(3):257- 265.

施修端,1993. 长江螺山汉口大通三站水位流量关系历年变化分析[J]. 人民长江,24(7):43-48.

施修端,夏薇,杨彬,1999. 洞庭湖冲淤变化分析(1956—1995年)[J]. 湖泊科学,11(3):99-205.

施雅风,姜彤,苏布达,等,2004. 1840年以来长江大洪水演变与气候变化关系初探[J]. 湖泊科学,16(4):289-297.

施勇,栾震宇,陈炼钢,等,2010. 长江中下游江湖关系演变趋势数值模拟[J]. 水科学进展,21(6):832-839.

水利部长江水利委员会,2015. 长江泥沙公报2015[M]. 武汉:长江出版社.

水利部长江水利委员会,2018. 长江泥沙公报2018[M]. 武汉:长江出版社.

水利电力部水文局,1982. 全国主要河流水文特征统计,第二部分,逐年统计(至1979年)[Z].

苏连璧,1981. 长江洪水的时间分布及其出现情况[J]. 地理学报,36(2):209-215.

孙鹏,张强,陈晓宏,等,2010. 鄱阳湖流域水沙时空演变特征及其机理[J]. 地理学报,65(7):828-840.

孙晓山,2009. 加强流域综合管理确保鄱阳湖一湖清水[J]. 江西水利科技,35(6):87-92.

谭培伦,1998. 三峡工程建成后长江中下游防洪对策研究[J]. 人民长江,29(5):6-8.

谈广鸣,罗景,1999. 98长江洪水位特点及其对策研究[J]. 水利水电科技进展,19(2):12-14.

谭国良,郭生练,王俊,等,2013. 鄱阳湖生态经济区水文水资源演变规律研究[M]. 北京:中国水利水电出版社.

唐金武,李义天,孙昭华,等,2010. 三峡蓄水后城陵矶水位变化初步研究[J]. 应用基础与工程科学学报,12(2):273-280.

汤奇成,程天文,李秀云,1982. 中国河川月径流的集中度和集中期的初步研究[J]. 地理学报,37(4):383-393.

唐日长,1999. 下荆江裁弯对荆江洞庭湖影响分析[J]. 人民长江,30(4):20-23.

童辉,郑亚慧,许全喜,2008. 长江宜昌至汉口河段水沙变化初步分析[J]. 人民长江,39(1):37-40.

万荣荣,杨桂山,王晓龙,等,2014. 长江中游通江湖泊江湖关系研究进展[J]. 湖泊科学,26(1):1-8.

万咸涛,张新宁,狄鸿,2003. 长江三峡大坝与葛洲坝间水域的水环境保护[J]. 水资源研究,24(1):32-34.

王崇浩,韩其为,1997. 三峡水库建成后荆南三口洪道及洞庭湖淤积概算[J]. 水利水电技术,(11):16-19.

王凤,吴敦银,李荣昉,2008. 鄱阳湖区洪涝灾害规律分析[J]. 湖泊科学,20(4):500-506.

王国杰,姜彤,王艳君,等,2006. 洞庭湖流域气候变化特征(1961—2003年)[J]. 湖泊科学,18(5):470-475.

王红瑞,刘昌明,2010. 水文过程周期分析方法及其应用[M]. 北京:中国水利水电出版社.

王苏民,窦鸿身,1998. 中国湖泊志[M]. 北京:科学出版社:8-9.

王文圣,丁晶,金菊良,2008a. 随机水文学[M]. 北京:中国水利水电出版社:10-55.

王文圣,李跃清,解苗苗,等,2008b. 长江上游主要河流年径流序列变化特性分析[J]. 四川大学学报(工程科学版),40(3):70-75.

王文圣,丁晶,李跃清,2005. 水文小波分析[M]. 北京:化学工业出版社.

王文圣,丁晶,向红莲,2002a. 水文时间序列多时间尺度分析的小波变换法[J]. 四川大学学报(工程科学版),34(6):14-17.

王文圣,丁晶,向红莲,2002b. 小波分析在水文中的应用研究及展望[J]. 水科学进展,13(4):515-520.

王霞,吴加学,2009. 基于小波变换的西、北江水沙关系特征分析[J]. 热带海洋学报,28(1):21-28.

王孝忠,1999. 湖南的水灾及其防治[M]. 长沙:湖南人民出版社.

王艳君,姜彤,许崇育,2006. 长江流域20 cm蒸发皿蒸发量的时空变化[J]. 水科学进展,17(6):830-833.

王中根,李宗礼,刘昌明,等,2011. 河湖水系连通的理论探讨[J]. 自然资源学报,26(3):523-529.

魏凤英,1999. 现代气候统计诊断与预测技术[M]. 北京:气象出版社:43-62.

魏凤英,曹鸿兴,1995. 中国、北半球和全球的气温突变分析及其趋势预测研究[J]. 大气科学,19(2):140-148.

吴龙华,2007. 长江三峡工程对鄱阳湖生态环境的影响研究[J]. 水利学报(增刊):586-591.

吴明官,任中海,周庆欣,等,2001. Excel在水文频率计算中的应用[J]. 水文,21(5):45-47.

吴宜进,蔡述明,1999. 长江中游洪涝灾害的发展趋势与跨流域治理的必要性[J]. 长江流域资源与环境,8(3):334-338.

夏军,王渺林,2008. 长江上游流域径流变化与分布式水文模拟[J]. 资源科学,30(7):962-967.

夏军,高扬,左其亭,等,2012. 河湖水系连通特征及其利弊[J]. 地理科学进展,31(1):16-31.

夏少霞,于秀波,范娜,2010. 鄱阳湖越冬季候鸟栖息地面积与水位变化的关系[J]. 资源科学,32(11):2072-2078.

谢平,2017. 三峡工程对两湖的生态影响[J]. 长江流域资源与环境,26(10):1607-1618.

熊超,彭玉明,郭焕林,2010. 三峡水库蓄水后宜昌至沙市河段冲淤变化分析[J]. 人民长江,41(14):28-31.

熊明,许全喜,袁晶,等,2009. 三峡水库初期运用对长江中下游水文河道情势影响分析[J]. 水力发电学报,19

(1):120-125.

徐德龙,熊明,张晶,2001. 鄱阳湖水文特性分析[J]. 人民长江,32(2):21-22.

徐国弟,1999. 长江地区资源开发与可持续发展[M]. 武汉:武汉出版社:46-68.

许继军,陈进,黄思平,2009. 鄱阳湖洪水资源潜力与利用途径探讨[J]. 水利学报,4:474-480.

徐建华,2002. 现代地理学中的数学方法[M]. 北京:高等教育出版社:37-120.

许炯心,2005. 长江宜昌-武汉河段泥沙年冲淤量对水沙变化的响应[J]. 地理学报,60(2):337-348.

徐龙,2009. 鄱阳湖无序采砂的影响及对策研究[J]. 科技广场,6:103-104.

许全喜,胡功宇,袁晶,2009. 近 50 年来荆江三口分流分沙变化研究[J]. 泥沙研究,5:1-8.

徐宗学,庞博,2011. 科学认识河湖水系连通问题[J]. 中国水利,16:13-16.

晏洪,2006. 浅谈鄱阳湖蓄滞洪区防洪安全问题[J]. 科技广场,12:122-124.

杨桂山,马超德,常思勇,2009. 长江保护与发展报告 2009[M]. 武汉:长江出版社:115-127.

杨桂山,翁立达,李利锋,2007. 长江保护与发展报告 2007[M]. 武汉:长江出版社:5-210.

杨世伦,朱骏,赵庆英,2003. 长江供沙量减少对水下三角洲发育影响的初步研究——近期证据分析和未来趋势估计[J]. 海洋学报,25(5):83-91.

杨义文,魏则安,艾秀,1999. 1998 年与 1954 年长江洪水的对比和思考[J]. 气象科技(1):16-19.

杨远东,1984. 河川径流年内分配的计算方法[J]. 地理学报,39(2):218-317.

杨志峰,李春晖,2004. 黄河流域天然径流量突变性与周期性特征[J]. 山地学报,22(2):140-146.

姚仕明,何广水,卢金友,2009. 三峡工程蓄水运用以来荆江河段河岸稳定性初步研究[J]. 泥沙研究,6:24-29.

姚仕明,刘同宦,2010. 长江流域泥沙资源供需矛盾及对策[J]. 人民长江,45(15):10-14.

姚治君,管彦平,高迎春,2003. 潮白河径流分布规律及人类活动对径流的影响分析[J]. 地理科学进展,22(6):599-607.

尹辉,杨波,蒋忠诚,等,2012. 近 60 年洞庭湖泊形态与水沙过程的互动响应[J]. 地理研究,31(3):471-483.

余曼平,1999. 黑潮暖流与洞庭湖区汛期降水和洪涝的关系[J]. 气象,25(9):21-23.

余明辉,段文忠,余蔚卿,2005. 长江中下游河床冲淤与洪水位变化[J]. 武汉大学学报(工学版),38(3):1-5.

袁国映,袁磊,1998. 罗布泊历史环境变化探讨[J]. 地理学报,(增刊):83-89.

岳红艳,姚仕明,2010. 三峡水库蓄水后中下游水沙条件变化及采砂管理对策[J]. 中国水利,8:14-16.

云惟群,付凌晖,王惠文,2003. 鄱阳湖地区洪水灾害模式分析[J]. 灾害学,18(1):30-35.

张本,1988. 鄱阳湖研究[M]. 上海:上海科学技术出版社:1-71.

张超,杨秉赓,2002. 计量地理学[M]. 北京:高等教育出版社:28-59.

张基尧. 我国水资源开发利用形势与问题[EB/OL]. http://www.nsbd.gov.cn/zx/zxdt/20040713/200407130046.htm. 2004-7-13.

张建云,章四龙,王金星,等,2007. 近 50 年来中国六大流域年际径流变化趋势研究[J]. 水科学进展,18(2):230-234.

张欧阳,卜惠峰,王翠平,等,2010a. 长江流域水系连通性对河流健康的影响[J]. 人民长江,41(2):1-5.

张欧阳,熊文,丁洪亮,2010b. 长江流域水系连通特征及其影响因素分析[J]. 人民长江,41(1):1-5.

张强,陈桂亚,姜彤,等,2008. 近 40 年来长江流域水沙变化趋势及可能影响因素探讨[J]. 长江流域资源与环境,17(2):257-263.

张清慧,董旭辉,姚敏,等,2013. 近 200 年来湖北涨渡湖对江湖联通变化的环境响应[J]. 湖泊科学,25(4):463-470.

张瑞,汪亚平,潘少明,2006. 长江大通水文站径流量的时间系列分析[J]. 南京大学学报(自然科学),42(4):423-434.

张细兵,卢金友,王敏,等,2010. 三峡工程运用后洞庭湖水沙情势变化及其影响初步分析[J]. 长江流域资源与环境,19(6):640-643.

张阳武,2015. 长江流域湿地资源现状及其保护对策探讨[J]. 林业资源管理,3:39-44.

张翼然,周德民,刘苗,2015. 中国内陆湿地生态系统服务价值评估——以 71 个湿地案例点为数据源[J]. 生态学报,35(13):4279-4286.

张珍,杨世伦,李鹏,2010. 三峡水库一、二期蓄水对下游悬沙通量影响的计算[J]. 地理学报,65(5):623-631.

张增信,姜彤,张金池,等,2008. 长江流域水汽收支的时空变化与环流特征[J]. 湖泊科学,20(6):733-740.

赵高峰,周怀东,胡春宏,等,2011. 鄱阳湖水利枢纽工程对鱼类的影响及对策[J]. 中国水利水电科学研究院学报,9(4):262-266.

赵军凯,2011a. 长江中下游江湖水交换规律研究[D]. 上海:华东师范大学.

赵军凯,李九发,戴志军,等,2011b. 枯水年长江中下游江湖水交换作用分析[J]. 自然资源学报,26(9):1613-1627.

赵军凯,蒋陈娟,祝明霞,等,2015. 河湖关系与河湖水系连通研究[J]. 南水北调与水利科技,13(6):1046-1051.

赵军凯,李九发,戴志军,等,2009. 基于熵模型的水资源承载力研究——以开封市为例[J]. 自然资源学报,24(11):1944-1951.

赵军凯,李九发,戴志军,等,2012. 长江宜昌站径流变化过程分析[J]. 资源科学,34(12):2306-2315.

赵军凯,李九发,蒋陈娟,等,2013. 长江中下游河湖水量交换过程[J]. 水科学进展,24(6):759-770.

赵军凯,李立现,张爱社,等,2016. 再论河湖连通关系[J]. 华东师范大学学报(自然科学版),4:118-128.

赵军凯,李立现,李九发,等,2019. 鄱阳湖水位变化趋势性对人类活动响应分析[J]. 江西师范大学学报(自然科学版),43(5):532-544.

郑林,万良碧,1998. 三峡工程对鄱阳湖水环境质量影响的初步分析[J]. 江西师范大学学报(自然科学版),22(2):177-180.

仲志余,胡维忠,2008. 试论江湖关系[J]. 人民长江,39(1):20-22.

仲志余,胡维忠,2009. 改善江湖关系实现江湖两利[EB/OL]. http://www.shidi.org/sf-371259C1059F4FE89F280AEFFF09C2B6E_I5lcnplph.html,2009-4-30.

仲志余,李文俊,安有贵,2010. 三峡水库动库容研究及防洪能力分析[J]. 水电能源科学,28(3):36-38.

仲志余,余启辉,2015. 洞庭湖和鄱阳湖水量优化调控工程研究[J]. 人民长江,46(19):52-57.

周葆华,操璟璟,朱超平,等,2011. 安庆沿江湖泊湿地生态系统服务功能价值评估[J]. 地理研究,30(12):2296-2304.

周宏春,王毅,于秀波,等,2002. 长江中游退田还湖与可持续发展[M]. 北京:经济科学出版社:1-56.

周建军,2010. 三峡工程建成后长江中游的防洪形势和解决方案(I)[J]. 科技导报,28(22):60-68.

周文斌,万金保,姜加虎,2011. 鄱阳湖江湖水位变化对其生态系统影响[M]. 北京:科学出版社.

周霞,赵英时,梁文广,2009. 鄱阳湖湿地水位与洲滩淹露模型构建[J]. 地理研究,28(6):1722-1730.

周旭东,付尔登,袁国映,2011. 罗布泊极旱荒漠区的盐泉水文特征[J]. 新疆环境保护,33(1):06-11.

周银军,陈立,欧阳娟,等,2010. 三峡蓄水后典型河段分形维数的变化分析[J]. 水科学进展,21(3):299-306.

朱海虹,张本,1997. 鄱阳湖——水文·生物·沉积·湿地·开发整治[M]. 合肥:中国科学技术大学出版社.

朱宏富,1982. 从自然地理特征探讨鄱阳湖的综合治理和利用[J]. 江西师范大学学报(自然科学版),1:42-56.

朱宏富,金锋,李荣昉,2002. 鄱阳湖调蓄功能与防灾综合治理研究[M]. 北京:气象出版社:1-70.

朱明勇,王学雷,吴后建,2007. 江湖关系演变对洪湖湿地的生态影响与对策[J]. 湿地科学与管理,3(4):59-61.

朱信华,董增川,赵杰,等,2009. 三峡工程对鄱阳湖水质的影响[J]. 人民黄河,31(1):57-58.

邹振华,李琼芳,夏自强,等,2007. 人类活动对长江径流量特性的影响[J]. 河海大学学报(自然科学版),35

(6):622-626.

左长清,1999. 江西省水土保持工作现状与战略措施[J]. 江西水利科技,25(4):199-203.

左其亭,胡德胜,窦明,等,2014. 基于人水和谐理念的最严格水资源管理制度研究框架及核心体系[J]. 资源科学,36(5):906-912.

Annette Rother, Jan Köhler, 2005. Formation, Transport and retention of aggregates in a river-lake system (Spree, Germany) [J]. Internat Rev Hydrobiol, 90(3):241-253.

Bartell Steven M, Lefebvre Guy, Kaminski Gre'goire, et al, 1999. An ecosystem model for assessing ecological risks in Que'bec rivers, lakes, and reservoirs[J]. Ecological Modelling, 124:43-67.

Bonnet M P, Barroux G, Martinez J M, et al, 2008. Floodplain hydrology in an Amazon floodplain lake (Lago Grande de Curuaı') [J]. Journal of Hydrology, 349:18-30.

Canter L W, Chawla M K, Swor C T, 2014. Addressing trend-related changes within cumulative effects studies in water resources planning[J]. Environmental Impact Assessment Review, 44:58-66.

Chen Xiqing, Yan Yixin, Fu Renshou, et al, 2008. Sediment transport from the Yangtze River, China, into the sea over the Post-Three Gorge Dam Period: A discussion[J]. Quaternary International, 186:55-64.

Chen Zhongyuan, Chen Dechao, Xu Kaiqin, et al, 2007. Acoustic doppler current profiler surveys along the Yangtze River[J]. Geomorphology, 85:155-165.

Chen Zhongyuan, Li Jiufa, Shen Huanting, et al, 2001. Yangtze River of China: Historical analysis of discharge variability and sediment flux[J]. Geomorphology, 41:77-91.

Clayton Jordan A, Knox James C. 2008, Catastrophic flooding from Glacial Lake Wisconsin[J]. Geomorphology, 93:384-397.

Dai Shibao, Yang Shilun, Zhu Jun, et al, 2005. The role of Lake Dongling in regulating the sediment budget of the Yangtze River[J]. Hydrology and Earth System Science, 9(6):692-698.

Dai S B, Lu X X, 2010. Sediment deposition and erosion during the extreme flood events in the middle and lower reaches of the Yangtze River[J], Quaternary International, 226:4-11.

Dai Zhijun, Du Jjinzhou, Li Jiufa, et al, 2008. Runoff characteristics of the Changjiang River during 2006: effects of extreme drought and the impounding of the Three Gorges Dam [J]. Geophysical Research Letters, 35: L07406.

Du Yun, Cai Shuming, Zhang Xiaoyang, et al, 2001. Interpretation of the environmental change of Dongting Lake, middle reach of Yangtze River, China, by 210Pb measurement and satellite image analysis[J]. Geomorphology, 41:171-181.

Fang Hongwei, Rodi Wolfgang, 2002. Three dimensional mathematical model and its application in the neighborhood of the Three Gorges Reservoir dam in the Yangtze Riber[J]. Acta Mechanica Sinica (English Series), 18(3):235-243.

Fourniadis I G, Liu J G and Mason P J, 2007. Landslide hazard assessment in the Three Gorges area, China, using ASTER imagery: Wushan-Badong[J]. Geomorphology, 84:126-144.

Hu Bangqi, Wang Houjie, Yang Zuosheng, et al, 2011. Temporal and spatial variations of sediment rating curves in the Changjiang (Yangtze River) basin and their implications[J]. Quaternary International, 230:34-43.

Hu Qi, Feng Song, Guo Hua, et al, 2007. Interactions of the Yangtze river flow and hydrologic processes of the Poyang Lake, China[J]. Journal of Hydrology, 347:90-100.

Hu Weiping, Zhai Shuijing, Zhu Zecong, et al, 2008. Impacts of the Yangtze River water transfer on the restoration of Lake Taihu[J]. Ecological Engineering, 34:30-49.

Huang Zhihua, Xue Bin, Pang Yong, 2009. Simulation on stream flow and nutrient loadings in Gucheng Lake, Low Yangtze River Basin, based on SWAT model[J]. Quaternary International, 208:109-115.

Jim C Y,Yang Felix Y,2006. Local Responses to Inundation and De-Farming in the Reservoir Region of the Three Gorges Project (China) [J]. Environ Manage,38:618-637.

Kaiser Knut,Rother Henrik,Lorenz Sebastian,et al,2007. Geomorphic evolution of small river-lake-systems in northeast Germany during the Late Quaternary[J]. Earth Surf. Process. Landforms,32:1516-1532.

Karim F,Dutta D,Marvanek S,et al,2015. Assessing the impacts of climate change and dams on floodplain inundation and wetland connectivity in the wet-dry tropics of northern Australia [J]. Journal of Hydrology, 522:80-94.

Kebede S,Travi Y,Alemayehu T,et al,2006. Water balance of Lake Tana and its sensitivity to fluctuations in rainfall,Blue Nile basin,Ethiopia[J]. Journal of Hydrology,316:233-247.

Kesel R H,2003. Human modifications to the sediment regime of the Lower Mississippi River flood plain[J]. Geomorphology,56(3-4):325-334.

Knox James C,2006. Floodplain sedimentation in the Upper Mississippi Valley:Natural versus human accelerated[J]. Geomorphology,79:286-310.

Kristensen E A,Kronvang B,Wiberg-Larsen P,et al,2014. 10 years after the largest river restoration project in Northern Europe:Hydromorphological changes on multiple scales in River Skjern [J]. Ecological Engineering,66:141-149.

Lenters John D,2001. Long-term trends in the seasonal cycle of great Lakes Water Levels[J]. Journal of Great Lakes Research,27(3):342-353.

Levine R,Meyer G A,2014. Beaver dams and channel sediment dynamics on Odell Creek,Centennial Valley, Montana,USA[J]. Geomorphology,205:51-64.

Li Y,Zhang Q,Ye R,et al,2018. 3D hydrodynamic investigation of thermal regime in a large river-lake-floodplain system (Poyang Lake,China) [J]. Journal of Hydrology,567:86-101.

Li Y, Zhang Q, Cai Y, et al, 2019. Hydrodynamic investigation of surface hydrological connectivity and its effects on the water quality of seasonal lakes:Insights from a complex floodplain setting (Poyang Lake,China) [J]. The Science of the total environment,660:245-259.

Lofgren Brent M,Quinn Frank H,Clites Anne H,et al,2002. Evaluation of potential impacts on Great Lakes Water Resources based on climate scenarios of two GCMs [J]. Journal of Great Lakes Research,28(4):537-554.

Ludwig F,Slobbe E V,Cofino W,2014. Climate change adaptation and integrated water resource management in the water sector [J]. Journal of Hydrology,518:235-242.

Mihailov Grigor,Daskalov Kristio,Lissev Nikolay,1995. The impact of runoff and sediment transport from the provadiyska and Devnenska rivers on the Beloslav lake[J]. Water Science and Technology,32(7):1-8.

Murphy K W,Ellis A W,2014. An assessment of the stationarity of climate and stream flow in watersheds of the Colorado River Basin[J]. Journal of Hydrology,509:454-473.

Nakayama T,Watanabe M,2008. Role of flood storage ability of lakes in the Changjiang River catchment[J]. Global and Planetary Change,63:9-22.

Quinn Frank H,2002. Secular changes in Great Lakes water level seasonal cycles[J]. Journal of Great Lakes Research,28(3):451-465.

Quinn Frank H,Croley II Thomas E,Kunkel Kenneth,et al,1997. Laurentian Great Lakes hydrology and lake levels under the transposed 1993 Mississippi River flood climate[J]. Journal of Great Lakes Research,23(3): 317-327.

Reza K A,Nabavi S H,2006. Dominant discharge in the KOR River,Fars Province,Iran[A]. Tenth International Water Technology Conference,IWTC10,Alexandria,Egypt:299-306.

Rwetabula J,De Smedt F,Rebhun M,2007. Prediction of runoff and discharge in the Simiyu River (tributary of Lake Victoria,Tanzania) using the Wet Spa model[J]. Hydrology and Earth System Sciences Discussions,4: 881-908.

Shamir E,Megdal S B,Carrillo C,et al,2015. Climate change and water resources management in the upper Santa Cruz River,Arizona [J]. Journal of Hydrology,521:18-33.

Smith L C,Pavelsky T M,2008. Estimation of river discharge,propagation speed,and hydraulic geometry from space:Lena River,Siberia[J]. Warer Resources Research,44:W03427.

Sun Shaoan,Xiang Aimin,Zhu Ping,et al,2006. Gravity change and its mechanism after the first water impoundment in Three Gorges Project[J]. Acta Seismologica Sinica,19(5):522-529.

Tian J,Chang J,Zhang Z,et al,2019. Influence of Three Gorges Dam on downstream low flow[J]. Water, 11:65.

Troin M,Vallet-Coulomb C,Piovano E,et al,2012. Rainfall-runoff modeling of recent hydroclimatic change in a subtropical lake catchment:Laguna Mar Chiquita,Argentina[J]. Journal of Hydrology,475:379-391.

Wang Guojie,Jiang Tong,Blender R,et al,2008. Yangtze 1/f discharge variability and the interacting river-lake system[J]. Journal of Hydrology,351:230-237.

Wang Jian,Chen Xia,Zhu Xiaohua,et al,2001. Chang,Taihu Lake,lower Yangtze drainage basin:Evolution, sedimentation rate and the sea level[J]. Geomorphology,41:183-193.

Wang J,Sheng Y,Gleason C J,et al,2013. Downstream Yangtze River levels impacted by Three Gorges Dam [J]. Environmental Research Letters,8(4):044012.

Wang Suiji,Chen Zhongyuan,Smith D G,2005a. Anastomosing river system along the subsiding middle Yangtze River basin,southern China[J]. Catena,60:147-163.

Wang Zhanqiao,Chen Zhongyuan,Li Maotian,et al,2009. Variations in downstream grain-sizes to interpret sediment transport in the middle-lower Yangtze River,China:A pre-study of Three-Gorges Dam[J]. Geomorphology,113:217-229.

Wang Zhongsuo,Lu Cai,Hu Huijian,et al,2005b. Freshwater icefishes(Salangidae)in the Yangtze River basin of China:Spatial distribution patterns and environmental determinants[J]. Environmental Biology of Fishes, 73:253-262.

Xiong Ming,Xu Quanxi,Yuan Jing,2009. Analysis of multi-factors affecting sediment load in the Three Gorges Reservoir[J]. Quaternary International,208:76-84.

Xu Kaiqin,Chen Zhongyuan,Zhao Yiwen,et al,2005. Simulated sediment flux during 1998 big-flood of the Yangtze (Changjiang) River,China[J]. Journal of Hydrology,313:221-233.

Xu Kehui,Milliman J D,2009. Seasonal variations of sediment discharge from the Yangtze River before and after impoundment of the Three Gorges Dam[J]. Geomorphology,104:276-283.

Yang S L,Zhang J,Dai S B,et al,2007. Effect of deposition and erosion within the main river channel and large lakes on sediment delivery to the estuary of the Yangtze River[J]. Journal of Geophysical Research, 112:F02005.

Yang Shilun,Zhao Qingying,Belkin I M,2002. Temporal variation in the sediment load of the Yangtze river and the influences of human activities[J]. Journal of Hydrology,263:56-71.

Yi Yi,Brock Bronwyn E,Falcone Matthew D,et al,2008. A coupled isotope tracer method to characterize input water to lakes[J]. Journal of Hydrology,350:1-13.

Yi Yujun,Wang Zhaoyin,Yang Zhifeng,2010. Impact of the Gezhouba and Three Gorges Dams on habitat suitability of carps in the Yangtze River[J]. Journal of Hydrology,387:283-291.

Yin Hongfu,Liu Guagnrun,Pi Jiangao,et al,2007. On the river-lake relationship of the middle Yangtze reaches

[J]. Geomorphology,85:197-207.

Yin Hongfu,Li Changan,2001. Human impact on floods and flood disasters on the Yangtze River[J]. Geomorphology,41:105-109.

Yu Fengling,Chen Zhongyuan,Ren Xianyou,et al,2009. Analysis of historical floods on the Yangtze River,China:Characteristics and explanations[J]. Geomorphology,113:210-216.

Zhang Qiang,Xu Chongyu,Becker Stefan,et al,2006. Sediment and runoff changes in the Yangtze River basin during past 50 years[J]. Journal of Hydrology,331:511-523.

Zhao Junkai,Li Jiufa,Dai Zhijun,et al,2010. Key role of the lakes in runoff supplement in the mid-lower reaches of the Yangtze River during typical drought years [C]. 2010 International Conference on Digital Manufacturing and Automation,ICDMA,Changsha,China:874-880.

Zhao J k,Li J F,Yan H,et al,2011. Analysis on the water exchange between the main stream of the Yangtze River and the Poyang Lake[J]. Procedia Environment Science,10:2256-2264.

Zong Yongqiang and Chen Xiqing, 2000. The 1998 flood on the Yangtze, China[J]. Natural Hazards, 22: 165-184.